电力电子系统与控制

李媛媛　曾国辉　主　编
奚峥皓　阚　秀　副主编

中国铁道出版社有限公司
CHINA RAILWAY PUBLISHING HOUSE CO., LTD.

内 容 简 介

本书共分7章,内容涵盖电力电子学的发展历史、基本理论、电路工作原理、电路分析方法及对应的实际应用技术。其中:第1章主要介绍电力电子技术的基本概念、电能变换及控制的方法,以及电力电子技术的发展和特点等;第2章主要介绍常用电力电子器件的结构、工作原理和特性等;第3~6章分别对电力电子技术中常见的整流电路、逆变电路、斩波电路、交流调压和变频电路的基本工作原理和特性进行阐述;第7章主要针对目前在直流斩波电路和逆变电路中常用到的PWM控制技术进行详细的介绍。

本书内容深入浅出、通俗易懂,适合作为高等院校自动化专业、电气工程专业,以及其他相关专业的教材,也可作为相关专业研究生及本科生的教学参考书,还可作为从事电力电子变换和控制相关工程技术人员的参考书。

图书在版编目(CIP)数据

电力电子系统与控制/李媛媛,曾国辉主编.—北京:中国铁道出版社,2018.5(2019.7重印)

ISBN 978-7-113-18491-9

Ⅰ.①电… Ⅱ.①李… ②曾… Ⅲ.①电子控制 Ⅳ.①TN1

中国版本图书馆CIP数据核字(2018)第000767号

书　　名:电力电子系统与控制
作　　者:李媛媛　曾国辉　主编

策　　划:曹莉群　　**读者热线**:(010)63550836
责任编辑:陆慧萍　绳　超
封面设计:刘　颖
责任校对:张玉华
责任印制:郭向伟

出版发行:中国铁道出版社有限公司(100054,北京市西城区右安门西街8号)
网　　址:http://www.tdpress.com/51eds/
印　　刷:北京虎彩文化传播有限公司
版　　次:2018年5月第1版　2019年7月第3次印刷
开　　本:787 mm×1 092 mm　1/16　印张:12　字数:284千
书　　号:ISBN 978-7-113-18491-9
定　　价:35.00元

前　言

电力电子学中电力电子变换和控制技术是一门发展非常迅速的技术，同时也是高等工科院校自动化专业、电气工程专业以及机电一体化等专业学生必修的一门专业基础课程。

电力电子技术横跨电力、电子和控制三个领域，是现代电子技术的基础之一，是实现通过弱电方式控制强电设备的桥梁和纽带，也是从事相关工作的专业技术人员所必须掌握的知识之一。

本书共分7章。第1章主要介绍电力电子技术的基本概念、电能变换及控制的方法，以及电力电子技术的发展和特点等；第2章主要介绍常用的电力电子器件的结构、工作原理和特性等；第3~6章分别对电力电子技术中常见的整流电路、逆变电路、斩波电路、交流调压和变频电路的基本工作原理和特性进行阐述，其中主要包括单相和三相可控整流电流、有源逆变电路、直流斩波电路、复合斩波电路、交流调压电路、交流/交流变换电路等；第7章主要针对目前在直流斩波电路和逆变电路中常用到的PWM控制技术进行详细的介绍。同时，本书各章后均设有小结和习题，以利于学生复习。

本书的内容在选取过程中遵循以电工、电子学和控制理论最基本的原理为起点，完整、系统地讲述电力电子变换和控制技术的基本知识、新技术的发展和应用原则。本书文字流畅、概念清晰、叙述深入浅出，适合高等院校的学生和自学者使用。

本书的编写人员均具有多年电力电子学一线教学经验。

本书由李媛媛、曾国辉任主编，阚秀、奚峥皓任副主编。其中第1、2章由李媛媛编写，第3章由阚秀编写，第4、6章由曾国辉编写，第5、7章由奚峥皓编写。

在本书编写的过程中，得到上海工程技术大学相关领导和教师的支持和帮助，在此对所有给予本书帮助的人员表示衷心的感谢，也向为本书编写、整理付出辛勤劳动的硕士研究生表示感谢。

由于时间仓促，加之编者水平有限，书中难免存在疏漏和不足之处，恳请广大读者给予批评指正。

编　者

2018年3月

目　录

第 1 章 绪　论

学习目标:

(1)掌握电力电子技术的基本概念;

(2)掌握电能变换的基本类型;

(3)掌握电力电子技术的特点;

(4)了解电力电子技术的发展过程。

1.1　电力电子技术概述

电子技术的发展有两大方向:一个是电子信息技术;另一个是电力电子技术。电子信息技术的处理对象是信号和信息,即如何对信号和信息进行快速处理和真实传送。通常所说的模拟电子技术和数字电子技术都属于电子信息技术。电力电子技术是使用电力电子器件对电能进行变换和控制的技术。目前所用的电力电子器件均用半导体制成,故又称电力半导体器件。电力电子技术所变换的"电力",功率可以大到数百兆瓦甚至吉瓦,也可以小到数瓦甚至 1 W 以下。

电力电子学(power electronics)这一名称是在 20 世纪 60 年代出现的。1974 年,美国的 W. Newell 用一个倒三角形(见图 1-1)对电力电子学进行了描述,认为它是由电力学、电子学和控制理论三个学科交叉而形成的。这一观点被全世界普遍接受。"电力电子学"和"电力电子技术"是分别从学术和工程技术两个不同的角度来称呼的。

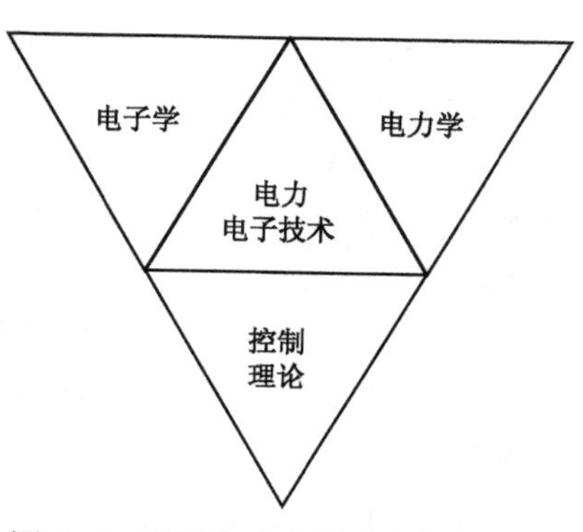

图 1-1　描述电力电子学的倒三角形

虽然作为新的学科领域只经过了五十多年的发展,但是已经取得了令人瞩目的成就,现在,电力电子技术已成为电气技术人员不可或缺的知识。

1.2　电能变换及控制的方法

电力电子技术是使用电力电子器件对电能进行高效变换和控制的技术。通常,表征电能状态的参数有电压、电流、频率、相位以及相数。电力电子技术中所说的电能变换控制,就是将这些电能状态的一个或多个参数进行变换控制,理想的情况下,电能的变换可趋近于既无时间延迟也无电能损失的状态。

通常所用的电能有交流和直流两种。从公共电网直接得到的电能是交流的,从蓄电池和干电池得到的电能是直流的。从这些电源中得到的电能往往不能直接满足各种不同的需求,这时,就需要进行电能变换,如表 1-1 所示,电能变换的方式基本上可以分为四大类:交流变直流(AC/DC)、直流变交流(DC/AC)、直流变直流(DC/DC)、交流变交流(AC/AC)。交流变直流称为整流,直流变交流称为逆变。直流变直流是指一种电压(或电流)的直流变为另一种电压(或电流)的直流,一般用直流斩波电路实现;交流变交流可以是电压或电力的变换,称为交流电力控制,也可以是频率或相数的变换。

表 1-1　电能变换的基本类型

输出 输入	AC	DC
DC	整流	直流斩波
AC	交流电力控制变频、变相	逆变

1.3　电力电子技术的发展史

电力电子器件的发展决定了电力电子技术的发展,因此,电力电子技术的发展史是以电力电子器件的发展为纲的。

一般认为,电力电子技术的诞生是以 1957 年美国通用电气公司研制出的第一个晶闸管为标志的,电力电子技术的概念和基础也是由于晶闸管和晶闸管变流技术的发展而确立的。此前就已经有用于电能变换的电子技术,如 1904 年出现了电子管,1947 年美国著名的贝尔实验室发明了晶体管,这两种器件的出现在当时对电子技术的发展具有推动性的作用,所以晶闸管出现前的时期可称为电力电子技术的史前或黎明时期。

20 世纪 70 年代后期,以门极可关断晶闸管(GTO)、电力双极型晶体管(BJT)、电力场效应晶体管(Power MOSFET)为代表的全控型器件全速发展。全控型器件的特点是通过对门极(栅极或基极)的控制既可以使其开通又可以使其关断,使电力电子技术的面貌焕然一新,从而进入新的发展阶段。

20 世纪 80 年代后期,以绝缘栅极双极型晶体管(IGBT)为代表的复合型器件集驱动功率小、开关速度快、通态压降小、载流能力大于一身,优越的性能也使之成为现代电力电子技术的主导器件。

20 世纪 90 年代,电力电子器件的研究和开发已进入高频化、标准模块化、集成化的智能时代。为了使电力电子装置的结构紧凑、体积减小,也把若干个电力电子器件及必要的辅助器件做成模块的形式,之后又把驱动、控制、保护电路和功率器件集成在一起,构成功率集成电路(PIC)。这也代表了电力电子技术发展的一个重要方向。

经过半个多世纪的发展,电力电子技术已经取得了辉煌的成就,但与微电子领域的高度集成化相比,电力电子技术仍处于"分立元件"时代,现在电力电子模块(IPEM)的概念已经提出。概念化的 IPEM 为三维结构,包括主电路、驱动控制电路、传感器与磁性元件等无源元件,并适合自动化生产。通过集成,可以将现有电力电子装置设计过程中所遇到的元器件、电路、控制、电磁、材料、传热等方面的技术难点问题和主要设计工作在集成模块内部解决，使应用系统设计简化为选择合适规格的标准化模块并进行拼装即可。

这一革命性的技术将使现在的电力电子技术领域分化为集成模块制造技术和系统应用技术两个不同的分支，前者重点解决模块设计和制造的问题，通过多个不同学科的紧密交叉和融合攻克电力电子技术中主要的难点；而后者解决针对各种广泛而多样的具体应用将模块组合成系统的问题。

随着这一技术的发展，集成模块的设计和制造技术将成为电力电子技术研究的主要内容，而系统应用技术则渐渐成为具备基本素质的各行业工程师所掌握和使用的一般技术。由此，电力电子产业也将出现分化的趋势，集成模块的制造将成为该产业的主要内容，与集成电路一样，电力电子产业将会更加蓬勃发展。

1.4 电力电子技术的特点

前面曾经说过，电力电子是以电力、电子以及控制三个学科的基本技术为基础的交叉学科领域。图 1-2 是电力电子装置一般组成的示意图。

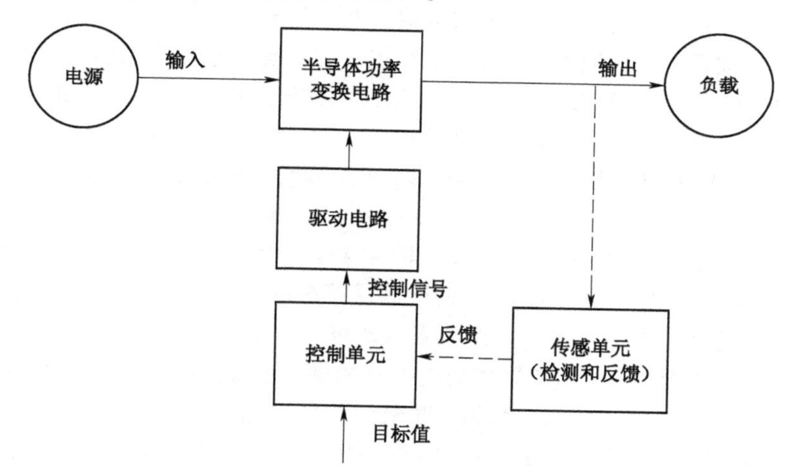

图 1-2 电力电子装置一般组成的示意图

图 1-2 中的主电路是电源的电能通过半导体功率变换电路变为负载所需的形态，并提供给负载。变换电路的多种方式与表 1-1 相对应。

如果电能变换电路相当于人类的肌肉，负载相当于人所要做的各种动作，那么就要有控制其动作的神经系统，它相当于图 1-2 的控制单元、驱动电路和传感单元，它们是根据外部的指令（目标值）、主电路中的各种状态量（电压、电流等）产生导通和关断的信号，并送到变换电路的开关器件。而驱动电路是将控制信号隔离放大后，驱动电力半导体器件的接口电路。

电力电子电路同其他的电力电路相比并没有多么显著的不同，其特点可归纳为以下几条：

（1）使用开关动作。其目的是对大功率电能进行高效转换。

（2）伴随换流动作。电流从某一器件切换到其他器件的现象称为换流（commutation）。图 1-3是开关电路的换流示意图，通过开关动作，电流从一侧支路转移到另一侧支路。

根据换流方式的不同，分为电网换流（line commutation）和器件换流（device commutation），又称自然换流（natural commutation）和强制换流（forced commutation）。

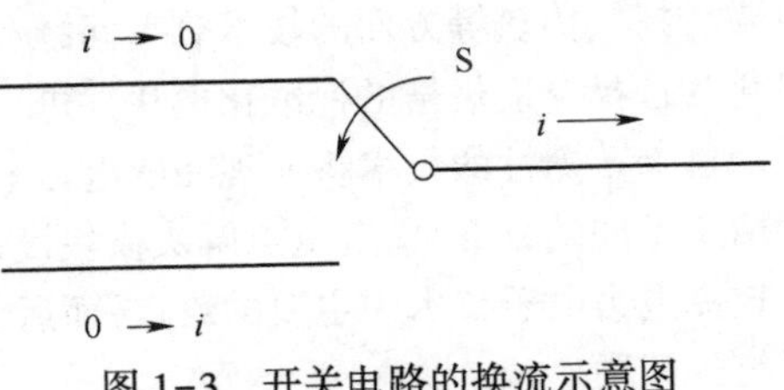

图 1-3 开关电路的换流示意图

（3）由主电路和控制电路构成，两者间的接口技术同样重要。

（4）它是电力、电子、控制、测量等的复合技术。

（5）会产生谐波电流和电磁噪声。

1.5 电力电子技术的应用

应用电力电子技术构成的装置，按其功能可分为以下四种类型，对应了四大类电能变换技术：

（1）可控整流器把交流电压变换成固定或可调的直流电压。

（2）逆变器把直流电压变换成频率固定或可调的交流电压。

（3）斩波器把固定或变化的直流电压变换成可调或固定的直流电压。

（4）交流调压器及变频器把固定或变化的交流电压变换成可调或固定的交流电压。

这些装置单独应用了相关的变换技术，它们可以直接适用于某些特定场合。但也有不少其他装置综合运用了几种技术，比如变频器可能就结合了整流、斩波及逆变技术。可以说，电力电子装置及产品五花八门、品种繁多，被广泛应用于各个领域。其主要领域包括以下几方面。

1. 工矿企业

电力电子技术在工业中的应用主要是过程控制与自动化。在过程控制中，需要对泵类和压缩机类负载进行调速，以得到更好的运行特性，满足控制的需要。自动化工厂中的机器人由伺服电动机驱动（速度和位置均可控制），而伺服电动机往往采用电力电子装置驱动才能满足需要。另外，电镀行业要用到可控整流器作为电镀槽的供电电源。电化学工业中的电解铝、电解食盐水等也需要大容量的整流电源。炼钢厂里轧钢机的调速装置运用了电力电子技术的变频技术。工矿企业中还涉及电气工艺的应用，如电焊铁、感应加热等都应用了电力电子技术。

2. 家用电器

运用电力电子技术的家用电器越来越多。洗衣机、电冰箱、空调等采用了变频技术来控制电动机。电力电子技术还与信息电子技术相结合，使这些家用电器具有智能和节能的作用。如果离开了电力电子技术，这些家用电器的智能化、低电耗是无法实现的。另外，电视机、微波炉甚至电风扇也都应用电力电子技术。照明电器在家庭中大量使用；现在家庭中大量使用的“节能灯”“应急灯”“电池充电器”就采用了电力电子技术。

3. 交通及运输

电力机车、地铁及城市有轨或无轨电车几乎都运用电力电子技术进行调速及控制。斩波器在这一方面得到大量的应用。在中国上海，世界上首次投入商业运作的磁悬浮列车运行系统涉及配电、驱动控制等。毫无疑问，电力电子技术在其中占有重要地位。还有像在工厂、车站短途运载货物的叉车、电梯等，也用到斩波器和变频器进行调速等控制。

4. 电力系统

电力电子技术在电力系统中有许多独特的应用，例如高压直流输电（HVDC），在输电线路的送端将工频交流变为直流,在受端再将直流变回工频交流。电力电子技术和装置已开始逐渐在电力系统中起重要作用,使得利用已有的电力网输送更大容量以及功率潮流灵活可控成为可能。电力电子装置还用于太阳能发电、风力发电装置与电力系统的连接。电网功率因数补偿和谐波抑制是保证电网质量的重要手段。晶闸管投切电抗器(TCR)、晶闸管投切电容器(TSC)都是重要的无功补偿装置。20 世纪 70 年代出现的静止无功发生器(SVG)、有源电力滤波器(APF)等具有更为优越的补偿性能。此外,电力电子装置还可用于防止电网瞬时停电、瞬时电压跌落、闪变等。这些装置和补偿装置的应用可进行电能质量控制、改善电网质量。

5. 航空航天和军事

航天飞行器的各种电子仪器和航天生活器具都需要电源。在飞行时,为了最大限度地利用飞行器上有限的能源,就需要采用电力电子技术。即使用太阳能电池为飞行器提供能源,充分转换及节省能源是非常重要的。军事上一些武器装备也需要用到轻便、节电的电源装置,自然也就要用到电力电子技术。

6. 通信

通信系统中要使用符合通信电气标准的电源和蓄电池充电器。新型的通用一次电源,是将市电直接整流,然后经过高频开关功率交换,再经过整流、滤波,最后得到 48 V 的直流电源。在这里大量应用了功率 MOSFET 管,开关工作频率广泛采用 100 kHz。与传统的一次电源相比,其体积、质量大大减小,效率显著提高。国内已先后推出 48 V/20 A、48 V/30 A、48 V/50 A、48 V/100 A、48 V/200 A 等系列产品,以满足不同容量的需求。

7. 新能源应用

风力发电中常用到三种运行方式:独立运行、联合供电方式、并网型风力发电运行方式,这些都离不开电力电子技术。并网光伏发电系统中,太阳电池方阵发出的直流电力经过逆变器变换成交流电。此外,在新能源汽车中,使用的蓄电池、太阳电池、燃料电池、高速飞轮电池、超级电容、电动机及其驱动系统、能源管理系统、电源变换装置、能量回馈系统及充电器中,电力电子技术发挥着重要的作用。

从上述例子可以看出,电力电子技术的应用已经渗透到国民经济建设和国民生活的各个领域。这些例子也说明,在工业、通信及人们日常生活等方面,所用到的电能许多并不是直接取自于市电,而是要通过电力电子装置将市电转换成符合用电设备所要求的电能形式,而这种需求促进了电力电子技术的广泛应用。事实上,一些发达国家 50% 以上的电能形式都是通过电力电子装置对负载供电,我国也有接近 30% 的电能通过电力电子装置转换。可以预见,现代工业和人民生活对电力电子技术的依赖性将越来越大,这也正是电力电子技术的研究经久不衰及快速发展的根本原因。

1.6 电力电子技术的展望

1. 功率器件

功率器件的发展是电力电子技术发展的基础。功率 MOSFET 至今仍是最快的功率器件,减少其通态电阻仍是今后功率 MOSFET 的主要研究方向。1998 年出现了超级结(super junction)的概念,通过引入等效漂移区,在保持阻断电压能力的前提下,有效地减少了 MOSFET 的导通电阻,这种 MOSFET 被称为 CoolMOS。CoolMOS 与普通 MOSFET 结构的比较如图 1-4 所示。其中

N^+_{sub}表示器件衬底，N^-_{epl}表示厚的低掺杂的 N^-外延层。比如 600 V 耐压的 CoolMOS 的通态电阻仅为普通 MOSFET 的 1/5。它在中小开关电源、固体开关中得到广泛的应用。

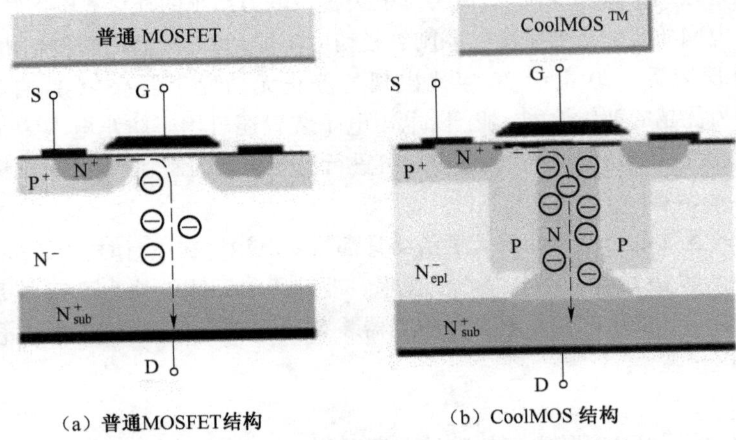

（a）普通MOSFET结构　　（b）CoolMOS 结构

图 1-4　CoolMOS 与普通 MOSFET 结构的比较

IGBT 综合了场控器件快速性的优点和双极型器件低通态压降的优点。IGBT 的高压、大容量也是长期以来的研究目标。1985 年，人们认为 IGBT 的极限耐压为 2 kV，然而 IGBT 器件的阻断电压上限不断刷新，目前已达到 6.5 kV。采用 IGBT 改造 GTO 变频装置，减小了装置的体积和损耗。IGBT 阻断电压的提高，使其能覆盖更大的功率应用领域，如 IGBT 替代 GTO 改造原有电气化电力机车的变频器。IGBT 正不断地蚕食晶闸管、GTO 的传统领地，在大功率应用场合极具渗透力。提高 IGBT 器件的可靠性，如采用压接工艺等也是重要发展方向之一。对于应用于市电的电力电子装置的低压 IGBT 器件，其主要性能提高目标是降低通态压降和提高开关速度，出现了沟槽栅结构 IGBT 器件。面临 IGBT 的追赶，出现 GTO 的更新换代产品 IGCT，如图 1-5 所示。IGCT 通过分布集成门极驱动、浅层发射极等技术使器件的开关速度有一定的提高，同时减小了门极驱动功率，方便了应用。IGCT 正面临 ICBT 的严峻竞争，IGCT 的出路是高压、大容量化，可在未来的柔性交流输电（FACTS）应用中寻找出路。

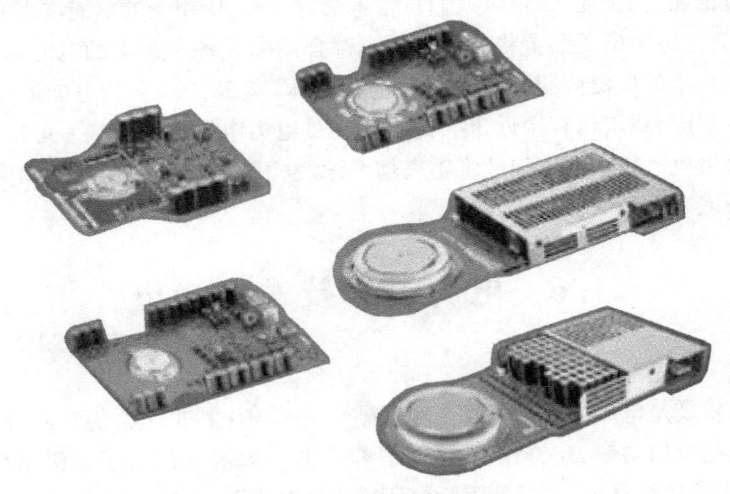

图 1-5　ABB 开发的 IGCT

宽禁带功率器件是21世纪最有发展潜力的电力电子器件之一。目前最受关注的两种宽禁带材料是碳化硅(SiC)和氮化镓(GaN),图1-6是两种宽禁带材料与硅材料的特性比较。SiC材料的临界电场强度是硅材料的10倍,热导率是硅材料的3倍,结温超过200 ℃。从理论上讲,SiC功率开关器件的开关频率将显著提高,损耗减至硅功率器件的1/10。由于热导率和结温提高,因此散热器设计变得容易,构成装置的体积变得更小。由于SiC器件的禁带宽、结电压高,因此比较适合于制造单极型器件。目前600 V和1.2 kV的SiC肖特基二极管产品几乎具有零反向恢复过程,已经在计算机电源中得到应用。2011年1 200 V SiC MOSFET和SiC JEFT实现了商业化。采用SiC JEFT的光伏逆变器实现99%的变换效率。SiC功率器件将应用于电动汽车、新能源并网逆变器、智能电网等场合。近年来,氮化镓功率器件也十分引人注目,由于氮化镓功率器件可以集成在廉价的硅基衬底上,并具有超快的开关特性,受到国际上的关注。主要面向900 V以下的场合,如开关电源、开关功率放大器、汽车电子、光伏逆变器、家用电器等。

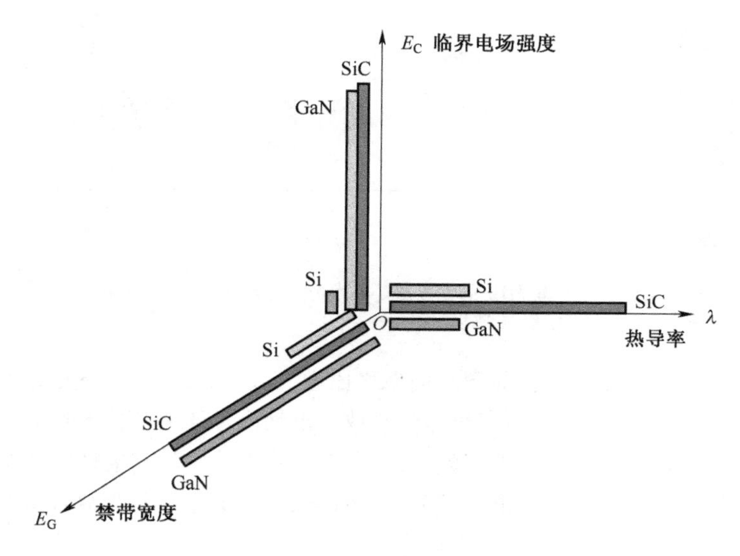

图1-6 两种宽禁带材料与硅材料的特性比较

2. 再生能源与环境保护

现代社会对环境造成了严重的污染。温室气体的排放引起了国际社会的关注,大量的能源消耗是温室气体排放的主要原因。发达国家的长期工业化过程是造成温室气体问题的主要原因。然而,改革开放以来,我国的能源消费量急剧上升,二氧化碳排放量也有较大增加。1997年在日本京都召开的“联合国气候变化框架公约”会议上,通过了著名的《京都议定书》COP3,即温室气体排放限制议定书。通过国际社会的努力,2005年《京都议定书》正式生效。

扩大再生能源应用比例和大力采用节能技术是实现《京都议定书》目标十分关键和有效的措施。欧盟制订了20-20-20计划,到2020年可再生能源占欧盟总能源消耗的20%。2007年12月美国总统签署了《能源独立和安全法案》(EISA)。

我国也十分重视再生能源的开发利用,2006年我国施行了《再生能源法》。制定了《可再生能源中长期发展规划》,到2020年我国可再生能源将占总能源消耗的15%。2010年我国累计风电装机容量为4 200万kW,居世界第一,预计到2020年累计风电装机容量将逾1亿kW。

2010 年我国累计光伏装机容量为 100 万 kW，预计到 2020 年我国累计光伏装机容量将逾 4 000 万 kW。

光伏、风力、燃料电池等新能源推动了电力电子技术的发展，并形成了电力电子产品的巨大市场。由于光伏、风力等再生能源发出的是不稳定、波动的电能，必须通过电力电子变换器，将再生能源发出的不稳定、不可靠的“粗电”处理成高品质的电能，如图 1-7 所示。此外，电力电子变换器还具有风能或太阳能的最大捕获功能。因此，电力电子技术能提升新能源发电的可靠性、安全性，使其成为具有经济性、实用性的能源的支撑科技。

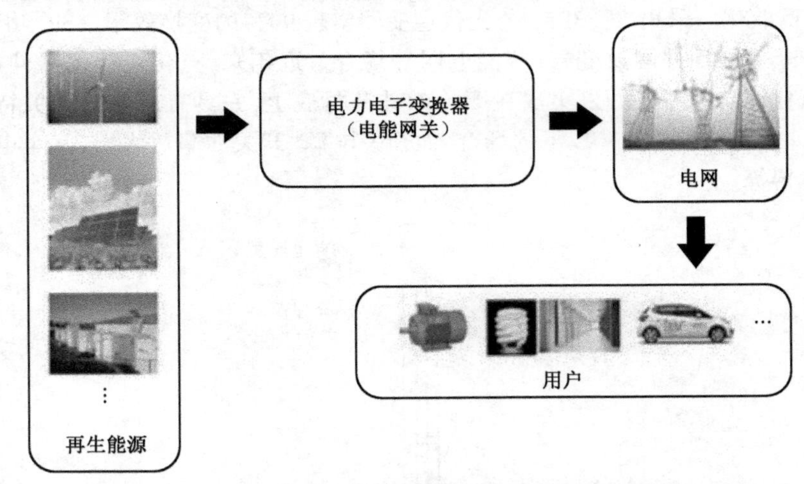

图 1-7　电力电子变换器、再生能源、电网之间的关系

3. 电动汽车

纯电动汽车与汽油汽车的一次能源利用率之比为 1∶0.6。因此，发展电动汽车可以提高能源的利用率，同时减少温室气体和有害气体的排放。电动汽车的关键技术是电池技术和电力电子技术。为回避对大容量动力电池的依赖，日本开发了将汽油驱动和电动驱动相结合的混合型电动汽车，并实现了产业化，如丰田 Prius 和本田 Insight。图 1-8 所示为混合型电动汽车的驱动结构图。

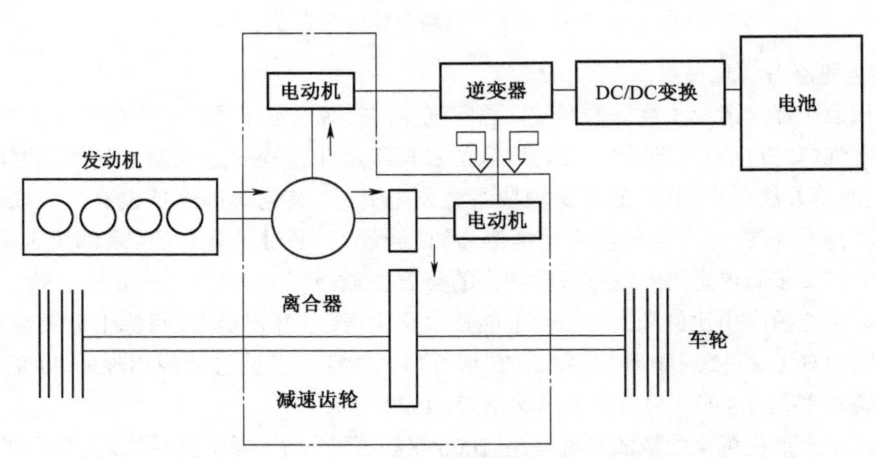

图 1-8　混合型电动汽车的驱动结构图

混合型电动汽车的产业化前景已引起美国汽车行业的注意，为防止失去混合型电动汽车的

市场，美国开发 Plugin 混合型电动汽车，Plugin 混合型电动汽车配置了一个较大的电池。由于混合型电动汽车无法解脱依赖石油的束缚，纯电动汽车才是理想的目标，但需要解决电池的问题。铅酸电池价格低，但能量密度低，体积大，一次充电的持续里程短，可充电次数少。于是，开发比能量密度、比功率密度的电池成为研究热点。近年来，磷酸铁锂动力电池由于其安全性、比能量密度、比功率密度等综合优势，已在电动汽车中获得实际应用；另一种受到关注的电池是以氢为燃料的质子交换膜燃料电池，它具有能量密度高的显著特点，因此燃料电池电动汽车是未来理想环保的交通工具，图 1-9 所示为燃料电池电动汽车的结构。质子交换膜燃料电池开发重点是低成本化、长寿命。我国也十分重视电动汽车的研究开发，已在部分城市进行电动汽车的应用示范。电动汽车产业将带动如电动机驱动、逆变器、DC/DC 变换器、辅助电源、充电器等电力电子产品的发展。

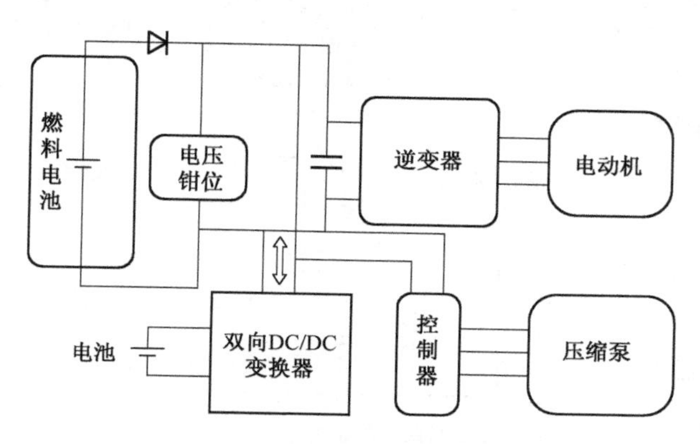

图 1-9　燃料电池电动汽车的结构

4. 轨道交通

我国客运专线运行的高速动车组时速为 200～350 km，采用电力牵引交流传动系统，如图 1-10所示。牵引变流器由预充电单元、四象限变流器、中间直流侧电路、牵引逆变器组成。在牵引变流器中，3 300 V/1 200 A、4 500 V/900 A、6 500 V/600 A 等级的 ICBT 器件成为主流，各约占 1/3。

在城市轨道交通方面，2015 年已有超过 85 条城市轨道线路，总长为 2 700 km，甚至更长。到 2020 年，北京、上海、广州、南京、天津、深圳、成都、沈阳、哈尔滨、青岛等城市将建成、通车的线路总计 40 多条，约 6 000 km，总投资在 7 000 亿元以上。

电力电子技术是轨道交通的核心技术。我国继续开展高压大功率电力电子器件、大容量高功率密度功率变流器、电力电子牵引交流传动控制技术的研发工作，以满足我国高铁和城市轨道交通的发展需求。

5. 智能电网

目前在国际上正在进行一场电力系统的创新——智能电网。智能电网的核心技术包含信息技术、通信技术和电力电子技术。智能电网的目标是提高电力系统资产的利用率，减少能耗；提高电力系统的安全性、经济性；提高电力系统接纳新能源的能力，实现节能减排。智能电网将推动电力市场的发展，将使电力市场的发电方与供电方从垄断走向社会化。电力市场将促进分散供电系统的发展，可大幅度地减少电力输送的能耗，同时提高电力系统的安全性，有利于能源多样化的实施，对国家安全有利；有利于采用再生能源、环保发电技术。从技术层面来讲，电力市场的引入将出现按质论价的电能供应方式，产生对电力品质改善的装置，如不间断电源(UPS)、静止无功补偿装置(SVC)、静止无功发生器(SVG)、动态电压恢复器(DVR)、电力有源滤波器(APF)、限流器、电力储能装置、微型燃气发电机(micro gas turbo)等；再生能源、环保发电技术等分散发电将需要交直流变流装置。电力市场将使柔性交流输电技术全面应用成为现实，带动直流输电(HVDC)、背靠背装置(BTB)、统一潮流控制器(UPFC)等电力电子技术的应用。图 1-11 所示为电力电子技术在电力系统中应用的示意图。

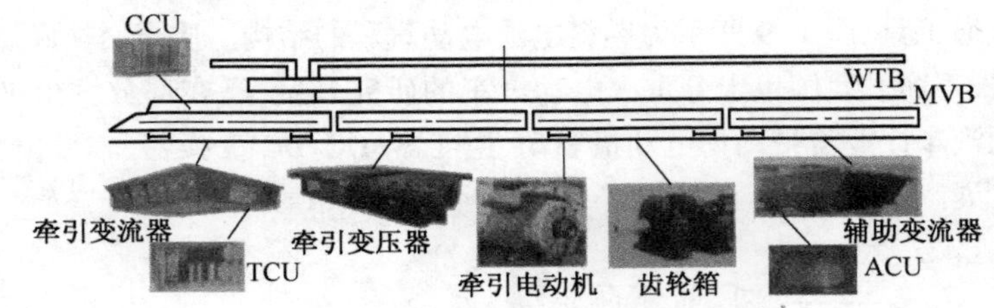

(a) 电力牵引交流传动系统部件配置

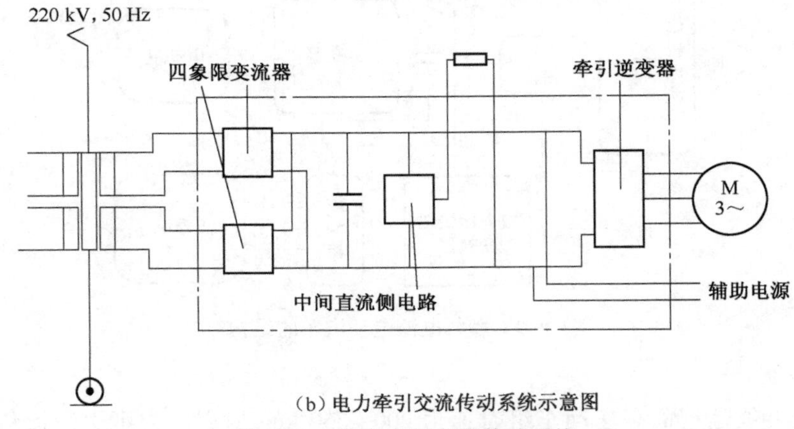

(b) 电力牵引交流传动系统示意图

图 1-10　电力牵引交流传动系统

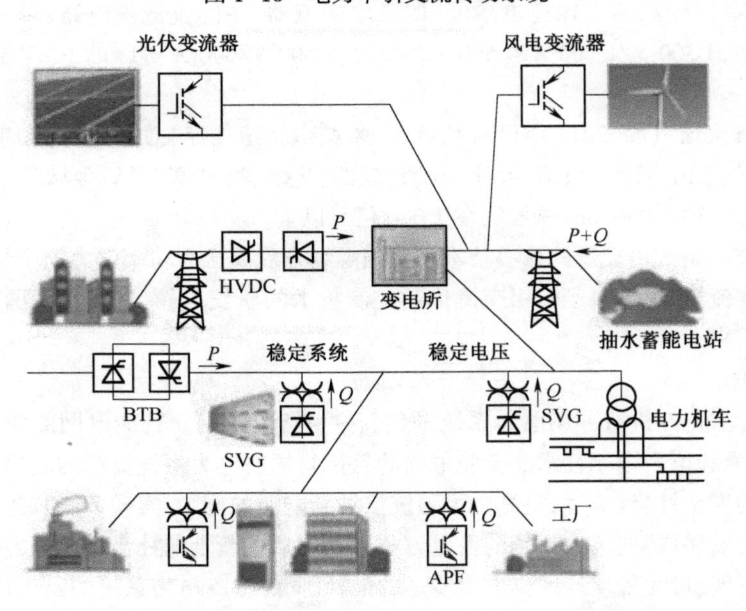

图 1-11　电力电子技术在电力系统中应用的示意图

目前再生能源的规模应用仍存在一定的困难，风能、光伏等再生能源存在间歇性、不稳定性等问题。针对分布式电源的困境，“微网”的概念应运而生。微网将化石能源、光伏、风力、储能装置等局部的电源和局部负荷构成一个小型的电能网络，可以独立于外电网或与外电网相连，如图 1-12 所示。可弥补再生能源存在的间歇性、不稳定性等问题。微网可以小到给一户居民供电，大到给一个工厂或社区或一个工业区供电。微网可以通过一个潮流控制环节与外部大电网相连，既能实现微网与大电网的电能交换，也能实现微网与外电网故障的隔离。此外，微网具有能源利用率高的显著特点，如果采用热电联产，可以进一步提升能源利用效率。可见，微网能够起到风能、光伏等分布式电源规模化推广的助推器的作用。

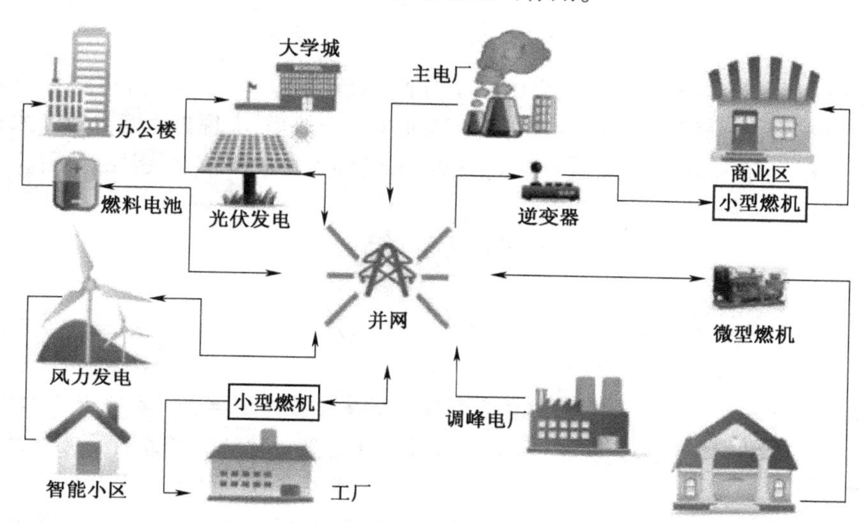

图 1-12　微网示意图

随着电动汽车的普及，大量电动汽车同时充电将对电力系统造成沉重负担，需要将智能电网和储能技术相结合，借助市场杠杆实现充电的智能管理。另外，每个电动汽车都是一个储能装置，这种数量众多的分布式的储能装置，可以用来增加电力系统备用能力、实现电源与负荷平衡、提高故障处理能力、提升系统的经济性，是一种新的调控工具。于是就出现了所谓电动汽车对电网作用的研究（V2G）。

6. IT 产业

由于 IT 技术的迅速普及，计算机、网络设备、办公设备的电力消耗日益增加，提高 IT 设备能源利用效率变得越来越重要。

图 1-13 所示为传统数据中心电源系统的电能利用效率分析，其利用率约为 70%，一次能源的利用率仅为 24%，其能源利用率不高的主要原因是串联的功率变换环节级数太多。一次能源由电站转换成电能，然后通过输配电系统到达用户，再通过不间断电源（UPS）、整流器（AC/DC）、隔离型直流/直流变换器（DC/DC）、负载电源调节器（POL），最后供给数据处理芯片（CPU）。目前，出现了一种高压直流供电（HVDC）的数据中心电源系统方案，以减少串联的功率变换环节的级数。未来光伏、燃料电池等新能源发电将被引入数据中心电源系统，以实现节能排放，同时可以提高数据中心电源系统的可靠性。

电源效率的提高，轻载或待机损耗下降，提高电源的功率密度将是未来的重要课题。电源的标准化、智能化、与新能源的融合将是计算机、网络电源发展的方向。

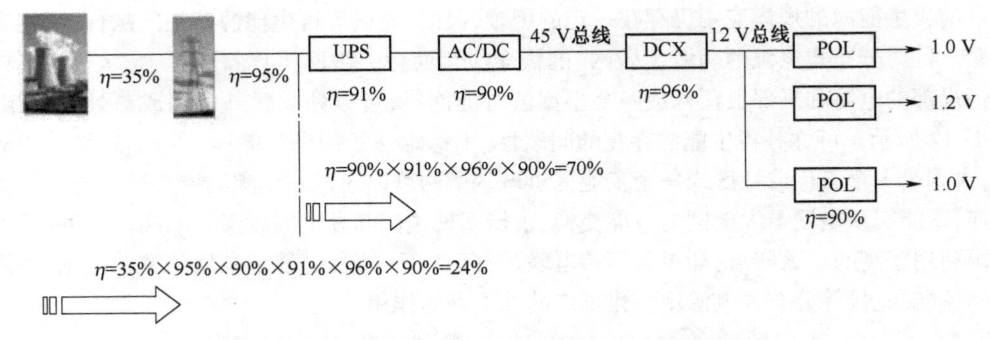

图 1-13　传统数据中心电源系统的电能利用效率分析

电力电子技术已经渗透到现代社会的各个方面,未来 90% 的电能均需通过电力电子设备处理后再加以利用,以便提高能源利用率,提高工业生产的效率,实现再生能源的最大利用。电力电子技术将在 21 世纪中为建设一个节能、环保、和谐的人类家园发挥重要的作用。

小　　结

目前广泛应用的电力电子器件如 IGBT、MOSFET 都发展自晶体管,因此晶体管的诞生也标志着电力电子技术学科发展的基础已经建立。电力电子学是电气工程与技术、电子科学与技术和控制理论三个学科的交叉学科。电力电子器件经历从结型控制器件到场控器件的发展历程,大功率、高频化、高效率、驱动场控化成为功率器件发展的重要特征。电力电子功率变换技术与电力电子器件同步发展,在电路、控制、仿真手段等方面取得了重大的发展。

电力电子技术是依靠功率半导体器件实现电能的高效利用,或者对运动精密控制的一门技术。电力电子技术是现代制造、新能源、智能电网、现代交通的核心技术,几乎进入社会的各个方面。我国已形成上千亿元的电力电子产品市场,支撑着数十万亿元的信息、通信、机电、能源、交通、家电等产业电力电子技术,在推动科学技术和经济的发展中发挥着越来越重要的作用。

习　　题

1. 什么是电力电子技术？它有几个组成部分？
2. 简述电力电子技术的特点。
3. 电能变换电路有哪几种形式？各自的功能是什么？
4. 简述电力电子技术的主要应用领域。

第2章　电力电子器件

学习目标：

(1)掌握各种电力电子器件的结构及工作原理；

(2)掌握电力电子器件的工作特性及参数定义；

(3)掌握电力电子器件的驱动控制电路；

(4)熟悉电力电子器件的保护电路。

2.1　电力电子器件概述

电力电子技术的基础是由电力电子器件、电力电子电路和电力电子系统控制三个层次构成的。电力电子器件(power electrics device)是指可直接用于处理电能的主电路中，实现电能的变换或控制的电子器件。从广义上讲，电力电子器件应该分为电真空器件和半导体器件两类。目前电力电子技术中使用的器件绝大多数都是半导体器件。因此，通常所说的电力电子器件都是指电力半导体器件，目前使用的电力半导体器件大多是用单晶硅制成的。

由于电力电子器件直接用于处理电能的主电路中，因而同处理信息的电力电子器件相比，它一般具有如下特征：

(1)电力电子器件所能处理电功率的大小，也就是其承受电压和电流的能力，是其最重要的参数。其处理电功率的能力大小一般都远远大于处理信息的电力电子器件。

(2)因为处理的电功率较大，为了减少本身的损耗，提高效率，电力电子器件一般都工作在开关状态。导通时阻抗很小，接近于短路，管压降接近于零，而电流由外电路决定；阻断时阻抗很大，接近于断路，电流几乎为零，而器件两端的电压由外电路决定；就像普通晶体管的饱和与截止状态一样。因而，电力电子器件的动态特性和参数，也是电力电子器件特性很重要的方面。

(3)在实际应用中，电力电子器件往往需要由信息电子电路来控制。由于电力电子器件所处理的电功率较大，因此普通的信息电子电路信号一般不能直接控制电力电子器件的导通或关断，需要一定的中间电路对这些信号进行适当放大，这就是所谓的电力电子器件的驱动电路。

(4)尽管工作在开关状态，但是电力电子器件自身的功率损耗通常仍远大于处理信息的电力电子器件，因而为了保证不至于因损耗散发的热量导致器件温度过高而损坏，不仅在器件封装上比较讲究散热设计，而且在其工作时一般都还需要安装散热器。这是因为电力电子器件在导通或者阻断状态下，并不是理想的短路或者断路。导通时，器件上有一定的通态压降；阻断时，器件上有微小的断态漏电流流过，形成电力电子器件的通态损耗和断态损耗。此外，还有在电力电子器件由断态转为通态(开通过程)或者通态转为断态(关断过程)的转换过程中产生的损耗，分别称为开通损耗和关断损耗，总称为开关损耗。

电力电子器件半个世纪以来已发展了多种不同类型的器件，并可大致分类如下：

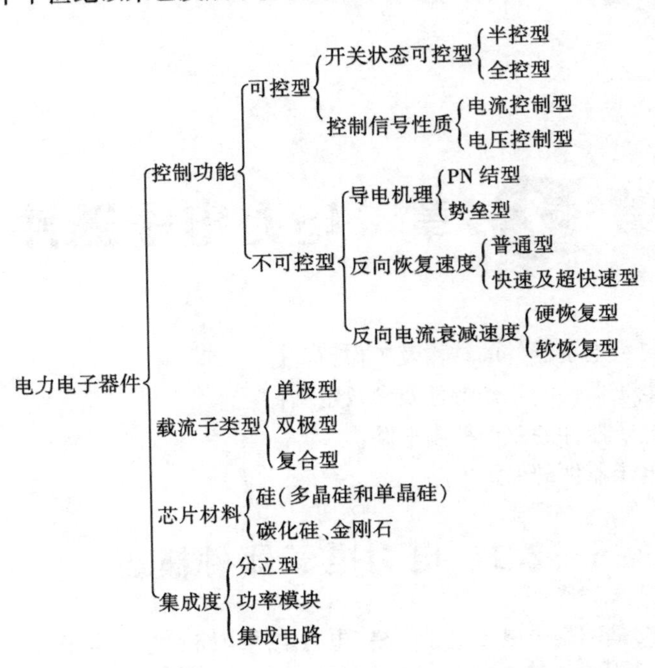

二极管因无控制极，属于不可控器件；晶闸管（SCR）是典型的半控型器件；凡是能用控制信号促使器件导通和关断的器件称为全控型器件，又称自关断器件。在这类器件中，电流控制型器件需从控制极注入和抽出电流来实现器件的通断，其代表是 GTR，大容量 GTR 的开通电流增益仅为 5~10，其基极平均控制功率较大；与此相反，电压控制型器件可因其控制极加上或撤去控制电压而实现器件通断，当器件处于稳定导通或关断时，其控制极无电流，故平均控制功率很小。由于电压控制型器件是通过控制极电压在主电极间建立电场来控制器件通断的，故又称场控或场效应器件。根据电场存在的环境，场控器件又可分为结型场效应器件和绝缘栅场效应器件两大类。本章分析的电力 MOSFET 属于后一类。

根据器件内部电子和空穴两种参与导电的情况，所有器件可分为单极型、双极型和复合型三大类。只有一种载流子参与导电的器件称为单极型器件，如电力 MOSFET；由电子和空穴两种载流子参与导电的器件称为双极型器件，如结型功率二极管和 GTR；由前两类器件复合而成的器件则称为复合型器件，如 IGBT。

根据导电机理和结构的不同，所有二极管可分为 PN 结二极管（简称结型二极管）和肖特基势垒二极管（简称势垒二极管）。前者属于双极型器件，后者属于单极型器件。

迄今为止，用来制造器件的材料均为硅。实验证明，和硅相比，碳化硅更适合用于制作电力电子器件，它在损耗、耐压和耐高温等方面的性能均优于硅材料。虽然目前还存在价格和晶片工艺等问题，但随着技术的进步，这些问题将会逐步得到解决。

图 2-1 是主要的可控器件的功率容量（电压×电流）和开关频率的示意图。晶闸管的容量最大，6 000 V、2 500 A 规格的器件已经制造出来了，但是开关频率不高，只能用在工频变换电路上。

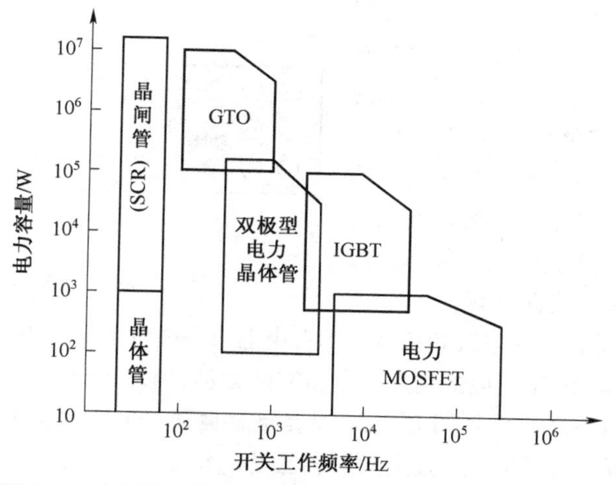

图 2-1 主要的可控器件的功率容量和开关频率的示意图

2.2 电力二极管

电力二极管(power diode)自20世纪50年代初期就获得了应用,当时也被称为半导体整流器(semiconductor rectifier,SR),是电力电子装置中应用最多的电力电子器件之一。虽然是不可控器件,但其结构和原理简单,工作可靠,所以,直到现在电力二极管仍然大量应用于许多电气设备当中。

2.2.1 电力二极管的基本结构与工作原理

电力二极管的基本结构和工作原理与信息电子电路中的二极管是一样的,都是以半导体PN结为基础的。电力二极管实际上是由一个面积较大的PN结和两端引线以及封装组成的,电力二极管的外形、结构和图形符号如图2-2所示。A和K分别代表阳极和阴极。

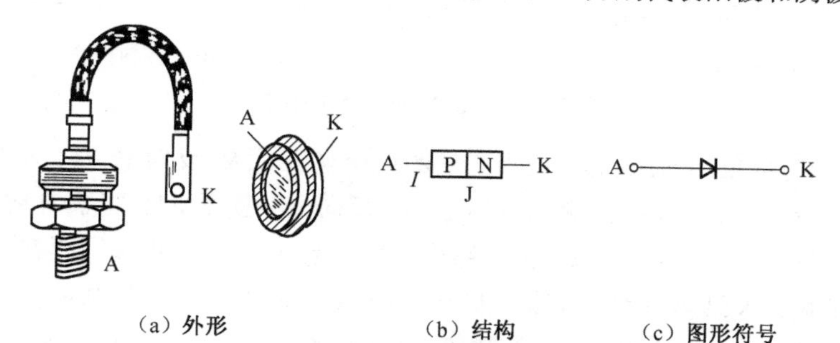

(a) 外形 (b) 结构 (c) 图形符号

图 2-2 电力二极管的外形、结构和图形符号

图2-3所示为PN结的形成,其中大圆⊖表示不能移动的负离子,小圆∘表示可以运动的带正电的空穴,大圆⊕表示不能移动的正离子,小圆•表示可以自由运动的带负电的自由电子。

从图2-3中可以看出,在N型半导体和P型半导体结合后构成PN结。由于N区和P区交界处电子和空穴的浓度差别,N区电子浓度大,P区空穴浓度大,因此造成了N区电子要向P区扩散与P区空穴复合,同时在边界N区侧留下正离子层⊕,P区的空穴正粒子要向N区扩散与

N 区电子复合,同时在边界 P 区侧留下负离子层⊖。随着电子、空穴的扩散,在界面两侧分别留下了带正、负电荷,但不能任意移动的杂质离子。这些不能移动的正、负电荷称为空间电荷。空间电荷建立的电场称为内电场或自建电场,其方向是阻止扩散运动的。此时 N 区侧带正电,P 区侧带负电,半导体内部出现内电场,方向从 N 区指向 P 区。

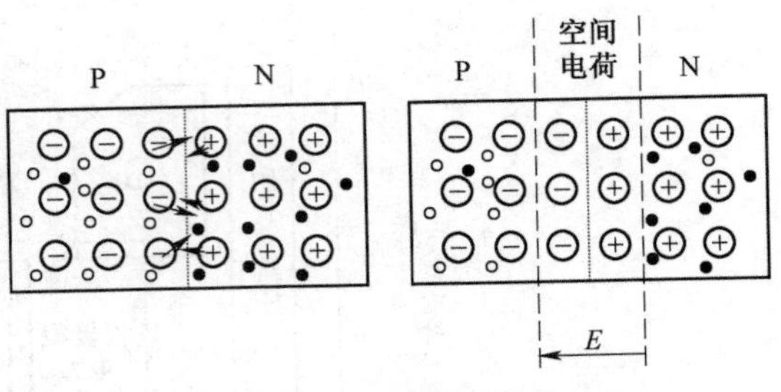

图 2-3　PN 结的形成

内电场的出现使带正电的空穴和带负电的自由电子在内电场的作用下产生漂移运动,带负电的电子逆电场方向运动,带正电的空穴顺电场方向运动,因此内电场要迫使到达 P 区的电子返回 N 区,迫使到达 N 区的空穴返回 P 区,这就是漂移运动。扩散运动和漂移运动既相互联系又相互矛盾,最终达到动态平衡,正、负空间电荷量达到稳定值,形成一个稳定的由空间电荷构成的区域,称为空间电荷区,按所强调的角度不同也被称为耗尽层、阻挡层或势垒层。

PN 结具有单向导电性。当 PN 结外加正向电压时,外电场将多数载流子推向空间电荷区,使其变窄,削弱了内电场,原来的平衡被打破,使扩散运动加强,而漂移运动减弱。由于外加电源的作用使得扩散运动源源不断进行,从而形成正向电流,如图 2-4(a)所示,此时 PN 结处于正向导通状态。当 PN 结外加反向电压时,外电场与内电场的方向一致,加强了内电场,使扩散运动减弱,而漂移运动加强,形成反向电流,如图 2-4(b)所示,此时 PN 结处于反向截止状态。这就是 PN 结的单向导电性。

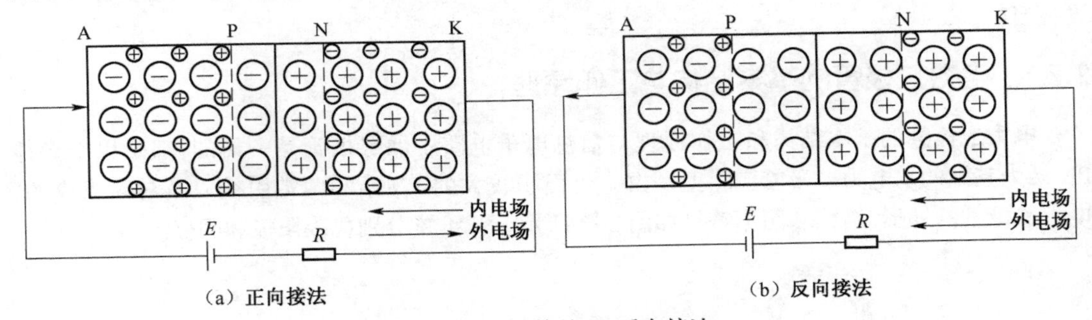

图 2-4　二极管的正、反向接法

PN 结具有一定的反向耐压能力,但当施加的反向电压过大,反向电流将会急剧增大,破坏 PN 结反向偏置为截止的工作状态,称为反向击穿。反向击穿按照机理不同,有雪崩击穿和齐纳击穿两种形式。反向击穿发生时,只要外电路中采取了措施,将反向电流限制在一定范围内,则当反向电压降低后,PN 结仍可恢复原来的状态;但如果反向电流未被限制住,使得反向电流和反向电压的乘积超过了 PN 结容许的耗散功率,就会因热量散发不出去而导致 PN 结温度上升,直至过热而烧毁,这就是热击穿。必须尽可能避免热击穿。

2.2.2　电力二极管的基本特性

1. 静态特性

电力二极管的静态特性主要是指伏安特性,如图 2-5 所示。

当电力二极管承受的正向电压上升到一定值后,正向电流才开始明显增加,电力二极管处于稳定导通状态，该电压称为门槛电压 U_{TO}。与正向电流 I_F 对应的电力二极管两端的电压 U_F 即为正向电压降。当电力二极管承受反向电压时，只有很小的反向漏电流，电力二极管处于反向截止状态。如果增加反向电压，当增至某一临界电压值（反向击穿电压 U_{BR}）时，反向电流急剧增大，电力二极管发生击穿。

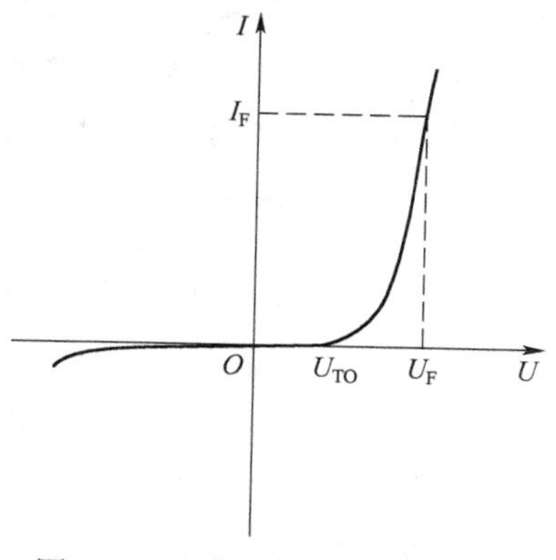

图 2-5　电力二极管的伏安特性

2. 动态特性

由于 PN 结的存在，电力二极管在零电压偏置、正向偏置和反向偏置三种状态转换时，必然经历一个暂态过程用于 PN 结带电状态的调整，这个过程电力二极管的伏安特性随时间变化，通常称为动态特性。

1）开通过程

图 2-6（a）所示为电力二极管由零电压偏置转为正向偏置导通过程中的管压降和正向电流的变化曲线。开通初期出现较高的瞬态压降，之后才达到稳定，且导通后压降很小。由图可见，在这一动态过程中，电力二极管的正向压降会先出现一个过冲 U_{FP}，经过一段时间才趋于接近稳态压降的某个值（如 2 V）。这一动态过程的时间称为正向恢复时间 t_{fr}。

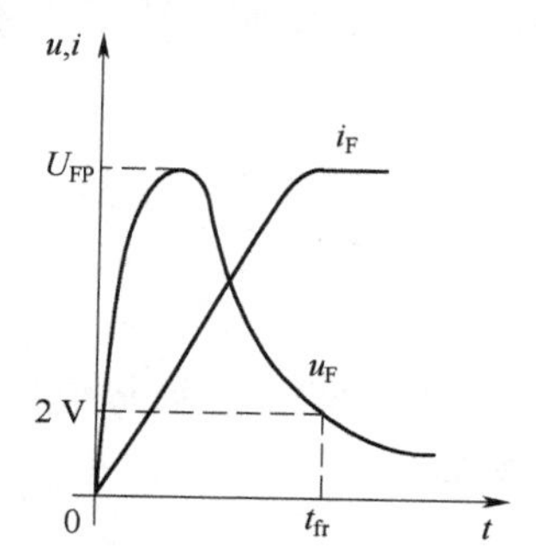

（a）零电压偏置转换为正向偏置

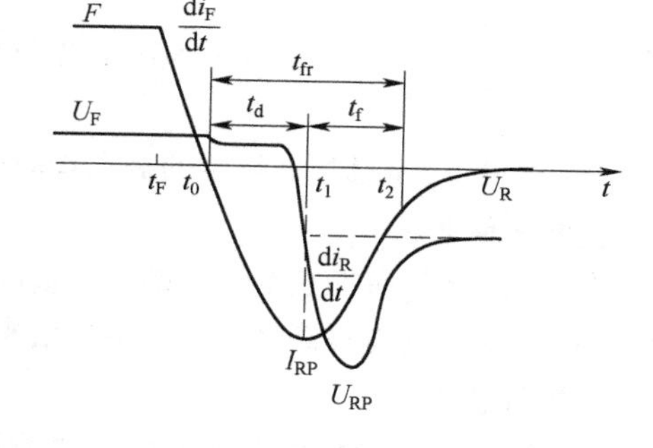

（b）正向偏置转换为反向偏置

图 2-6　电力二极管的动态过程波形

2）关断过程

图 2-6（b）所示为电力二极管由正向偏置转换为反向偏置的电压、电流波形。当原处于正向导通状态的电力二极管的外加电压突然从正向变为反向时，该电力二极管并不能立即关断，而是须经过一段短暂的时间才能重新获得反向阻断能力，进入截止状态。在关断之前有较大的反向电流出现，并伴随有明显的反向电压过冲。

设 t_F 时刻外加电压突然由正向变为反向，正向电流在此反向电压作用下开始下降，下降速率由反向电压大小和电路中的电感决定，而管压降由于电导调制效应基本变化不大，直至正向电流降为零的时刻 t_0。此时，电力二极管由于在 PN 结两侧储存有大量少子而并没有恢复反向阻断能力，这些少子在外加反向电压的作用下被抽取出来，因而形成较大的反向电流。当空间电荷区附近储存的少子即将被抽尽时，管压降变为负极性，于是开始抽取离空间电荷区较远的浓度较低的少子。因而在管压降极性改变后不久的 t_1 时刻反向电流从其最大值 I_{RP} 开始下降，空间电荷区开始迅速展宽，电力二极管开始重新恢复对反向电压的阻断能力。在 t_1 时刻以后，由于反向电流迅速下降，在外电路电感的作用下会在电力二极管两端产生比外加反向电压大得多的反向电压过冲 U_{RP}。在电流变化率接近于零的 t_2 时刻，电力二极管两端承受的反向电压才降至外加电压的大小，电力二极管完全恢复对反向电压的阻断能力。时间 $t_d=t_1-t_0$ 称为延迟时间，$t_f=t_2-t_1$ 称为电流下降时间，而时间 $t_{rr}=t_d+t_f$ 则称为电力二极管的反向恢复时间。

2.2.3 电力二极管的主要参数

1. 正向平均电流 $I_{F(AV)}$

电力二极管长期运行时，在指定的管壳温度和散热条件下，其允许流过的最大工频正弦半波电流的平均值。这也是标称其额定电流的参数。

设流过电力二极管的正弦半波电流为 $I_m\sin\omega t$，则额定电流（平均值）为

$$I_{F(AV)}=\frac{1}{2\pi}\int_0^{\pi}I_m\sin\omega t\mathrm{d}(\omega t)=\frac{I_m}{\pi} \tag{2-1}$$

额定电流有效值为

$$I_D=\sqrt{\frac{1}{2\pi}\int_0^{\pi}(I_m\sin\omega t)^2\mathrm{d}(\omega t)}=\frac{I_m}{2} \tag{2-2}$$

因此，正向平均电流 $I_{F(AV)}$ 对应的有效值 I_D 等于 $I_{F(AV)}$ 的 $\frac{\pi}{2}$ 倍。实际使用时，应按有效值相等的原则来选取电流定额，并应留有 1.5~2 倍的安全裕量。

2. 正向压降 U_F

它是在指定温度下，流过某一指定的稳态正向电流时对应的压降。

3. 反向重复峰值电压 U_{RRM}

它是指对电力二极管所能重复施加的反向最高峰值电压。实际使用时，通常按照电力二极管在电路中可能承受的反向最高峰值电压的 2 倍来选择该参数。

4. 最高工作结温 T_{JM}

它是电力二极管中的 PN 结不至于损坏的前提下所能承受的最高平均温度，通常范围为 125~175 ℃。

5. 反向恢复时间 t_{rr}

它是指电力二极管正向过零到反向电流下降到其峰值 10% 时的时间间隔，该值越小越好。

6. 浪涌电流 I_{FSM}

它是指电力二极管所能承受的最大的连续一个或几个工频周期的过电流。

2.2.4 电力二极管的主要类型

电力二极管的主要类型有普通二极管、快恢复功率二极管、肖特基二极管。

1. 普通二极管

普通二极管（general purpose diode）又称整流二极管（rectifier diode），多用于开关频率不高（1 kHz 以下）的整流电路中。

2. 快恢复功率二极管

快恢复功率二极管又称快速功率二极管。顾名思义，它是恢复速度很快而硬度又较低的功率二极管。

1)提高结型功率二极管开关速度的措施

(1)对少子寿命进行控制。在硅材料中掺入金或铂等杂质可有效提高少子复合率,降低少子寿命,促使存储在N区的过剩载流子数减少,缩短反向恢复时间 t_{rr}。但必须指出,掺金或铂将导致正向导通压降升高,因为少子寿命缩短将同时削弱电导调制效应。

(2)采用PN-N结构。在PN结构中缩短N区厚度能改善器件开关性能,但受到耐压降低的制约,采用P和N掺杂区之间夹入一层高阻N-型材料以形成PN-N结构,在相同耐压条件下,新结构所需硅片厚度要薄得多。于是在同一少子寿命下,新结构具有更好的恢复性能和较低的正向导通压降,因而成为当今结型快恢复功率二极管普遍采用的结构。

2)扩散工艺和外延工艺

根据生成N-层工艺的不同,快恢复功率二极管可分为扩散型和外延型两类。由于扩散工艺不可能将N-层做得很薄,故正向导通压降较高,比较适合于高压大功率二极管;相反,外延工艺可在耐压许可范围内将N-层做得很薄,故正向导通压降较低。目前额定电压在0.4 kV以上的器件常采用扩散工艺;低于0.4 kV的则采用外延工艺。扩散型快恢复功率二极管简称FDR(fast recovery diode),外延型快恢复功率二极管简称FRED(fast recovery epitaxial diode)。

3)快速型和超快速型

由于用户对器件性能最为关注的是快速性,因此作为产品并不强调区分其工艺结构,而是根据器件的恢复快速性分为快恢复和超快恢复两类。前者简称FRED,后者简称Hiper FRED(hiper fast soft recovery epitaxial diode),FRED的 t_{rr} 为几十到几百纳秒,可应用于开关频率为20~50 kHz的场合;Hiper FRED的 t_{rr} 在100 ns左右,可应用于开关频率在50 kHz以上的场合。

3. 肖特基二极管

以金属和半导体接触形成的势垒为基础的二极管称为肖特基势垒二极管(schottky barrier diode,SBD),简称肖特基二极管。肖特基二极管的优点在于:反向恢复时间很短(10~40 ns),正向恢复过程中也不会有明显的电压过冲;在反向耐压较低的情况下其正向压降也很小,明显低于快恢复功率二极管。因此,其开关损耗和正向导通损耗都比快恢复功率二极管还要小,效率高。肖特基二极管的弱点在于:当反向耐压提高时,其正向压降也会高得不能满足要求,因此多用于200 V以下的低压场合;反向漏电流较大且对温度敏感,因此反向稳态损耗不能忽略,而且必须更严格地限制其工作温度。

2.3 晶 闸 管

晶闸管是一种既具有开关作用又具有整流作用的大功率半导体器件。虽然自20世纪80年代开始,大量性能更好的全控型器件广泛使用,但由于其所能承受的电压和电流容量在目前的电力电子器件中最高,且工作可靠,因此在大容量应用场合仍具有重要地位。

2.3.1 晶闸管的基本结构与工作原理

晶体闸流管(thyristor)简称晶闸管,早期曾称为可控硅整流器SCR(silicon controlled rectifier)。

晶闸管是三端四层半导体开关器件,共有三个PN结:J_1、J_2、J_3,如图2-7(a)所示。其图形符号如图2-7(b)所示,A为阳极(anode),K为阴极(cathode),G为门极(gate)或控制极。若把晶闸管看成由两个晶体管 $T_1(P_1N_1P_2)$ 和 $T_2(N_1P_2N_2)$ 构成，如图 2-7(c) 所示，则其等效电路可表示成图 2-7(d) 中点画线框内的两个晶体管 T_1 和 T_2。对晶体管 T_1 来说，P_1N_1 为发射结 J_1，N_1P_2 为集电结 J_2；对晶体管 T_2 来说，P_2N_2 为发射结 J_3，N_1P_2 仍为集电结 J_2，因此 $J_2(N_1P_2)$ 为公共的集电结。当 A、K 两端加正向电压时，J_1、J_3 结为正向偏置，中间结 J_2 为反向偏置；当 A、K 两端加反向电压时，J_1、J_3 结为反向偏置，中间结 J_2 为正向偏置。晶闸管未导通时，加正向电压时的外加电压由反向偏置的 J_2 结承担，而加反向电压时的外加电压则由 J_1、J_3 结承担。

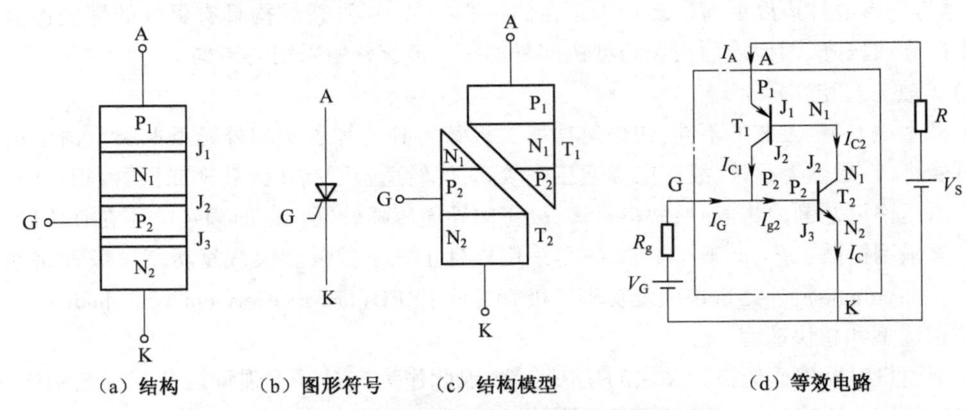

（a）结构　（b）图形符号　（c）结构模型　（d）等效电路

图 2-7　晶闸管的结构、图形符号及等效电路

如果晶闸管接入图 2-7(d) 所示的外电路，外电源 V_S 两端经负载电阻 R 引至晶闸管阳极 A，外电源 V_S 的负端接晶闸管阴极 K，一个正值触发控制电压 V_G 经电阻 R_g 后接至晶闸管的门极 G。如果 $T_1(P_1N_1P_2)$ 的集电极电流分配系数为 α_1，$T_2(N_1P_2N_2)$ 的集电极电流分配系数为 α_2，那么对 T_1 而言，T_1 的发射极电流 I_A 的一部分 α_1I_A 将穿过集电结 J_2，此外 J_2 受反偏电压作用要流过反向饱和电流 i_{CBO1}，因此图 2-7(d) 中的 I_{C1} 可表达为

$$I_{C1} = \alpha_1 I_A + i_{CBO1} \tag{2-3}$$

同理，对 T_2 而言，T_2 的发射极电流 I_C 的一部分 $\alpha_2 I_C$ 将穿过集电结 J_2，此外 J_2 受反偏电压作用要流过反向饱和电流 i_{CBO2}，因此图 2-7(d) 中的 I_{C2} 可表达为

$$I_{C2} = \alpha_2 I_C + i_{CBO2} \tag{2-4}$$

由图 2-7(d) 可看出

$$I_A = I_{C1} + I_{C2} = \alpha_1 I_A + \alpha_2 I_C + i_{CBO1} + i_{CBO2} = \alpha_1 I_A + \alpha_2 I_C + I_O$$

式中，$I_O = i_{CBO1} + i_{CBO2}$，为 J_2 的反向饱和电流之和或称漏电流。

再从整个晶闸管外部电路来看，应是

$$I_A + I_G = I_C$$

可得到阳极电流 I_A 为

$$I_A = \frac{I_O + \alpha_2 I_C}{1 - (\alpha_1 + \alpha_2)}$$

晶闸管外加正向电压 V_{AK}，但门极断开，$I_G = 0$，中间结 J_2 承受反偏电压，阻断阳极电流，这时 $I_A = I_C$ 很小，可得 $I_A = I_C = \dfrac{I_O}{1 - (\alpha_1 + \alpha_2)} = \dfrac{i_{CBO1} + i_{CBO2}}{1 - (\alpha_1 + \alpha_2)} \approx 0$。

在 I_A、I_C 很小时，晶闸管中电流分配系数 α_1 和 α_2 也很小。如果不加门极电流 I_G，即 $I_G = 0$，此时，$\alpha_1 + \alpha_2$ 不大，由于 I_O 很小，$I_A = I_C$ 仅为很小的漏电流，这时的晶闸管处于阻断状态（又称断态)。一旦引入了门极电流 I_G,将使 I_A 增大,I_C 增大,这时电流分配系数 α_1、α_2 变大,α_1、α_2 变大后,I_A、I_C 进一步变大,又使 α_1、α_2 更大。在这种正反馈作用下,使 $\alpha_1+\alpha_2$ 接近 1,晶闸管立即从断态转为通态。内部的两个等效晶体管都进入饱和导通状态,晶闸管的等效电阻变得很小,其通态压降仅为 1~2 V,这时的电流 $I_A \approx I_C$。由外电路电源电压 V_S 和负载电阻 R 限定电流 $I_A \approx I_C \approx \frac{V_S}{R}$。一旦晶闸管从断态转为通态后,因 I_A、I_C 已经很大,$\alpha_1+\alpha_2 \approx 1$,即使撤除门极电流 I_G,即 $I_G=0$,由于 $\alpha_1+\alpha_2 \approx 1$,根据 $I_A = \frac{I_0 + \alpha_2 I_C}{1-(\alpha_1+\alpha_2)}$ 可知,$I_A = I_C$ 仍然会很大,晶闸管仍继续处于通态并保持由外电路所决定的阳极电流,$I_A = I_C = \frac{V_S}{R}$。所以,要使承受正向电压的晶闸管从断态转入通态只需在其门极(控制极)加一个脉冲触发电流即可。

2.3.2 晶闸管的工作特性

1. **静态特性**

静态特性又称伏安特性,指的是器件端电压与电流的关系。

1) 阳极伏安特性

晶闸管的阳极伏安特性表示晶闸管阳极与阴极之间的电压 U_{ak} 与阳极电流 i_a 之间的关系曲线,如图 2-8 所示。

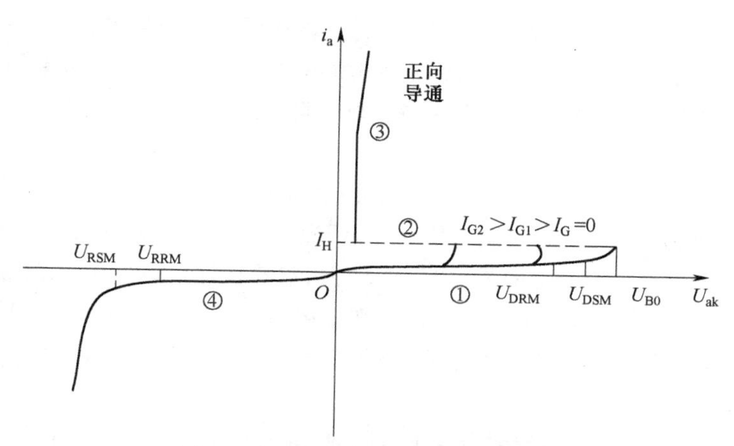

图 2-8 晶闸管的阳极伏安特性曲线

①—正向阻断高阻区;②—负阻区;③—正向导通低阻区;④—反向阻断高阻区

阳极伏安特性可以分为两个区域:第Ⅰ象限为正向特性区,第Ⅲ象限为反向特性区。第Ⅰ象限的正向特性又可分为正向阻断状态及正向导通状态。正向阻断状态随着不同的门极电流 I_G 呈现不同的分支。在 $I_G=0$ 的情况下,随着正向阳极电压 U_{ak} 的增加,由于 J_2 结处于反压状态,晶闸管处于断态,在很大范围内只有很小的正向漏电流,特性曲线很靠近并与横轴平行。当 U_{ak} 增大到一个称为正向转折电压 U_{B0} 时,漏电流增大到一定数值,J_1、J_3 结内电场削弱很多,两等效晶体管的电流分配系数 α_1、α_2 随之增大,使电子扩散电流 $\alpha_2 I_k$ 与空穴扩散电流 $\alpha_1 I_a$ 分别与 J_2 结中的空穴和电子相复合,使得 J_2 结的电势壁垒消失。这样,晶闸管就由阻断突然变成导通,反映在特性曲线上就从正向阻断状态的高阻区(高电压、小电流),经过虚线所示的负阻区(电流增大、电压减小),到达导通状态的低阻区(低电压、大电流)。

正向导通状态下的特性与一般二极管的正向特性一样,此时晶闸管流过很大的阳极电流而晶闸管本身只承受约1 V的管压降。特性曲线靠近并几乎平行于纵轴。在正常工作时,晶闸管不允许采取使阳极电压高过转折电压U_{BO}而使之导通的工作方式,而是采用施加正向门极电压,送入门极电流I_G使之导通的工作方式,以防损伤元件。当加上门极电压使$I_G>0$后,晶闸管的正向转折电压就大大降低,元件将在较低的阳极电压下由阻断变为导通。当I_G足够大时,晶闸管的正向转折电压很小,相当于整流二极管一样,只要加上正向阳极电压,晶闸管就可导通。晶闸管的正常导通应采取这种门极触发方式。

晶闸管正向阻断特性与门极电流I_G有关,说明门极可以控制晶闸管从正向阻断至正向导通转化,即控制晶闸管的开通。然而一旦晶闸管导通,晶闸管就工作在与I_G无关的正向导通特性上。要关断晶闸管,就只得像关断一般二极管一样,使阳极电流I_a减小。当阳极电流减小到$I_a < I_H$(维持电流)时,晶闸管才能从正向导通的低阻区返回到正向阻断的高阻区,晶闸管关断阳极电流$I_a \approx 0$后并不意味着晶闸管已真正关断,因为管内半导体层中的空穴或电子载流子仍然存在,没有复合。此时重新施加正向阳极电压,即使没有正向门极电压也可使这些载流子重新运动,形成电流,晶闸管再次导通,这称为未恢复正向阻断能力。为了保证晶闸管可靠而迅速关断,真正恢复正向阻断能力,常在晶闸管阳极电压降为零后再施加一段时间的反向电压,以促使载流子经复合而消失。晶闸管在第Ⅲ象限的反向特性与二极管的反向特性类似。

2)门极伏安特性

晶闸管的门极与阴极间存在着一个PN结J_3,门极伏安特性就是指这个PN结上正向门极电压U_G与门极电流I_G间的关系。由于这个PN结的伏安特性很分散,无法找到一条典型的代表曲线,只能用一条极限高阻门极特性和一条极限低阻门极特性之间的一片区域来代表所有元件的门极伏安特性。

在晶闸管的正常使用中,门极PN结不能承受过大的电压、电流及功率,这是门极伏安特性区的上界限,它们分别用门极正向峰值电压U_{GFM}、门极正向峰值电流I_{GFM}、门极峰值功率P_{GM}来表征。此外,门极触发也具有一定的灵敏度,为了能可靠地触发晶闸管,正向门极电压必须大于门极触发电压U_{GT},正向门极电流必须大于门极触发电流I_{GT}。U_{GT}、I_{GT}规定了门极上的电压、电流值必须位于安全区域内,而平均功率损耗也不应超过规定的平均功率P_G。

2. 动态特性

当晶闸管作为开关元件应用于电力电子电路时,应考虑晶闸管的开关特性,即开通特性和关断特性。

1)开通特性

晶闸管开通方式一般有:

(1)主电压开通:门极开路,将主电压u_{ak}加到断态不重复峰值电压U_{BO},使晶闸管导通,这又称硬导通,这种开通方式会损坏晶闸管,在正常工作时不能使用。

(2)门极电流开通:在正向阳极电压的条件下,加入正向门极电压,使晶闸管导通。一般情况下,晶闸管都采用这种方式导通。

(3) $k\mathrm{d}u/\mathrm{d}t$ 开通:门极开路,晶闸管阳极正向电压变化率过大而导致器件开通,这种开通属于误动作,应该避免。

另外,还有场控、光控、温控等开通方式,分别适用于场控晶闸管、光控晶闸管和温控晶闸管。

晶闸管由截止转为导通的过程称为开通过程。图 2-9 给出了晶闸管的开关特性。在晶闸管处于正向阻断的条件下突加门极触发电流，由于晶闸管内部正反馈过程及外电路电感的影响，阳极电流的增长需要一定的时间。从突加门极电流时刻到阳极电流上升到稳定值 I_T 的 10% 所需的时间称为延迟时间 t_d，而阳极电流从 10% I_T 上升到 90% I_T 所需的时间称为上升时间 t_r，延迟时间与上升时间之和称为晶闸管的开通时间 $t_{gt}=t_d+t_r$，普通晶闸管的延迟时间为 0.5~1.5 μs，上升时间为 0.5~3 μs。延迟时间随门极电流的增大而减小，延迟时间和上升时间随阳极电压上升而下降。

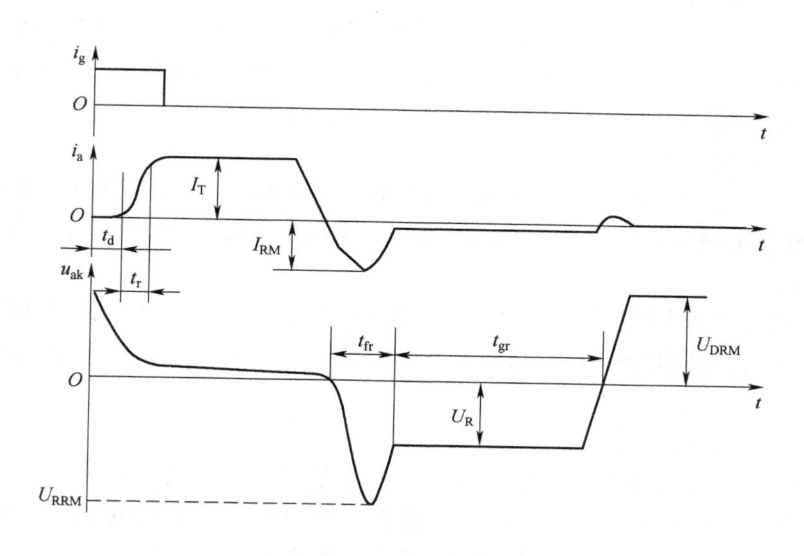

图 2-9 晶闸管的动态特性曲线

2）关断特性

通常采用外加反向电压的方法将已导通的晶闸管关断。反向电压可利用电源、负载和辅助换流电路来提供。

要关断已导通的晶闸管，通常给晶闸管加反向阳极电压。晶闸管的关断就是要使各层区内载流子消失，使元件对正向阳极电压恢复阻断能力。突加反向阳极电压后，由于外电路电感的存在，晶闸管阳极电流的下降会有一个过程，当阳极电流过零时，也会出现反向电流，反向电流达最大值 I_{RM} 后，再朝反方向快速衰减接近于零，此时晶闸管恢复对反向电压的阻断能力。电流过零到反向电流接近于零所经历的时间称为反向阻断恢复时间 t_{rr}。由于载流子复合仍需要一定的时间，反向电流接近于零到晶闸管恢复正向阻断能力所需的时间称为正向阻断恢复时间 t_{gr}。晶闸管的关断时间 $t_q=t_{rr}+t_{gr}$，普通晶闸管的关断时间为几百微秒。要使已导通的晶闸管完全恢复正向阻断能力，加在晶闸管上的反向阳极电压的时间必须大于 t_q，否则晶闸管无法可靠关断。为缩短关断时间，可适当加大反向电压，并保持一段时间，以使载流子充分复合而消失。

2.3.3 晶闸管的主要参数

要正确使用一个晶闸管，除了了解晶闸管的静态、动态特性外，还必须定量地掌握晶闸管的一些主要参数。现对经常使用的几个晶闸管的参数进行一一介绍。

1. **电压参数**

1) 断态重复峰值电压 U_{DRM}

门极开路，元件额定结温时，从晶闸管阳极伏安特性正向阻断高阻区漏电流急剧增长的拐弯处所决定的电压称为断态不重复峰值电压 U_{DSM}。“不重复”表明这个电压不可长期重复施加。取断态不重复峰值电压的 80% 定义为断态重复峰值电压 U_{DRM}，“重复”表示这个电压可以以每秒 50 次，每次持续时间不大于 10 ms 的重复方式施加于元件上。

2) 反向重复峰值电压 U_{RRM}

门极开路，元件额定结温时，从晶闸管阳极伏安特性反向阻断高阻区反向漏电流急剧增长的拐弯处所决定的电压称为反向不重复峰值电压 U_{RSM}，这个电压是不能长期重复施加的。取反向不重复峰值电压的 80% 定义为反向重复峰值电压 U_{RRM}，这个电压允许重复施加。

3) 晶闸管的额定电压 U_R

取 U_{DRM} 和 U_{RRM} 中较小的一个，并整化至等于或小于该值的规定电压等级。电压等级不是任意确定的，额定电压为 1 000 V 以下是每 100 V 一个电压等级；1 000~3 000 V 则是每 200 V 一个电压等级。

由于晶闸管在工作中可能会遭受一些意想不到的瞬时过电压，为了确保晶闸管安全运行，在选用晶闸管时应使其额定电压为正常工作电压峰值 U_M 的 2~3 倍，以作为安全裕量，即 $U_R = (2 \sim 3) U_M$。

4) 通态平均电压 $U_{T(AV)}$

它是指在晶闸管通过单相工频正弦半波电流，额定结温、额定平均电流下，晶闸管阳极与阴极间电压的平均值，又称管压降。在晶闸管型号中，常按通态平均电压的数值进行分组，以大写英文字母 A~I 表示。通态平均电压影响元件的损耗与发热，应该选用管压降小的元件。

2. **电流参数**

1) 通态平均电流 $I_{T(AV)}$

在环境温度为+40 ℃及规定的冷却条件下，晶闸管元件在电阻性负载的单相、工频、正弦半波、导通角不小于 170°的电路中，当结温稳定在额定值 125 ℃时所允许的通态最大平均电流称为通态平均电流 $I_{T(AV)}$。将这个电流整化至规定的电流等级，则为该元件的额定电流。从以上定义可以看出，晶闸管是以电流的平均值而不是有效值作为它的电流定额的。然而，规定平均值电流作为额定电流不一定能保证晶闸管的安全使用，原因是排除电压击穿的破坏外，影响晶闸管工作安全与否的主要因素是管芯 PN 结的温度。结温的高低决定于元件的发热与冷却两方面的平衡。在规定的冷却条件下，结温主要取决于晶闸管的损耗 I_T^2R，这里 I_T 应是通过晶闸管电流的有效值而不是平均值。因此，选用晶闸管时应根据有效电流相等的原则选用晶闸管的额定电流，应使其对应有效值电流为实际流过电流有效值的 1.5~2 倍。按晶闸管额定电流的定义，一个额定电流为 100 A 的晶闸管，其允许通过的电流有效值为 157 A。晶闸管额定电流的选择可按式(2-5)计算：

$$I_{T(AV)} = \frac{1.5 \sim 2}{1.57} I_T \tag{2-5}$$

2) 维持电流 I_H

维持电流是指晶闸管维持导通所必需的最小电流，一般为几十到几百毫安。维持电流与结温有关，结温越高，维持电流越小，晶闸管越难关断。

3）擎住电流 I_L

晶闸管刚从阻断状态转变为导通状态并撤除门极触发信号时，维持元件导通所需的最小阳极电流称为擎住电流。一般擎住电流比维持电流大 2~4 倍。

3. 其他参数

1）断态电压临界上升率 du/dt

在额定结温和门极断路条件下，使元件从断态转入通态最低电压上升率称断态电压临界上升率。晶闸管使用中要求断态下阳极电压的上升速度低于此值。

提出 du/dt 这个参数是为了防止晶闸管工作时发生误导通。这是由于阻断状态下 J_2 结相当于一个电容，虽依靠它阻断了正向阳极电压，但在施加正向阳极电压过程中，却会有充电电流流过结面，并流到门极的 J_3 结上，起类似触发电流的作用。如果 du/dt 过大，则充电电流足以使晶闸管误导通。为了限制断态电压上升率，可以在晶闸管阳极与阴极间并上一个 RC 阻容支路，利用电容两端电容不能突变的特点来限制电压上升率。电阻 R 的作用是防止并联电容与阳极主回路电感产生串联谐振。

2）通态电流临界上升率 di/dt

通态电流临界上升率是指在规定的条件下，晶闸管由门极进行触发导通时，晶闸管能够承受而不致损坏的通态平均电流的最大上升率。当门极输入触发电流后，首先是在门极附近形成小面积的导通区，随着时间的增长，导通区逐渐向外扩大，直至全部结面变成导通为止。如果电流上升过快，而元件导通的结面还未扩展至应有的大小，则可能引起局部过大的电流密度，使门极附近区域过热而烧毁晶闸管。为此规定了通态电流上升率的极限值，应用时晶闸管所允许的最大电流上升率要小于这个数值。

为了限制电路的电流上升率，可以在阳极主回路中串入小电感，以对增长过快的电流进行阻塞。

3）门极触发电流 I_{GT}与门极触发电压 U_{GT}

在室温下，晶闸管施加 6 V 的正向阳极电压时，元件从阻断到完全开通所需的最小门极电流称门极触发电流 I_{GT}。对应于此 I_{GT}的门极电压为门极触发电压 U_{GT}。由于门极的 PN 结特性分散性大，造成同一型号元件 I_{GT}、U_{GT}相差很大。

一般来说，若元件的触发电流、触发电压太小，则容易接受外界干扰引起误触发；若元件的触发电流、触发电压太大，则容易引起元件触发导通上的困难。此外，环境温度也是影响门极触发参数的重要因素。当环境温度或元件工作温度升高时，I_{GT}、U_{GT}会显著降低；当环境温度降低时，I_{GT}、U_{GT}会有所增加。这就造成了同一晶闸管往往夏天易误触发导通，而冬天却可能出现不开通的不正常状态。

为了使变流装置的触发电路对同类晶闸管都有正常触发功能，要求触发电路送出的触发电流、电压值适当大于标准所规定的 I_{GT}、U_{GT}上限值，但不应该超过门极正向峰值电流 I_{GFM}、门极正向峰值电压 U_{GFM}，功率也不能超过门极峰值功率 P_{GM}和门极平均功率 P_G。

4. 晶闸管的型号

普通型晶闸管型号可表示如下：

KP[电流等级]-[电压等级/100][通态平均电压组别]

式中，K 代表闸流特性；P 为普通型。如 KP500-15 型号的晶闸管表示其通态平均电流（额定电流）$I_{T(AV)}$ 为 500 A，正反向重复峰值电压（额定电压）U_R 为 1 500 V，通态平均电压组别以英文字母标出，小容量的元件可不标。

2.3.4 晶闸管的主要类型

1. 快速晶闸管

快速晶闸管（fast switching thyristor，FST）的外形、基本结构、伏安特性及图形符号均与普通型晶闸管相同，但开通速度快、关断时间短，可使用在频率大于 400 Hz 的电力电子电路中，如变频器、中频电源、不停电电源、斩波器等。

快速晶闸管的特点是：

（1）开通时间和关断时间短，一般开通时间为 1～2 μs，关断时间为数微秒。

（2）开关损耗小。

（3）有较高的电流上升率和电压上升率。通态电流临界上升率 $\mathrm{d}i/\mathrm{d}t \geqslant 100$ A/μs，断态电压临界上升率 $\mathrm{d}u/\mathrm{d}t \geqslant 100$ V/μs。

（4）允许使用频率范围广，为几十至几千赫。

快速晶闸管使用中要注意：

（1）为保证关断时间，运行结温不能过高，且要施加足够的反向阳极电压。

（2）为确保不超过规定的通态电流临界上升率 $\mathrm{d}i/\mathrm{d}t$，门极须采用强触发脉冲。

（3）在高频或脉冲状态下工作时，必须按厂家规定的电流-频率特性和与脉冲工作状态有关的特性来选择元件的电流定额，而不能简单地按平均电流的大小来选用。

快速晶闸管的型号与普通晶闸管类似，只是用 KK 来代替 KP。

2. 双向晶闸管

双向晶闸管（triode AC switch，TRIAC）是一个 NPNPN 五层结构的三端器件，有两个主电极 T_1、T_2，一个门极 G［见图 2-10（a）］。它正、反两个方向均能用同一门极控制触发导通，所以它在结构上可以看成一对普通晶闸管的反并联［见图 2-10（b）］，其特性也反映了反并联晶闸管的组合效果，即在第Ⅰ、Ⅲ象限具有对称的阳极伏安特性［见图 2-10（c）］。

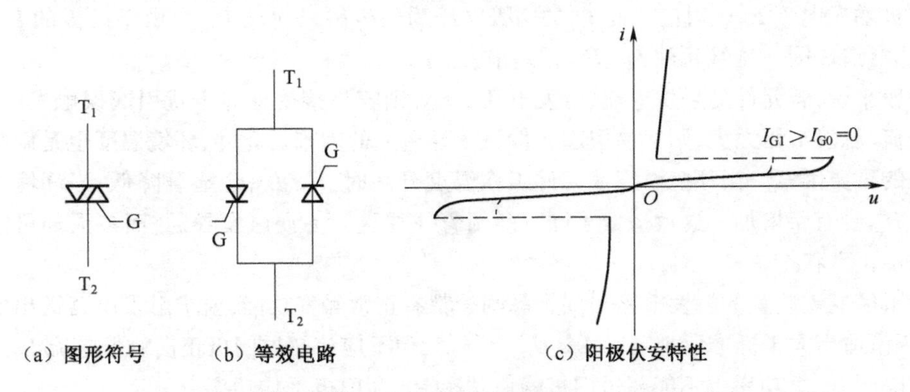

图 2-10　双向晶闸管

双向晶闸管主要应用在交流调压电路中，因而通态时的额定电流不是用平均值而是用有效值表示的，这点必须与其他晶闸管的额定电流定义加以区别。当双向晶闸管在交流电路中使用时，须承受正、负两个方向半波的电流和电压。当元件在一个方向导通刚结束时，管芯各半导体层内的载流子还没有恢复到阻断时的状态，马上就承受反向电压会使载流子重新运动，构成元件反向电压状态下的触发电流，引起元件反向误导通，造成换流失败。为了保证正、反向半波交替工作时的换流能力，必须限制换流电流、换流电压的变换率在小于规定的数值范围内。

双向晶闸管的型号用KS表示。

3. 逆导晶闸管

在逆变电路和斩波电路中，经常有晶闸管与大功率二极管反并联使用的情况。根据这种复合使用的要求，人们将两种器件制作在同一芯片上，派生出了逆导晶闸管(reverse conducting thyristor,RCT)。所以，逆导晶闸管无论从结构上还是特性上都反映了这两种功率半导体器件的复合效果，其图形符号、等效电路及阳极伏安特性如图2-11所示。

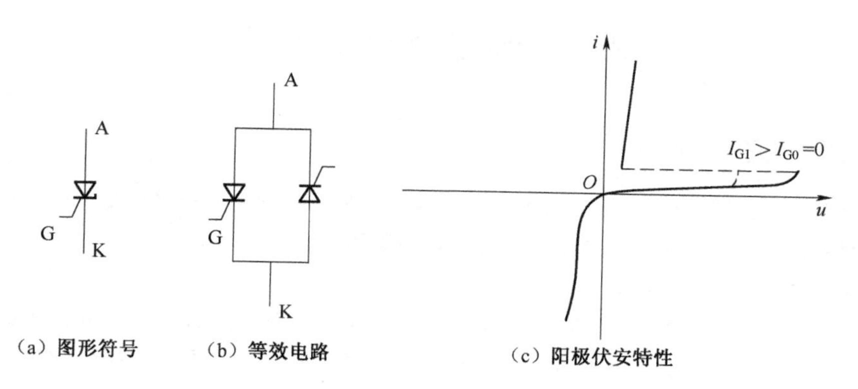

图2-11　逆导晶闸管

当逆导晶闸管承受正向阳极电压时，元件表现出普通晶闸管的特性，阳极伏安特性位于第Ⅰ象限。当逆导晶闸管承受反向阳极电压时，反向导通(逆导)，元件表现出导通二极管的低阻特性，阳极伏安特性位于第Ⅲ象限。

由于逆导晶闸管在管芯构造上是反并联的晶闸管和大功率二极管的集成，它具有正向管压降小、关断时间短、高温特性好、结温高等优点，构成的变流装置体积小、质量小且成本低。特别是由于简化了元件间的接线，消除了大功率二极管的配线电感，晶闸管承受反向电压的时间增加，有利于快速换流，从而可提高变流装置的工作频率。

逆导晶闸管的型号用KN表示。

4. 光控晶闸管

光控晶闸管(light triggered thyristor,LTT)又称光触发晶闸管，其图形符号、等效电路及伏安特性如图2-12所示。当在光控晶闸管阳极加入正向外加电压时，J_2结被反向偏置。当光照在反偏的J_2结上时，促使J_2结的漏电流增大，在晶闸管内正反馈作用下促使晶闸管由断态转为通态。光控晶闸管的伏安特性如图2-12(c)所示，随着光强度的增强，光控晶闸管的转折点左移。

在高压大功率晶闸管电力电子变换和控制装置中，例如在高压直流输电的整流和逆变电路中，要求触发控制电路与高压主电路隔离、绝缘，选用光控晶闸管可解决这个问题。大功率光控晶闸管都采用半导体激光器光源，通过光缆来传输较强大的光信号，产生触发脉冲信号，开通光控晶闸管。

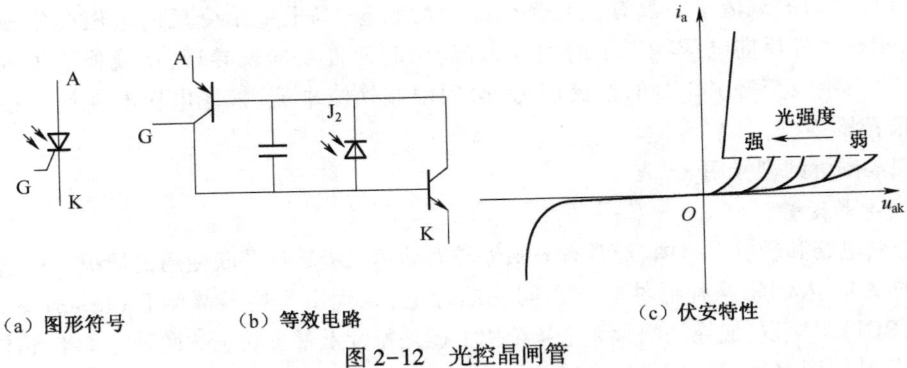

（a）图形符号　（b）等效电路　（c）伏安特性

图 2-12　光控晶闸管

2.4　典型全控型器件

2.4.1　门极可关断晶闸管

门极可关断晶闸管（gate-turn-off thyristor，GTO）严格地来讲也是晶闸管的一种派生器件，但可以通过在门极施加负的脉冲电流使其关断，因而属于全控型器件。

1. GTO 的结构和工作原理

GTO 和普通晶闸管一样，是 PNPN 四层半导体结构，外部也是引出阳极、阴极和门极。但和普通晶闸管不同的是，GTO 是一种多元的功率集成器件。虽然外部同样引出三个极，但内部则包含数十个甚至数百个共阳极的小 GTO 元，这些 GTO 元的阴极和门极在器件内部并联在一起。这种特殊结构是为了便于实现门极控制关断而设计的。图 2-13（a）、（b）分别给出了典型的 GTO 各单元阴极、门极间隔排列的图形和其并联单元结构的断面示意图，图 2-13（c）是 GTO 的图形符号。

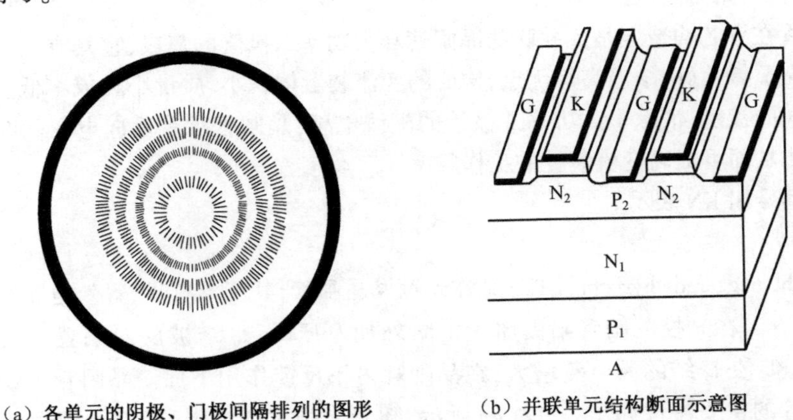

（a）各单元的阴极、门极间隔排列的图形　（b）并联单元结构断面示意图　（c）图形符号

图 2-13　GTO 的结构图

与普通晶闸管一样，GTO 的工作原理仍然可以用双晶体管模型来分析。由 $P_1N_1P_2$ 和 $N_1P_2N_2$ 构成的两个晶体管 V_1、V_2 分别具有共基极电流增益 α_1 和 α_2。由普通晶闸管的分析可以看出，$\alpha_1+\alpha_2=1$ 是器件临界导通的条件。当 $\alpha_1+\alpha_2>1$ 时，两个等效晶体管过饱和而使器件导通；当 $\alpha_1+\alpha_2<1$ 时，不能维持饱和导通而关断。GTO 与普通晶闸管不同的是：

(1)在设计器件时使得 α_2 较大,这样晶体管 V_2 控制灵敏,使得 GTO 易于关断。

(2)使得导通时的 $\alpha_1 + \alpha_2$ 更接近于 1。普通晶闸管设计为 $\alpha_1 + \alpha_2 \geqslant 1.15$,而 GTO 设计为 $\alpha_1 + \alpha_2 \approx 1.05$,这样使 GTO 导通时饱和程度不深,更接近于临界饱和,从而为门极控制关断提供了有利条件。当然,负面的影响是,导通时的管压降增大了。

(3)多元集成结构使每个 GTO 阴极面积很小,门极和阴极间的距离大为缩短,使得 P_2 基区所谓的横向电阻很小,从而使从门极抽出较大的电流成为可能。

所以,GTO 的导通过程与普通晶闸管是一样的,有同样的正反馈过程,只不过导通时饱和程度较浅。而关断时,给门极加负脉冲,即从门极抽出电流,则晶闸管 V_2 的基极电流 I_{b2}减小,使 I_K 和 I_{c2}减小,I_{c2}的减小又使 I_A 和 I_{c1} 减小,又进一步减小 V_2 的基极电流,如此也形成强烈的正反馈。当两个晶体管发射极电流 I_A 和 I_K 的减小使 $\alpha_1+\alpha_2<1$ 时,器件退出饱和而关断。

GTO 的多元集成结构除了对关断有利外,也使得其比普通晶闸管开通过程更快,承受 di/dt 的能力更强。

2. GTO 的动态特性

图 2-14 给出了 GTO 开通和关断过程中门极电流 i_G 和阳极电流 i_A 的波形。与普通晶闸管类似,开通过程中需要经过延迟时间 t_d 和上升时间 t_r。关断过程有所不同,需要经历抽取饱和导通时储存的大量载流子的时间,即储存时间 t_s,从而使等效晶体管退出饱和状态;然后则是等效晶体管从饱和区退至放大区,阳极电流逐渐减小时间,即下降时间 t_f;最后还有残存载流子复合所需时间,即尾部时间 t_t。

通常 t_f 比 t_s 小得多,而 t_t 比 t_s 要长。门极负脉冲电流幅值越大,前沿越陡,抽走储存载流子的速度越快,t_s 就越短。使门极负脉冲的后沿缓慢衰减,在 t_t 阶段仍能保持适当的负电压,可以缩短尾部时间。

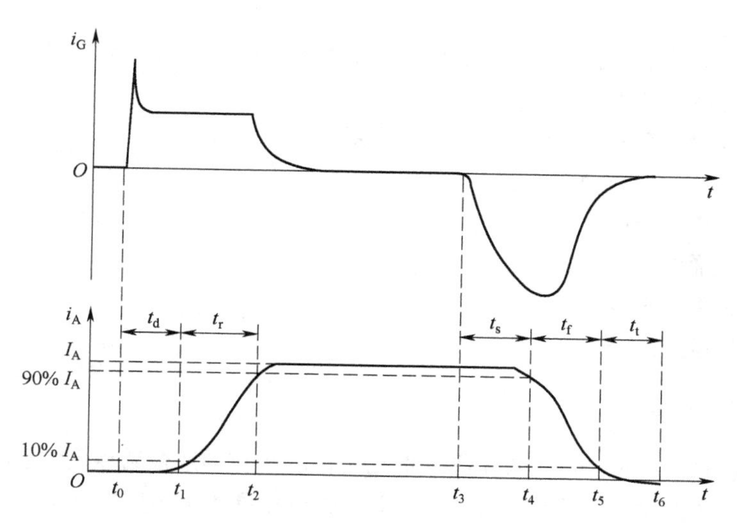

图 2-14　GTO 的开通和关断过程电流波形

3. GTO 的主要参数

GTO 的许多参数都和普通晶闸管相应的参数意义相同。这里只简单介绍一些意义不同的参数。

1) 最大可关断阳极电流 I_{ATO}

这也是用来标称 GTO 额定电流的参数。这一点与普通晶闸管用平均电流作为额定电流是不同的。

2) 电流关断增益 β_{off}

最大可关断阳极电流 I_{ATO} 与门极负脉冲电流最大值 I_{GM} 之比称为电流关断增益,即

$$\beta_{off}=\frac{I_{ATO}}{I_{GM}} \tag{2-6}$$

β_{off} 一般很小,只有 5 左右,这是 GTO 的一个主要缺点。一个 1 000 A 的 GTO,关断时门极负脉冲电流的峰值达 200 A,这是一个相当大的数值。

3) 开通时间 t_{on}

开通时间指延迟时间与上升时间之和。GTO 的延迟时间一般为 1~2 μs,上升时间则随通态阳极电流值的增大而增大。

4) 关断时间 t_{off}

关断时间一般指储存时间和下降时间之和,而不包括尾部时间。GTO 的储存时间随阳极电流的增大而增大,下降时间一般小于 2 μs。

另外,需要指出的是,不少 GTO 都制造成逆导型,类似于逆导晶闸管。当需要承受反向电压时,应和电力二极管串联使用。

4. GTO 的优缺点

GTO 是一种较理想的直流开关元件,作为开关时,与 SCR 相比,最突出的优点如下:

(1) 能自关断,不需要复杂的换流回路。

(2) 工作频率高。

缺点如下:

(1) 同样工作条件下擎住电流大。擎住电流是指刚从断态转入通态并切除门极电流之后,能维持通态所需的最小阳极电流。

(2) 关断脉冲对功率和负门极电流的上升率要求高。

GTO 与 GTR 相比,其优点如下:

(1) 能实现高压、大电流。

(2) 能耐受浪涌电流。

(3) 开关时只需瞬态脉冲功率。

缺点是门控回路比较复杂。

2.4.2 电力晶体管

电力晶体管(giant transistor,GTR)是一种耐高压、大电流的双极结型晶体管(bipolar junction transistor,BJT)。与 PN 结二极管一样,电子和空穴在双极晶体管中同时参与导电,故称为双极晶体管。其特性有:耐压高、电流大、开关特性好,但驱动电路复杂、驱动功率大。电力晶体管是一种电流控制的全控型器件,是典型的电力电子器件之一。

1. GTR 的基本结构与工作原理

GTR 是由三层半导体、两个 PN 结构成的。三层半导体结构形式可以是 PNP,也可以是 NPN。

图 2-15 所示为 GTR 基本结构及图形符号，图中字母上标“+”表示高掺杂浓度。根据对工作特性的要求及制造工艺的特点，实际器件的结构可能有较大变化，为了满足大功率的要求，GTR 常常采用集成电路工艺将许多单元并联而成。

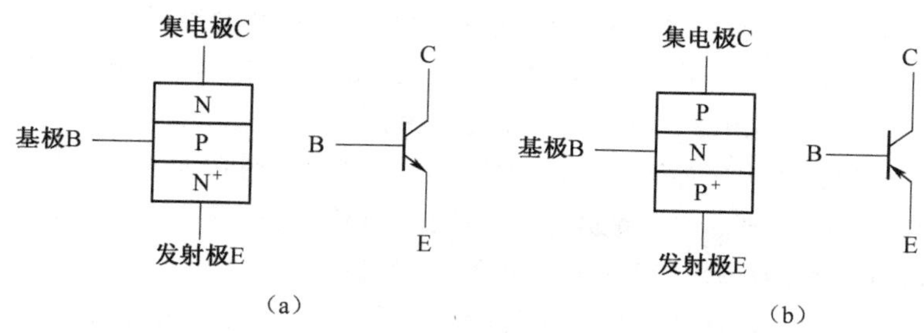

图 2-15　GTR 基本结构及图形符号

双极结型晶体管是一种电流控制型器件，由其主电极（发射极 E 和集电极 C）传导的工作电流受控制极（基极 B）较小电流的控制。在应用中，GTR 一般采用共发射极接法，这种接法具有较高的电流和功率增益。集电极电流 i_C 与基极电流 i_B 之比为 $\beta = i_C/i_B$。

β 称为 GTR 的电流放大系数，它反映了基极电流对集电极电流的控制能力，单管 GTR 的 β 值一般小于 10。

为了有效地增大电流增益，常常采用两个或多个晶体管组成达林顿接法。达林顿 GTR 的特点是电流增益高、输出不饱和及关断时间长。

2. GTR 的工作特性

1）静态特性

GTR 的静态特性可分为输入特性和输出特性，如图 2-16 所示。

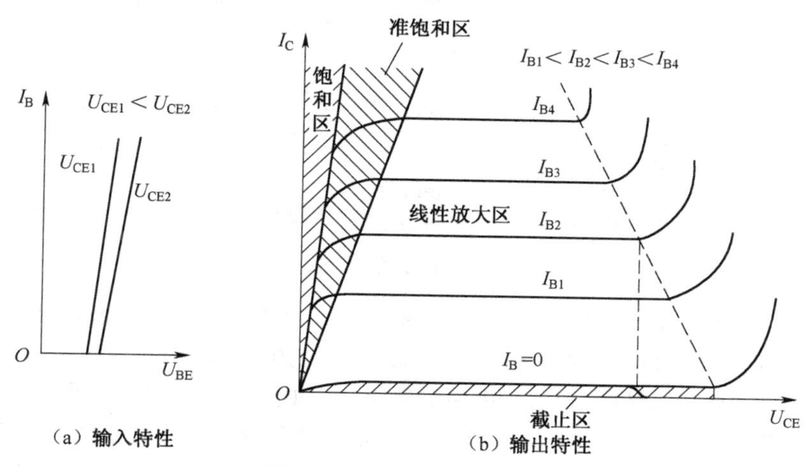

图 2-16　GTR 的静态特性

（1）输入特性。它表示 U_{CE} 一定时，基极电流 I_B 与基极-发射极间电压 U_{BE} 之间的函数关系，它与二极管 PN 结的正向伏安特性相似，如图 2-16(a)所示。当 U_{CE} 增大时，输入特性右移。一般情况下，GTR 的正向偏压 U_{BE} 大约为 1 V。

（2）输出特性。大功率晶体管运行时常采用共射极接法。共射极电路的输出特性是指集电极电流 I_C 和集电极-发射极间电压 U_{CE} 之间的函数关系。由图 2-16(b)可以看出，GTR 的工作状态可以分为四个区域：截止区（又称阻断区）、线性放大区、准饱和区和饱和区（又称深度饱和区）。

截止区对应于基极电流 $I_B=0$ 的情况，在该区域中，GTR 承受高电压，仅有很小的漏电流存在，相当于开关处于断态的情况。该区的特点是发射结和集电结均为反向偏置。

在线性放大区中，集电极电流与基极电流成线性关系，特性曲线近似平直。该区的特点是集电结反向偏置、发射结正向偏置。对工作于开关状态的 GTR 来说，应当尽量避免工作于线性放大区，否则由于工作在高电压、大电流下，功耗会很大。

准饱和区是指线性放大区和饱和区之间的区域，是输出特性中明显弯曲的部分。在此区域中，随着基区电流的增加，开始出现基区宽调制效应，电流增益开始下降，集电极电流与基区电流之间不再成线性关系，但仍保持着发射结正偏、集电结反偏。

在饱和区中，当基极电流变化时，集电极电流却不再随之变化。此时，该区域的电流增益与导通电压均很小，相当于处于通态的开关。此区的特点是发射结和集电结均处于正向偏置状态。

2）动态特性

GTR 主要工作在截止区及饱和区，切换过程中快速通过线性放大区，这个开关过程反映了 GTR 的动态特性（见图 2-17）。

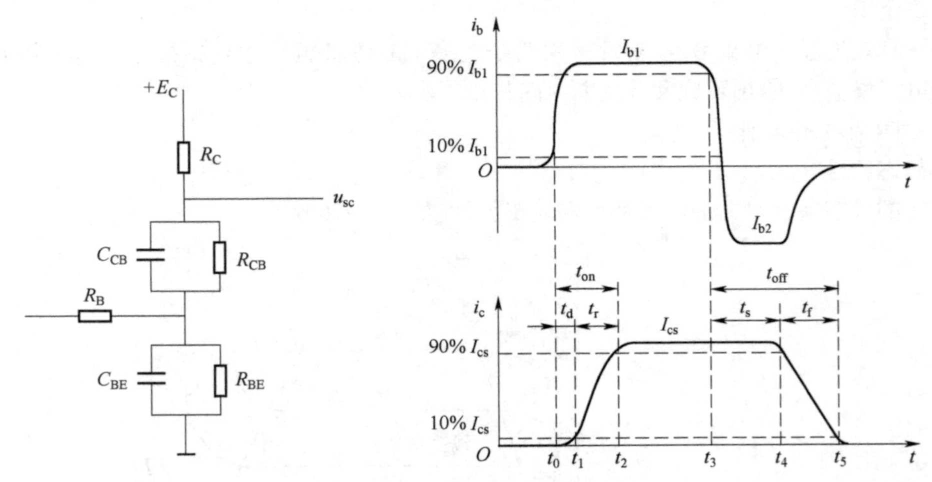

图 2-17　GTR 的动态特性

当在 GTR 基极施以脉冲驱动信号时，GTR 将工作在开关状态。在 t_0 时刻加入正向基极电流，GTR 经延迟和上升阶段后达到饱和区，故开通时间 t_{on} 为延迟时间 t_d 与上升时间 t_r 之和，其实 t_d 是由基极与发射极间结电容 C_{BE} 充电而引起的，t_r 是由基区电荷储存需要一定时间而造成的。当反向基极电流信号加到基极时，GTR 经存储和下降阶段才返回截止区，则关断时间 t_{off} 为储存时间 t_s 与下降时间 t_f 之和，其中 t_s 是除去基区超量储存电荷过程引起的，t_f 是基极与发射极间结电容 C_{BE} 放电而产生的结果。

在实际应用时，增大驱动电流，可使 t_d 和 t_r 都减小，但电流也不能太大，否则将增大储存时间。在关断 GTR 时，加反向基极电压可加快电容上电荷的释放，从而减少 t_s 与 t_f，但基极电压不能太大，以免使发射结击穿。

为提高 GTR 的开关速度，可选用结电容比较小的快速开关晶体管，也可利用加速电容来改善 GTR 的开关特性。在 GTR 基极电路的电阻两端并联电容 C_{CB}，利用换流瞬间其上电压不能突变的特性可改善晶体管的开关特性。

3)二次击穿现象

二次击穿是 GTR 突然损坏的主要原因之一,成为影响其安全、可靠使用的一个重要因素。

二次击穿现象可以用图 2-18 来说明。当集电极-发射极之间的电压 U_{CE}增大到集电极-发射极间的击穿电压 U_{CEO}时,集电极电流 I_C 将急剧增大,出现击穿现象,如图 2-18(a)中 *AB* 段所示。这是首次出现正常性质的雪崩现象,称为一次击穿,一般不会损坏 GTR 器件。一次击穿后如继续增大外加电压 U_{CE},电流 I_C 将持续增长。当达到 *C* 点仍继续让 GTR 器件工作时,由于 U_{CE}较高,将产生相当大的能量,使集电极局部过热。当过热持续时间超过一定程度时,U_{CE}会急剧下降至某一低电压值,如果没有限流措施,则将进入低电压、大电流的负阻区 *CD* 段,电流增加直至元件烧毁。这种向低电压、大电流状态的跃变称为二次击穿,*C* 点为二次击穿的临界点。所以,二次击穿是在极短的时间内(纳秒至微秒级),能量在半导体处局部集中,形成热斑点,导致热电击穿的过程。

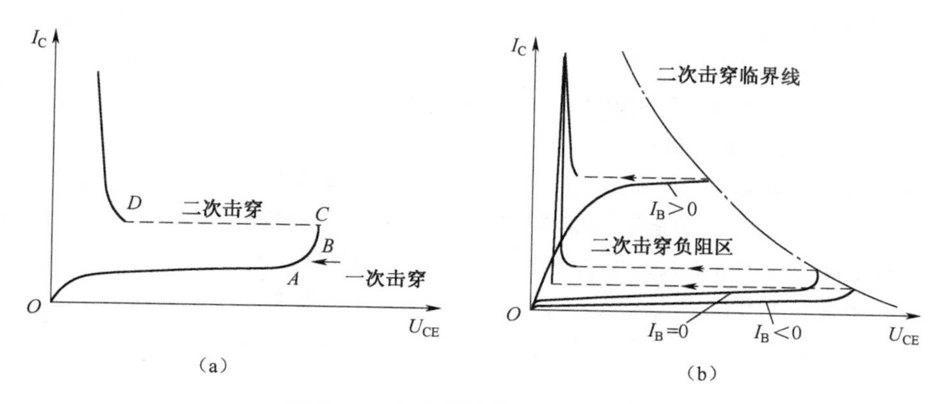

图 2-18 电力晶体管二次击穿现象

二次击穿在基极正偏($I_B>0$)、反偏($I_B<0$)及基极开路的零偏状态下均成立。把不同基极偏置状态下开始发生二次击穿所对应的临界点连接起来,可形成二次击穿临界线。由于正偏时二次击穿所需功率往往小于元件的功率容量 P_{CM},故正偏对 GTR 器件安全造成的威胁最大。反偏工作时,尽管集电极电流很小,但在电感负载下关断时将有感应电势叠加在电源电压上形成高压,也能使瞬时功率超过元件的功率容量而造成二次击穿。

为了防止发生二次击穿,重要的是保证 GTR 开关过程中瞬间功率不要超过允许的功率容量 P_{CM},这可通过规定 GTR 的安全工作区及采用缓冲(吸收)电路来实现。

4)安全工作区

GTR 器件在工作时不能超过最高工作电压 U_{CEM}、最大允许电流 I_{CM}、最大耗散功率 P_{CM}及二次击穿临界功率 P_{SB}。这些限制条件构成了 GTR 器件的安全工作区(safe operating area,SOA),如图 2-19 所示。

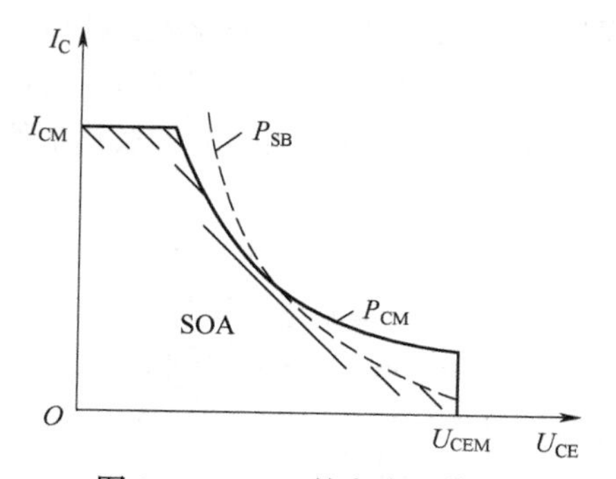

图 2-19 GTR 的安全工作区

第2章 电力电子器件

3. GTR 的主要参数

1）电压参数

（1）最高电压额定值。最高电压额定值是指集电极击穿电压值（broken voltage，BV），它不仅因器件的不同而不同，而且会因外电路接法不同而不同。击穿电压如下：

①BV_{CBO}为发射极开路时，集-基极的击穿电压。

②BV_{CEO}为基极开路时，集-射极的击穿电压。

③BV_{CES}为基-射极短路时，集-射极的击穿电压。

④BV_{CER}为基-射极间并联电阻时，集-射极的击穿电压。并联电阻越小，其值越高。

⑤BV_{CEX}为基-射极施加反偏压时，集-射极的击穿电压。

各种不同接法时的击穿电压的关系：$BV_{CBO} > BV_{CEX} > BV_{CES} > BV_{CER} > BV_{CEO}$。

为了保证器件工作安全，电力晶体管的最高工作电压U_{CEM}应比最小击穿电压BV_{CEO}低。

（2）饱和压降U_{CES}。处于深度饱和区的集电极电压称为饱和压降，在大功率应用中它是一项重要指标，因为它关系到器件导通的功率损耗。单个 GTR 的饱和压降一般为 1~1.5 V，它随集电极电流的增加而增大。

2）电流参数

（1）集电极连续直流电流额定值I_C。集电极连续直流电流额定值是指只要保证结温不超过允许的最高结温，晶体管允许连续通过的直流电流值。

（2）集电极最大电流额定值I_{CM}。集电极最大电流额定值是指在最高允许结温下，不造成器件损坏的最大电流。超过该额定值必将导致晶体管内部结构的烧毁。在实际使用中，可以利用热容量效应，根据占空比来增大连续电流，但不能超过峰值额定电流。

（3）基极电流最大允许值I_{BM}。基极电流最大允许值比集电极最大电流额定值要小得多，通常$I_{BM} = (1/10 \sim 1/2)I_{CM}$，而基极-发射极之间的最大电压额定值通常只有几伏。

3）其他参数

（1）最高结温T_{JM}。最高结温是指正常工作时不损坏器件所允许的最高温度。它由器件所用的半导体材料、制造工艺、封装方式及可靠性要求来决定。塑封器件一般为 120~150 ℃，金属封装一般为 150~170 ℃。为了充分利用器件功率而又不超过允许结温，GTR 使用时必须选配合适的散热器。

（2）最大额定功耗P_{CM}。最大额定功耗是指电力晶体管在最高允许结温时，所对应的耗散功率。它受结温限制，其大小主要由集电极工作电压和集电极电流的乘积决定。一般是在环境温度为 25 ℃时测定，如果环境温度高于 25 ℃，允许的P_{CM}值应当减小。由于这部分功耗全部变成热量使器件结温升高，因此散热条件对 GTR 的安全可靠十分重要，如果散热条件不好，器件就会因温度过高而烧毁；相反，散热条件越好，在给定的范围内允许的功耗也越高。

4. GTR 的缓冲电路

GTR 的缓冲电路（又称吸收电路），其作用为降低浪涌电压、减少器件的开关损耗、避免器件的二次击穿、抑制电磁干扰、减少 du/dt 和 di/dt 的影响以及提高电路的可靠性。

为了避免同时出现电压和电流的最大值，应分别考虑开启缓冲和关断缓冲的设置，以减少器件的开关耗损。

1）关断缓冲电路

图 2-20（a）为关断缓冲电路的原理图。关键是加入缓冲电容，限制 du/dt。因此，不会出现

集电极电压和集电极电流同时为最大的情况，因此不会出现最大瞬时尖峰功耗。电容量越大，瞬时关断损耗越小。

2）开通缓冲电路

图 2-20(b)为开通缓冲电路的原理图。开通时的关键因素是 di/dt，常采用串联电感的方法进行缓冲。因此不会出现集电极电压和集电极电流同时为最大的情况，因此不会出现最大瞬时尖峰功耗。电感量越大，开通损耗越小。

3）复合缓冲电路

将关断缓冲电路和开通缓冲电路结合在一起的缓冲电路称为复合缓冲电路，如图 2-20(c)所示。

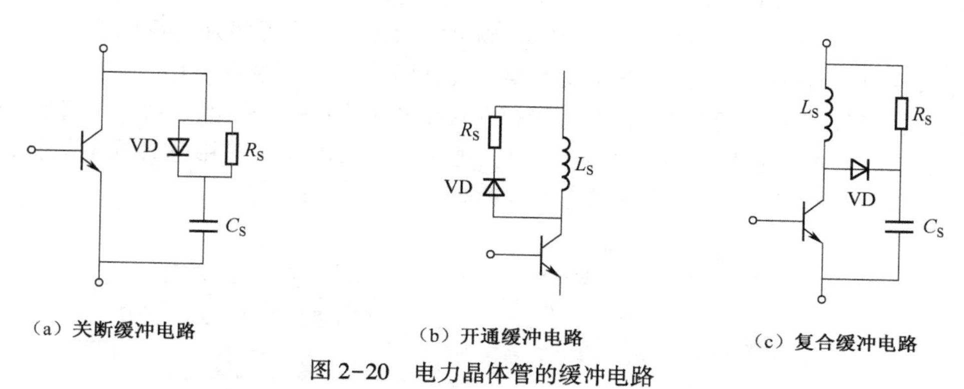

（a）关断缓冲电路　（b）开通缓冲电路　（c）复合缓冲电路

图 2-20　电力晶体管的缓冲电路

2.4.3　电力 MOS 场效应晶体管

电力 MOS 场效应晶体管，简称电力 MOSFET(metal oxide semiconductor field effect transistor)是一种单极型的电压控制全控型器件，具有输入阻抗高、驱动功率小、开关速度快、无二次击穿问题、安全工作区宽、热稳定性优良、高频性能好等显著优点。但由于半导体工艺和材料的限制，迄今还难以制成同时具有高电压和大电流特性的电力 MOSFET。在诸如开关电源、小功率变频调速等电力电子设备中，电力 MOSFET 具有其他电力器件所不能替代的地位。

1. 电力 MOSFET 的基本结构与工作原理

电力 MOSFET 的种类和结构繁多，按导电沟道可分为 P 沟道和 N 沟道。如图 2-21(a)所示为 N 沟道 MOSFET 的基本结构示意图。电力 MOSFET 的图形符号如图 2-21(b)、(c)所示，三个引线端分别称为源极 S、漏极 D、栅极(门极)G。

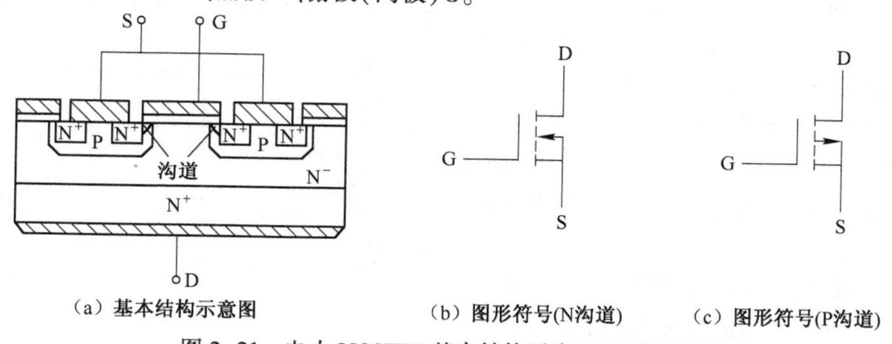

（a）基本结构示意图　（b）图形符号(N沟道)　（c）图形符号(P沟道)

图 2-21　电力 MOSFET 基本结构示意图及图形符号

电力 MOSFET 在导通时只有一种极性的载流子(N 沟道是电子、P 沟道是空穴)参与导电，从源极 S 流向漏极 D。

图 2-22 为电力 MOSFET 模拟结构示意图。当栅极的 U_{GS}为零时，漏极-源极之间两个 PN 结状态和普通二极管一样，即使在漏极-源极之间施加电压，总有一个 PN 处于反偏状态，不会形成 P 区内载流子的移动，即器件保持关断状态。这种正常关断型的 MOSFET 称为增强型。当栅极加上正向电压($U_{GS}>0$)时，由于栅极是绝缘的，所以并不会有栅极电流流过，但在栅极外加电场作用下，P 区内少数载流子——电子被吸引而移到栅极下面的区域，栅极下硅表面的电子称为多数载流子，从而 P 型反型成为 N 型，形成反型层，如图 2-22(b)所示。反型层使 PN 结消失，此时在漏极-源极正向电压 U_{DS}作用下，电子从源极移动到漏极形成漏极电流 I_D，把这个导电的反型层称为 N 沟道。U_{DS}越大，沟道越宽，导电能力越强。当栅极加上反向电压($U_{GS}<0$)时，在栅极反向电场作用下，栅极下硅表面产生空穴，故不能通过漏极电流 I_D。

传统的 MOSFET 结构把源极、栅极、漏极都安装在硅片的同一侧面上，因而 MOSFET 中的电流是横向流动的，电流容量不可能太大。目前，电力 MOSFET 大量采用垂直导电结构，称为 VMOSFET，这样 MOSFET 器件的耐压和电流容量得到了很大的提高。

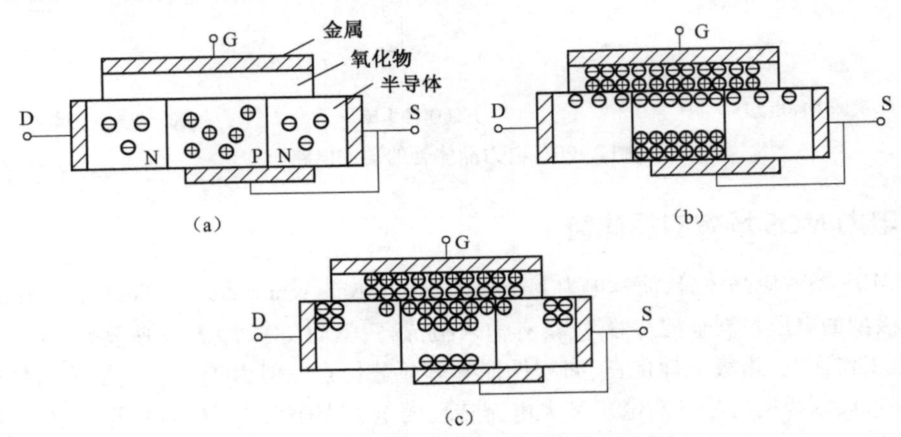

图 2-22　电力 MOSFET 模拟结构示意图

2. 电力 MOSFET 的工作特性

1)静态特性

电力 MOSFET 的静态特性主要指输出特性和转移特性。

(1)输出特性。输出特性是指漏极电流 I_D 与漏极电压 U_{DS}的关系特性，如图 2-23 所示。输出特性包括三个区：截止区、饱和区、非饱和区。这里的饱和与非饱和的概念和 GTR 不同，饱和是指漏极电压增加时，漏极电流不再增加；非饱和是指漏极电压增加时，漏极电流相应增加。

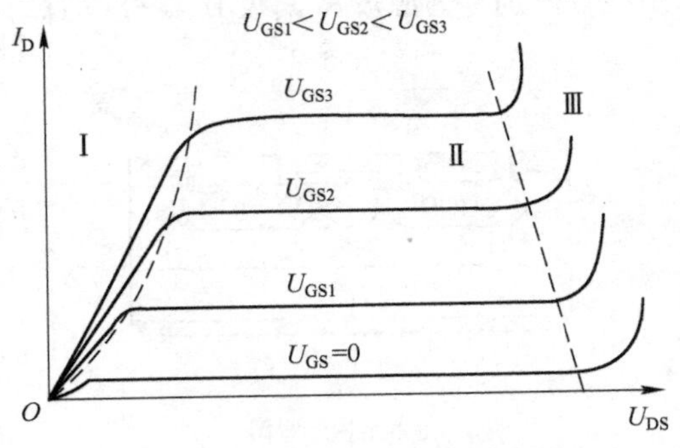

图 2-23　增强型电力 MOSFET 的输出特性

(2)转移特性。转移特性是指漏极电流 I_D 与栅-源电压 U_{GS}之间的关系特性，如图 2-24 所示。

当栅-源电压 U_{GS} 为负或较小正值时，电力 MOSFET 不会出现反型层而处于截止状态，即使加了漏极电压 U_{DS}，也没有漏极电流 I_D。当 U_{GS} 达到开启电压 U_T 时，电力 MOSFET 开始出现反型层，进入导通状态。栅-源电压 U_{GS} 越大，反型层越厚，即导电沟道越宽，可以通过的漏极电流就越大。

当 I_D 较大时，I_D 与 U_{GS} 的关系近似为线性，转移特性曲线的斜率被定义为

$$G_m = \frac{dI_D}{dU_{GS}} \tag{2-7}$$

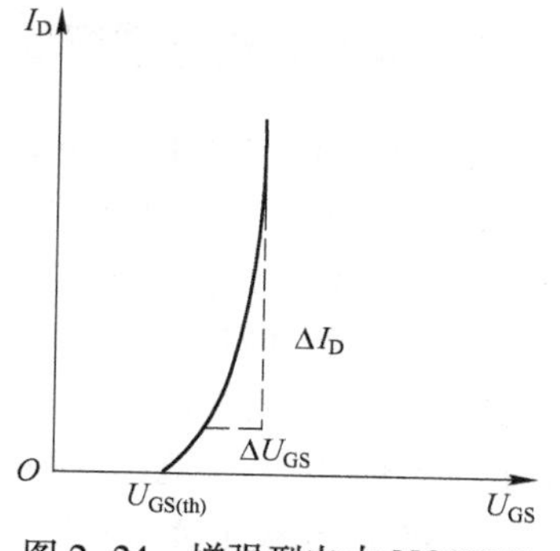

图 2-24　增强型电力 MOSFET 的转移特性

2）动态特性

动态特性主要影响电力 MOSFET 的开关过程。

图 2-25 所示为电力 MOSFET 开关过程波形。MOSFET 的开关过程与 MOSFET 极间电容、信号源的上升时间、内阻等因素有关。

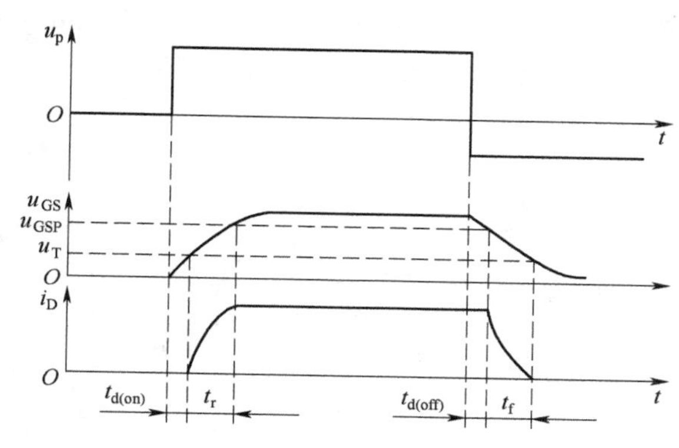

图 2-25　电力 MOSFET 开关过程波形

由于电力 MOSFET 存在输入电容 $C_{in} = C_{GS} + C_{GD}$，使得栅极加上驱动信号时栅-源电压 u_{GS} 按指数曲线上升，当 U_{GS} 上升超过 U_T 时，开始出现漏极电流，这段时间称为开通延迟时间 $t_{d(on)}$，此后 I_D 随 U_{GS} 增加而增加。U_{GS} 从开启电压上升到 MOSFET 进入非饱和区的栅-源电压 U_{GSP} 的这段时间称为上升时间 t_r，这时，漏极电流 I_D 达到稳定值。I_D 的稳定值由外部电路决定，U_{GSP} 的大小与 I_D 的稳定值有关。

电力 MOSFET 的开通时间定义为 $t_{on} = t_{d(on)} + t_r$。关断时，栅-源电压 U_{GS} 随输入电容的放电按指数曲线下降，当 U_{GS} 下降到 U_{GSP} 时，I_D 才开始减小，这段时间称为关断延迟时间 $t_{d(off)}$。此后 I_D 随 U_{GS} 减小而减小。当 $U_{GS} < U_T$ 时，MOSFET 截止，这段时间称为下降时间 t_f。电力 MOSFET 的关断时间定义为 $t_{off} = t_{d(off)} + t_f$。

MOSFET 的开关速度与输入电容有很大关系。使用时可以通过降低驱动电路的输出电阻、减小栅极回路的充放电时间常数以加快开关速度。MOSFET 的开关时间很短，一般为 10～100 μs，是电力电子器件中开关频率最高的器件。

3. **电力 MOSFET 的主要参数**

1）漏-源击穿电压 U_{DSM}

在增大漏-源电压过程中，使 I_D 开始剧增的 U_{DSM} 值规定了功率场效应管的电压定额。

2）栅-源击穿电压 U_{GSM}

MOSFET 栅-源之间有很薄的绝缘层，栅-源电压过高会发生介电击穿，在处于非工作状态时因静电感应引起的栅极上的电荷积聚，也可能造成绝缘层破坏。一般将栅-源电压的极限值定为±40 V。

3）最大漏极电流 I_{DM}

I_{DM} 是脉冲运行状态下功率场效应晶体管漏极最大允许峰值电流。

2.4.4 绝缘栅双极型晶体管

绝缘栅双极型晶体管(insulated gate bipolar transistor,IGBT)将 MOSFET 和 GTR 的优点集于一身,既具有输入阻抗高、速度快、热稳定性好和驱动电路简单的特点,又具有通态压降低、耐压高和承受电流大等优点,因此发展迅速,备受青睐,正逐步取代 MOSFET 和 GTR,并取代 GTO 的发展。IGBT 于 1982 年开始研制,1986 年投产,是发展最快、使用最广泛的一种混合型器件。由于它的等效结构具有晶体管模式,因此称为绝缘栅双极型晶体管,在电动机控制、中频电源、各种开关电源以及其他高速低损耗的中小功率领域中得到了广泛的应用。

1. IGBT 的基本结构与工作原理

IGBT 的基本结构如图 2-26(a)所示,其与 MOSFET 结构十分相似,相当于一个用 MOSFET 驱动的厚基区 PNP 型晶体管。IGBT 的简化等效电路如图 2-26(b)所示,是以 PNP 型厚基区 GTR 为主导元件,N 沟道 MOSFET 为驱动元件的达林顿电路结构器件,R_N 为 GTR 基区内的调制电阻。图 2-26(c)所示为 IGBT 的图形符号。

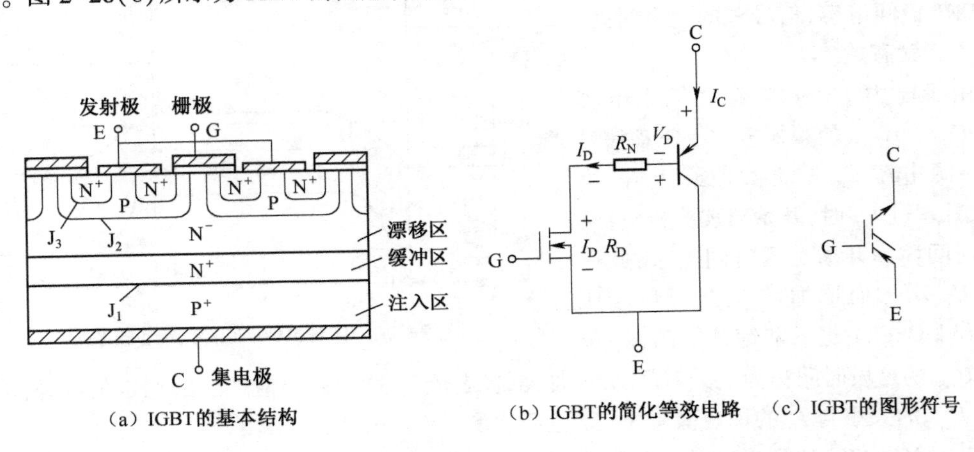

(a) IGBT的基本结构　(b) IGBT的简化等效电路　(c) IGBT的图形符号

图 2-26　IGBT 的基本结构、简化等效电路和图形符号

IGBT 的开通与关断由栅极电压控制。当栅极上加正向电压时,MOSFET 内部形成沟道,并为 PNP 型晶体管提供基极电流;此时,从 P^+注入至 N 区的少数载流子——空穴,对 N 区进行电导调制,减小该区电阻 R_N,使 IGBT 高阻断态转入低阻通态。当栅极加上反向电压时,MOSFET 中的导电沟道消除,PNP 型晶体管的基极电流被切断,IGBT 关断。

2. IGBT 的工作特性

1)静态特性

IGBT 的静态特性主要有输出特性和转移特性,如图 2-27 所示。

(1)输出特性表达了集电极电流 I_C 与集-射极电压 U_{CE}之间的关系,分为正向阻断区、饱和区、有源区(又称放大区)和击穿区,饱和导通时管压降比 P-MOSFET 低得多。IGBT 输出特性的特点是集电极电流 I_C 受栅极电压 U_{GE}控制,U_{GE}越大 I_C 越大。在反向集-射极电压作用下器件呈反向阻断特性,一般只流过微小的反向漏电流。

(2)IGBT 的转移特性表示了栅极电压 U_{GE}对集电极电流 I_C 的控制关系。在大部分范围内,I_C 与 U_{GE}成线性关系;只有当 U_{GE}接近开启电压 $U_{GE(th)}$时才呈现非线性关系,I_C 变得很小;当 $U_{GE}<U_{GE(th)}$时,$I_C=0$,IGBT 处于关断状态。

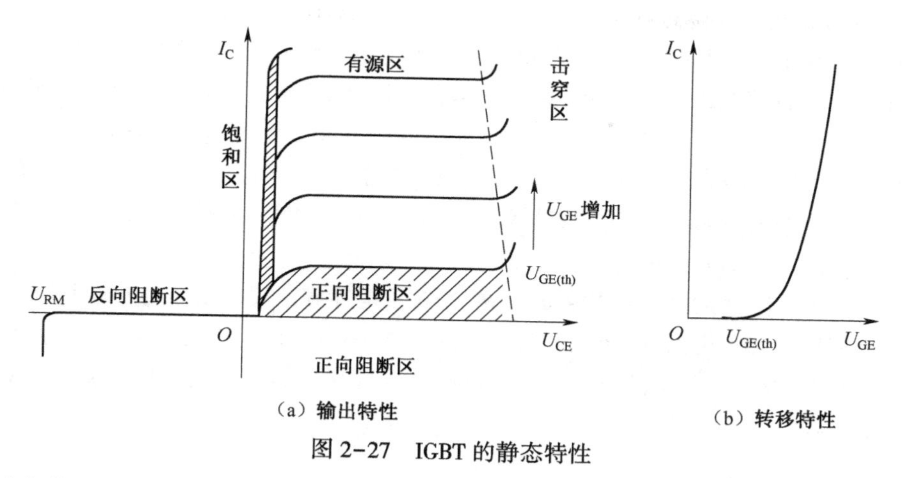

图 2-27　IGBT 的静态特性

2) 动态特性

IGBT 的开关过程波形如图 2-28 所示。

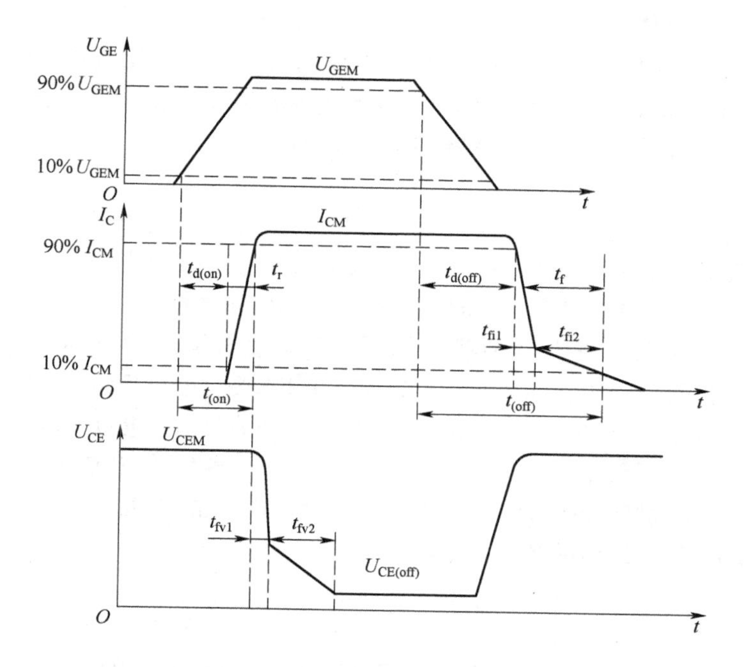

图 2-28　IGBT 的开关过程波形

IGBT 的开通过程与 P-MOSFET 相似,因为开通过程中 IGBT 在大部分时间内作为 MOSFET 运行。

IGBT 的开通过程包括开通延迟时间段 $t_{d(on)}$ 和电流上升时间段 t_r。开通延迟时间段 $t_{d(on)}$ 是指从控制电压波形 U_{GE}上升至幅值的 10% 开始,到集电极电流 I_C 上升到稳定值 I_{CM}的 10% 这段过程。电流上升时间段 t_r 是指集电极电流 I_C 从 10% I_{CM}上升至 90% I_{CM}所需的时间。开通时间 t_{on}为开通延迟时间与电流上升时间之和,即 $t_{on} = t_{d(on)} + t_r$ 。在开通过程中,U_{GE}的下降过程分为 t_{fv1}和 t_{fv2}两段。其中,t_{fv1}为 IGBT 中 MOSFET 单独工作的电压下降过程;t_{fv2}为 MOSFET 和 PNP 型晶体管同时工作的电压下降过程。

IGBT的关断过程包括关断延迟时间段 $t_{d(off)}$ 和电流下降时间段 t_f。关断延迟时间段 t_f 是指从 U_{GE} 后下降到其幅值90%的时刻起，到 I_C 下降至90% I_{CM} 的这段时间。而电流下降时间段 t_f 是指从90% I_{CM} 下降至10% I_{CM} 的时间。电流下降时间段 t_f 又可分为 t_{fi1} 和 t_{fi2} 两段。其中，t_{fi1} 是指IGBT内部的MOSFET的关断过程，I_C 下降较快；t_{fi2} 是指IGBT内部的PNP型晶体管的关断过程，I_C 下降较慢。缩短时间段 t_f 的办法是减轻IGBT的饱和深度。关断时间 t_{off} 为关断延迟时间与电流下降时间之和，即 $t_{off}=t_{d(off)}+t_f$。

IGBT中由于双极型PNP型晶体管的存在，带来了电导调制效应使导通电阻下降的好处，但也引入了少子储存现象，因而IGBT的开关速度低于P-MOSFET。此外，IGBT的击穿电压、通态压降和关断时间也是需要折中的参数。工艺结构决定了高压器件必然会导致通态压降的增大和关断时间的延长。

3. IGBT的擎住效应

1)擎住效应

在IGBT内存在一个由两个晶体管构成的寄生晶闸管，同时P区内存在一个体区电阻 R_{br}，跨接在 N^+PN 型晶体管的基极与发射极之间，P区的横向空穴电流会在其上产生压降，在 J_3 结上形成一个正向偏置电压。若IGBT的集电极电流 I_C 大到一定程度，这个 R_{br} 上的电压足以使 N^+PN 型晶体管开通，经过连锁反应，可使寄生晶闸管导通，从而IGBT栅极对器件失去控制，这就是所谓的擎住效应。它将使IGBT集电极电流增大，产生过高功率，导致器件损坏。

擎住效应有静态与动态之分。静态擎住效应是指通态集电极电流大于某临界值后产生的擎住效应；动态擎住效应是指关断过程中产生的擎住效应。IGBT关断时，MOSFET结构部分关断速度很快，J_2 结的反压迅速建立，反压建立速度与IGBT重加电压上升率 du_{CE}/dt 大小有关。du_{CE}/dt 越大，J_2 结反压建立越快，关断越迅速，但在 J_2 结上引起的位移电流 $C_{J_2}(du_{CE}/dt)$ 也越大。此位移电流流过体区电阻 R_{br} 时，产生足以使 N^+PN 型晶体管导通的正向偏置电压，使寄生晶闸管开通，即发生动态擎住效应。由于动态擎住时允许的集电极电流比静态擎住时小，故器件的 I_{CM} 应按动态擎住所允许的数值来决定。为了避免发生擎住效应，使用中应保证集电极电流不超过 I_{CM}，或者增大栅极电阻 R_G 以减缓IGBT的关断速度，减小 du_{CE}/dt 的值。总之，使用中必须避免发生擎住效应，以确保器件的安全。

2)安全工作区

IGBT开通与关断时，均具有较宽的安全工作区。IGBT开通时对应正向偏置安全工作区(FBSOA)如图2-29(a)所示。它是由避免动态擎住而确定的最大集电极电流 I_{CM}、器件内 P^+NP 型晶体管击穿电压确定的最大允许集-射极电压 U_{CEO} 及最大允许功耗线所框成的。值得指出的是，由于饱和导通后集电极电流 I_C 与集-射极电压 u_{CE} 无关，其大小由栅极电压 U_G 决定，故可通过控制 U_G 来控制 I_C，进而避免擎住效应发生，因此还可确定出最大集电极电流 I_{CM} 对应的最大栅极电压 U_{GM}。

IGBT关断时所对应的为反向偏置安全工作区(RBSOA)，如图2-29(b)所示。它随着关断时的重加电压上升率 du_{CE}/dt 变化，du_{CE}/dt 越大，越易产生动态擎住效应，安全工作区越小。一般可以通过选择适当栅极电压 U_G 和栅极驱动电阻 R_G 来控制 du_{CE}/dt，避免擎住效应发生，扩大安全工作区。

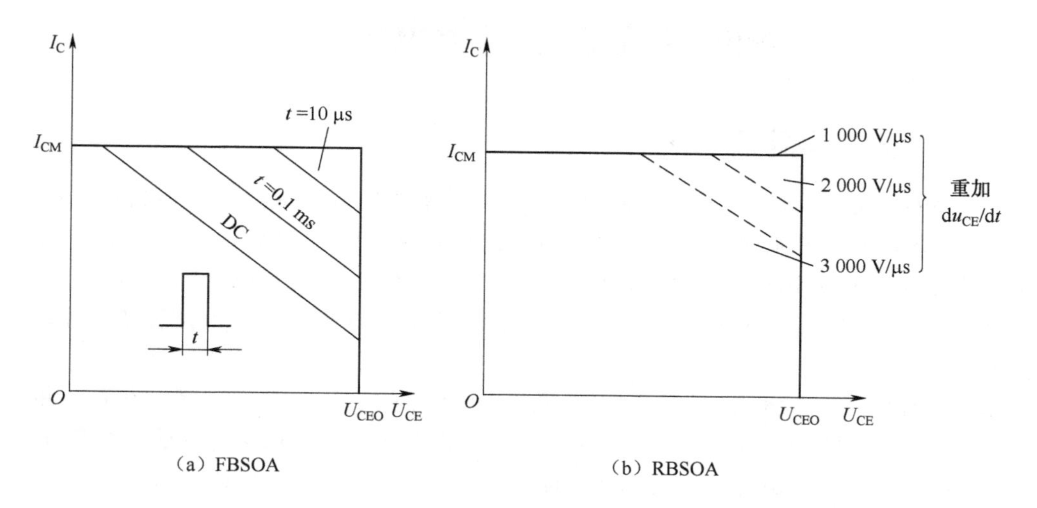

（a）FBSOA　　（b）RBSOA

图 2-29　IGBT 的安全工作区

4. IGBT 的优缺点

由于 IGBT 是 MOSFET 和双极型功率晶体管的复合器件，所以它具有以下优点：

(1) IGBT 的输入级是 MOSFET，在栅极（G）和发射极（E）之间加上驱动电压时，MOSFET 便进入导通或关断状态。因此，IGBT 是一种电压控制型器件。

(2) 在 IGBT 中，MOSFET 的开关速度非常快，所以 IGBT 的开关速度取决于等效晶体管的开关速度。在 IGBT 中，通过对 N^+ 区厚度的最佳化来抑制过量载流子的注入，并通过引入寿命抑制机构，减少储存载流子的消散时间，来缩短等效晶体管的开关时间，从而提高了 IGBT 的开关速度，使其比双极型功率晶体管快得多。

(3) 当在 IGBT 的集电极（C）和发射极（E）之间加负电压时，由于 J_1 结处于反向偏置，在集电极（C）和发射极（E）之间不可能有电流流过。由于 IGBT 比 MOSFET 多了一个 PN 结，使 IGBT 比 MOSFET 具有更高的耐压。由于 IGBT 的 P^+ 区的存在，使 IGBT 处于导通时，正载流子从 P^+ 区注入，并积累在 N 区，这使 IGBT 导通时呈低阻态，所以 IGBT 的电流容量比 MOSFET 大。

(4) 在 IGBT 处于导通时，集-射极电压 U_{CE} 的大小能反映过电流情况。因此，可以通过测量 U_{CE} 来识别过电流情况。一旦 U_{CE} 高于某一数值表明出现过电流情况时，可控制栅极电压快速变为零或负电压，使 IGBT 快速关断，实现对 IGBT 的过电流保护。

IGBT 的缺点如下：

(1) 因为 IGBT 工作时，其漏极区（P^+ 区）将要向漂移区（N 区）注入少数载流子——空穴，则在漂移区中存储有少数载流子电荷；当 IGBT 关断（栅极电压降为 0）时，这些存储的电荷不能立即去掉，从而 IGBT 的漏极电流也就相应地不能马上消失，即漏极电流波形有一个较长时间的拖尾——关断时间较长（10～50 ms）。所以，IGBT 的工作频率较低。为了缩短关断时间，可以采用电子辐照等方法来降低少数载流子寿命，但这将会引起正向压降的增大等弊病。

(2) IGBT 中存在寄生晶闸管，这就使得器件的最大工作电流要受到此寄生晶闸管闩锁效应的限制。采用阴极短路技术可以适当地减弱这种不良影响。

2.5 其他新型电力电子器件

2.5.1 MOS控制晶闸管

MCT(MOS controlled thyristor)是将MOSFET与晶闸管组合而成的复合型器件。MCT将MOSFET的高输入阻抗、低驱动功率、快速的开关过程和晶闸管的高电压、大电流、低导通压降的特点结合起来,也是Bi-MOS器件的一种。一个MCT器件由数以万计的MCT元组成,每个元件的组成为:一个PNPN晶闸管,一个控制该晶闸管开通的MOSFET和一个控制该晶闸管关断的MOSFET。

MCT具有高电压、大电流、高载流密度、低通态压降的特点。其通态压降只有GTR的1/3左右,硅片的单位面积连续电流密度在各种器件中是最高的。另外,MCT可以承受极高的di/dt和du/dt,使得其保护电路可以简化。MCT的开关速度超过GTR,开关损耗也小。

总之,MCT曾一度被认为是一种最有前途的电力电子器件。因此,20世纪80年代以来一度成为研究的热点。但经过十多年的努力,其关键技术问题没有大的突破,电压和电流容量都远未达到预期的数值,未能投入实际应用。而其竞争对手——IGBT却进展飞速,所以,目前从事MCT研究的人不是很多。

2.5.2 静电感应晶体管

SIT(static induction transistor)是一种结型场效应晶体管,于1970年开始被研制。SIT的结构原理图如图2-30(a)所示。在一块掺杂浓度很高的N型半导体两侧有P型半导体薄层,分别引出漏极(D)、源极(S)和栅极(G)。当G、S之间电压$U_{GS}=0$时,电源U_S可以经很宽的N区(有多数载流子——电子,可导电)流过电流,N区通道的等效电阻不大,SIT处于通态。如果G、S两端外加负电压(即$U_{GS}<0$),即图2-30(a)中半导体N接正电压,半导体P接负电压,P_1N与P_2N这两个PN结都加了反向电压,则会形成两个耗尽层A_1和A_2(耗尽层中无载流子,不导电),使原来可以导电的N区变窄,等效电阻加大。当G、S之间的反偏电压大到一定的临界值以后,两侧的耗尽层变宽连在一起时,若导电的N区消失,则漏极(D)和源极(S)之间的等效电阻变为无限大而使SIT转为断态。由于A_2耗尽层是由外加反偏电压形成外静电场而产生的,通过外加电压形成静电场作用控制SIT的通、断状态,故称为静电感应晶体管(SIT)。SIT在电路中的开关作用类似于一个继电器的常闭触点,G、S两端无外加电压($U_{GS}=0$)时,SIT处于通态(闭合)接通电路;有外加电压U_{GS}作用后,SIT由通态(闭合)转为断态(断开)。SIT通态电阻较大,故导通时损耗也较大。

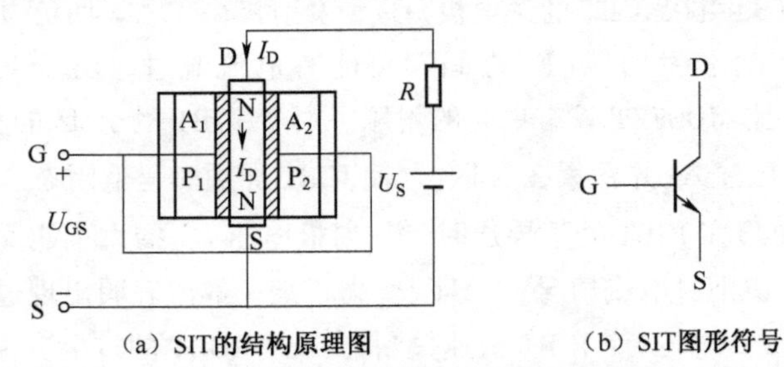

(a) SIT的结构原理图 (b) SIT图形符号

图2-30 SIT的结构原理图及图形符号

2.5.3 静电感应晶闸管

SITH(static induction thyristor)又称场控晶闸管(field controlled thyristor,FCT),其通、断控制机理与SIT类似。结构上的差别仅在于SITH是在SIT结构基础上增加了一个PN结,而在内部多形成了一个三极管,两个三极管构成一个晶闸管而成为静电感应晶闸管。图形符号如图2-31所示。

栅极不加电压时,SITH与SIT一样也处于通态;外加栅极负电压时,由通态转入断态。由于SITH比SIT多了一个具有注入功能的PN结,所以SITH属于两种载流子导电的双极型功率器件。实际使用时,为了使器件可靠地导通,常取5~6 V的正栅压而不是零栅压,以降低器件通态压降。一般关断SIT和SITH需要几十伏的负栅压。

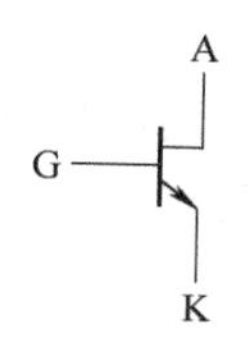

图2-31　SITH图形符号

2.5.4 集成门极换流晶闸管

IGCT(integrated gate-commutated thyristor)于20世纪90年代开始出现。IGCT的结构是将GTO芯片与反并联二极管和门极驱动电路集成在一起,再将其门极驱动器在外部以低电感方式连接成环状的门电极。IGCT具有大电流、高电压、高开关频率(比GTO高10倍)、结构紧凑、可靠性好、损耗低、制造成品率高等特点。目前,IGCT已在电力系统中得到应用,以后有可能取代GTO在大功率场合应用的地位。

2.5.5 电子注入增强栅晶体管

IEGT(injection enhanced gate transistor)是日本东芝公司开发的新型电力电子器件,它继承了IGBT的电压驱动、控制功率小、安全工作区窄、开关损耗小及GTO的输出功率大、低通态压降、阳极与阴极间载流子密度高等优点,而抛弃了IGBT高饱和压降、发射极载流子密度低、GTO安全工作区窄、电流驱动功率大、开关损耗大等特点。其在高载波频率工作条件下具有明显的优势。IEGT是在沟槽型IGBT的基础上,把部分沟道同P基极区相连,使发射区注入增强,造成基区内的载流子浓度很高,从而使器件的通态整体压降进一步减小。

IEGT具有大容量和高开关频率的特性,适用于高压、大电流的应用场合。

2.6 电力电子器件驱动与保护电路

2.6.1 电力电子器件驱动电路概述

电力电子器件的驱动电路是电力电子主电路与控制电路之间的接口,是电力电子装置的重要环节,对整个装置的性能有很大的影响。采用性能良好的驱动电路,可使电力电子器件工作在较理想的开关状态,缩短开关时间,减小开关损耗,对装置的运行效率、可靠性和安全性都有重要的意义。另外,对电力电子器件或整个装置的一些保护措施也往往就近设在驱动电路中,或者通过驱动电路来实现,这使得驱动电路的设计更为重要。

简单地说,驱动电路的基本任务就是将信息电子电路传来的信号按照其控制目标的要求,转换为加在电力电子器件控制端和公共端之间,可以使其开通或者关断的信号。对半控型器件只需提供开通控制信号,对全控型器件则既要提供开通控制信号又要提供关断控制信号,以保证器件按要求可靠导通或关断。

驱动电路还要提供控制电路与主电路之间的电气隔离环节。一般采用光隔离或磁隔离。光隔离一般采用光耦合器。光耦合器由发光二极管和光敏晶体管组成,封装在一个外壳内。其类型有普通、高速和高传输比三种,内部电路和基本接法如图 2-32 所示。普通型光耦合器的输出特性和晶体管相似,只是其电流传输比 I_C/I_D 比晶体管的电流放大倍数 β 小得多,一般只有 0.1~0.3;高传输比型光耦合器的 I_C/I_D 要大得多。普通型光耦合器的响应时间为 10 μs 左右;高速型光耦合器的光敏二极管流过的是反向电流,其响应时间小于 1.5 μs。磁隔离元件通常是脉冲变压器,当脉冲较宽时,为避免铁芯饱和,常采用高频调制和解调的方法。

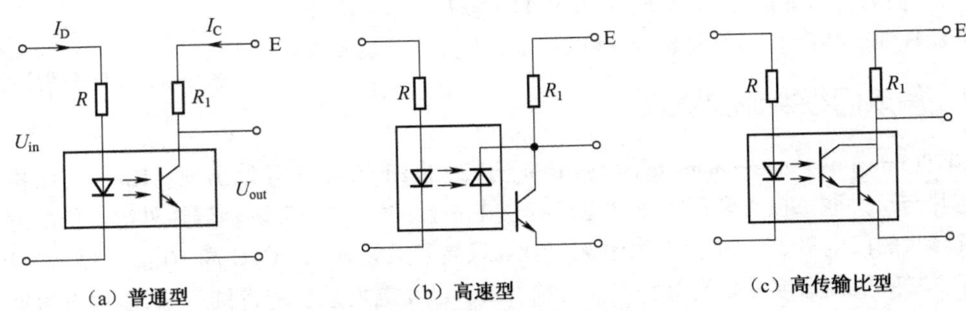

图 2-32　光耦合器的内部电路和基本接法

按照驱动电路加在电力电子器件控制端和公共端之间信号的性质,可以将电力电子器件分为电流驱动型和电压驱动型两类。晶闸管虽然属于电流驱动型器件,但是它是半控型器件,因此下面将单独讨论其驱动电路。晶闸管的驱动电路常称为触发电路。对典型的全控型器件 GTO、GTR、电力 MOSFET 和 IGBT,则将按电流驱动型和电压驱动型分别讨论。

应该说明的是,驱动电路的具体形式可以是分立元件构成的驱动电路,但对一般的电力电子器件使用者来讲最好是采用由专业厂家或生产电力电子器件的厂家提供的专用驱动电路,其形式可能是集成驱动电路芯片,可能是将多个芯片和器件集成在内的带有单排直插引脚的混合集成电路,对大功率器件来讲还可能是将所有驱动电路都封装在一起的驱动模块。而且为达到参数优化配合,一般应首先选择所用电力电子器件的生产厂家专门为其器件开发的专用驱动电路。当然,即使是采用成品的专用驱动电路,了解和掌握各种驱动电路的基本结构和工作原理也是很有必要的。

2.6.2　晶闸管的触发电路

晶闸管触发电路的作用是产生符合要求的门极触发脉冲,保证晶闸管在需要的时刻由阻断转为导通。广义上讲,晶闸管触发电路往往还包括对其触发时刻进行控制的相应控制电路,但这里专指触发脉冲的放大和输出环节。

晶闸管触发电路应满足下列要求:

(1)触发脉冲的宽度应保证晶闸管可靠导通,后面介绍具体电力电子电路时将会特别提到。对感应和反电动势负载的交变器应采用宽脉冲或脉冲列触发;对变流器的起动,双星形带平衡电抗器电路的触发脉冲应宽于 30°,三相全控桥式电路应宽于 60°或采用相隔 60°的双窄脉冲。

(2)触发脉冲应有足够的幅度。对户外寒冷场合，脉冲电流的幅度应增大为器件最大触发电流的3~5倍，脉冲前沿的陡坡也需增加，一般需达1~2 A/μs。

(3)所提供的触发脉冲应不超过晶闸管门极的电压、电流和功率定额，且在门极伏安特性的可靠触发区域之内。

(4)应有良好的抗干扰性能、温度稳定性及主电路的电气隔离。

理想的晶闸管触发脉冲电流波形如图2-33所示。

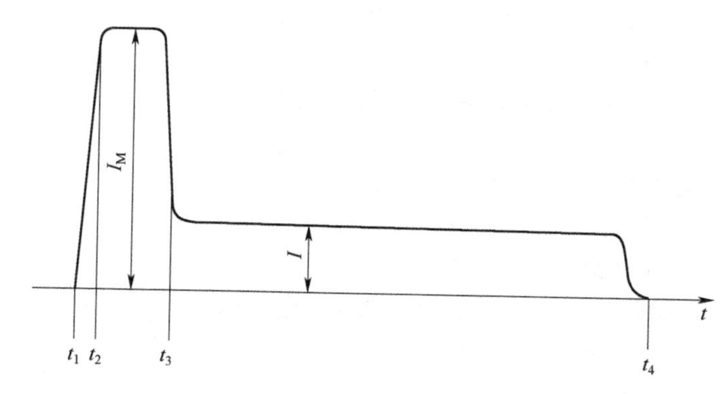

图2-33 理想的晶闸管触发脉冲电流波形

t_1 ~ t_2 —脉冲前沿上升时间(<1 μs)；t_1 ~ t_3 —强脉冲宽度；I_M—强脉冲幅值($3I_{GT}$ ~ $5I_{GT}$)；t_1 ~ t_4 —脉冲宽度；I—脉冲平顶幅值($1.5I_{GT}$ ~ $2I_{GT}$)。

图2-34所示为常见的晶闸管触发电路。它由V_1、V_2构成的脉冲放大环节以及脉冲变压器TM和附属电路构成的脉冲输出环节两部分组成。当V_1、V_2导通时，通过脉冲变压器向晶闸管的门极和阴极之间输出触发脉冲。VD_1和R_3是为了使V_1、V_2由导通变为截止时脉冲变压器TM释放其存储的能量而设的。为了获得触发脉冲波形中强脉冲部分，还需适当附加其他电路环节。

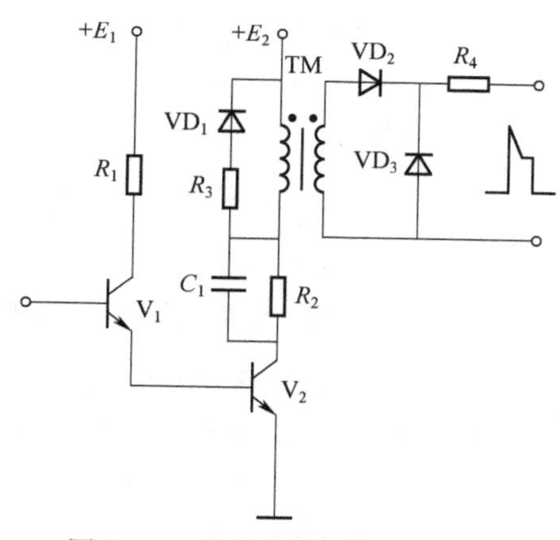

图2-34 常见的晶闸管触发电路

2.6.3 典型全控器件的驱动电路

1. 电流驱动型器件的驱动电路

GTO和GTR是电流驱动型器件。

GTO的开通控制与普通晶闸管相似，但对触发脉冲前沿的幅值和陡坡要求高，且一般需在整个导通期间施加正门极电流。使GTO关断需施加负门极电流，对其幅值和陡坡的要求更高，幅值需达阳极电流的1/3左右，陡坡需达50 A/μs，强负脉冲宽度约为30 μs，负脉冲总宽度约为100 μs，关断后还应在门极与阴极之间施加约5 V的负偏压，以提高抗干扰能力。推荐的GTO门极电压-电流波形如图2-35所示。

GTO一般用于大容量电路场合。其驱动电路通常包括开通驱动电路、关断驱动电路和门极反偏电路三部分，可分为脉冲变压器耦合式和直接耦合式两种类型。直接耦合式驱动电路可避免电路内部的相互干扰和寄生振荡，可得到较陡的脉冲前沿，因此目前应用较广，但其功耗大，效率较低。图2-36为典型的直接耦合式GTO驱动电路。该电路的电源由高频电源经二极管整流后提供，二极管VD_1和电容C_1提供+5 V电压；VD_2、VD_3、C_2、C_3构成倍压整流电路提供+15 V电压；VD_4和电容C_4提供-15 V电压。场效应晶体管V_1开通时，输出正的强脉冲；V_2开通时，输出正脉冲平顶部分；V_2关断而V_3开通时，输出负脉冲；V_3关断后，电阻R_3和R_4提供门极负偏压。

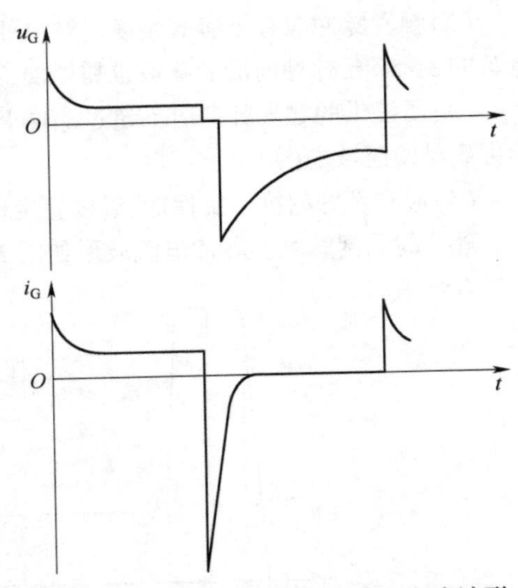

图2-35　推荐的GTO门极电压、电流波形

使GTR开通的基极驱动电流应使其处于准饱和导通状态，使之不进入放大区和深度饱和区。GTR关断时，施加一定的负基极电流有利于减小关断时间和关断损耗，关断后同样应在基-射极之间施加一定幅值（6 V左右）的负偏压。GTR驱动电流的前沿上升时间应小于1 μs，以保证它能快速开通和关断。理想的GTR基极驱动电流波形如图2-37所示。

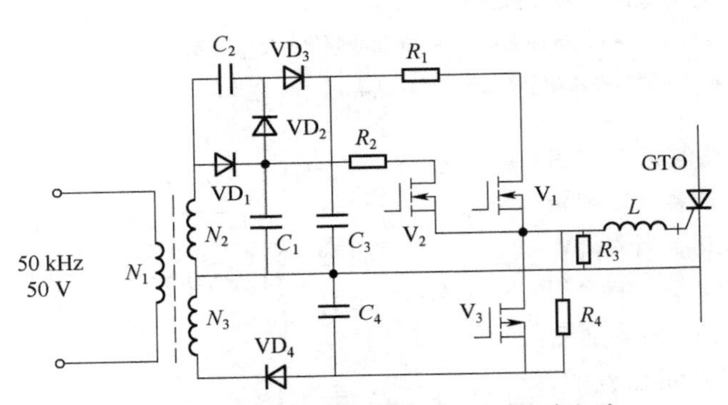

图2-36　典型的直接耦合式GTO驱动电路

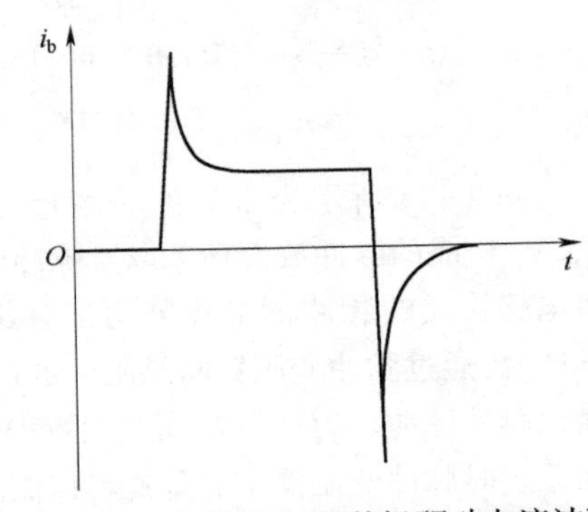

图2-37　理想的GTR基极驱动电流波形

图2-38所示为GTR的一种驱动电路，包括电气隔离和晶体管放大电路两部分。其中，二极管VD_2和电位补偿二极管VD_3构成所谓的贝克钳位电路，也就是一种抗饱和电路，可使GTR导通时处于临界饱和状态。当负载较轻时，如果V_5的发射极电流全部注入V，会使V过饱和，关断时退饱和时间延长。有了贝克钳位电路之后，当V过饱和使得集电极电位低于基极电位时，VD_2就会自动导通，使多余的驱动电流流入集电极，维持$U_{bc}\approx 0$。这样，就使得V导通时始终处于临界饱和。图2-38中，C_2为加速开通过程的电容。开通时，R_5被C_2短路，这样可以实现驱动电流的过充，并增加前沿陡度，加快开通。

GTR的驱动电路中，THOMSON公司的UAA4002和三菱公司的M57215BL较为常见。

2. 电压驱动型器件的驱动电路

电力MOSFET和IGBT是电压驱动型器件。电力MOSFET的栅-源极之间和IGBT的栅-射极之间都有数千皮法的极间电容，为快速建立驱动电压，要求驱动电路具有较小的输出电阻。使电力MOSFET开通的栅-源极间驱动电压一般取10~15 V；使IGBT开通的栅-射极间驱动电压一般取15~20 V。同样，关断时施加一定幅值的负驱动电压（一般取-5~-15 V）有利于减小关断时间和关断损耗。在栅极串入一只低值电阻(数十欧)可以减小寄生振荡,该电阻阻值应随被驱动器件电流额定值的增大而减小。

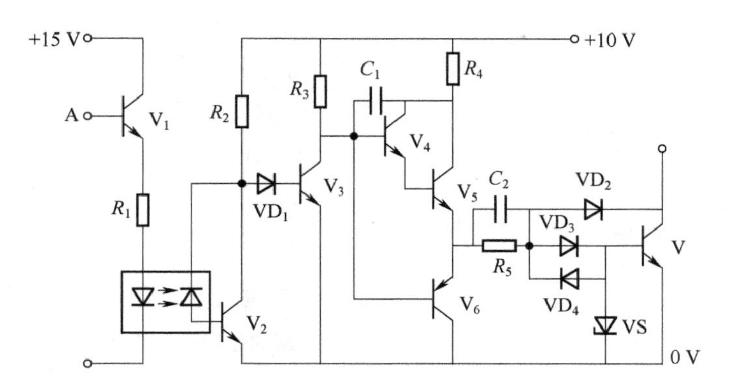

图 2-38 GTR 的一种驱动电路

图 2-39 所示为电力 MOSFET 的一种驱动电路,也包括电气隔离和晶体管放大电路两部分。当无输入信号时,高速放大器 A 输出负电平,V_3 导通输出负驱动电压;当有输入信号时,A 输出正电平,V_2 导通输出正驱动电压。

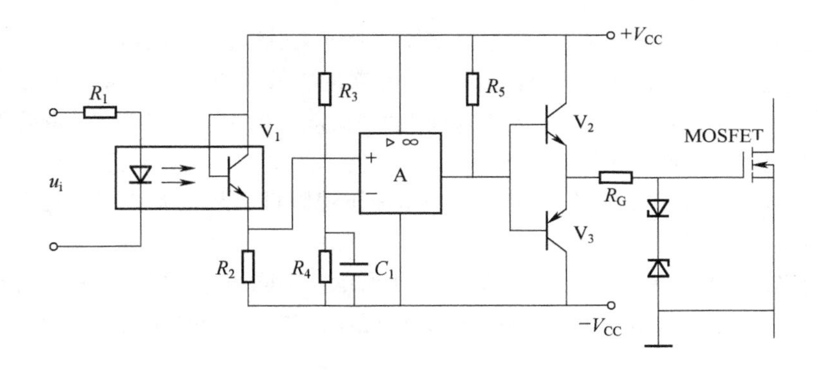

图 2-39 电力 MOSFET 的一种驱动电路

常见的专为驱动电力 MOSFET 而设计的集成驱动电路芯片或混合集成电路很多,三菱公司的 M57918L 就是其中之一,其输入信号电流幅值为 16 mA,输出最大脉冲电流为+2 A 和-3 A,输出驱动电压为+15 V 和-10 V。

IGBT 的驱动多采用专用的混合集成驱动器,例如三菱公司的 M579 系列(如 M57962L 和 M57959L)和富士公司的 EXB 系列(如 EXB840、EXB841、EXB850 和 EXB851)。同系列的不同型号其引脚和接线基本相同,只是适用被驱动器件的容量和开关频率以及输入电流幅值等参数有所不同。图 2-40 为 M57962L 型 IGBT 驱动器的原理和接线图。这些混合集成驱动器内部都具有退饱及检测和保护环节,当发生过电流时能快速响应,但慢速关断 IGBT,并向外部电路给出故障信号。M57962L 输出的正驱动电压均为+15 V 左右,负驱动电压为-10 V。对大功率 IGBT 器件来讲,一般采用由专业厂家或生产该器件的厂家提供的专用驱动模块。

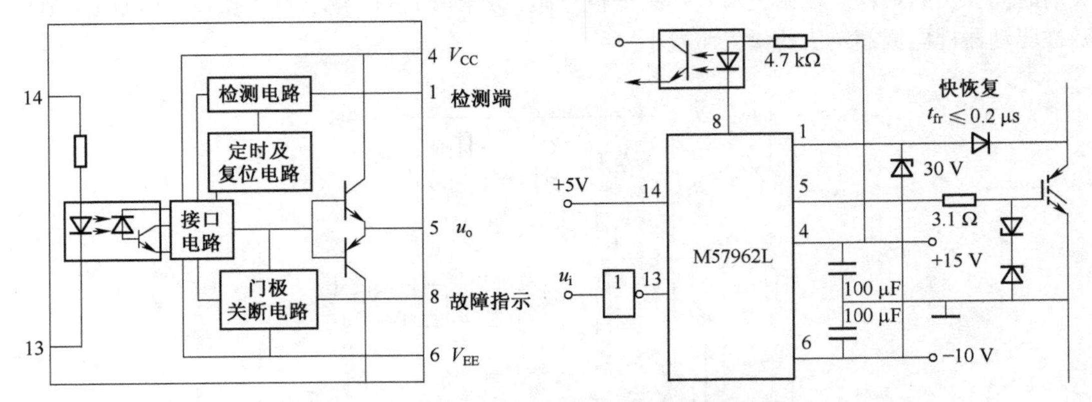

图 2-40　M57926L 型 IGBT 驱动器的原理和接线图

2.6.4　过电压的产生及保护

电力电子装置产生过电压一般分为两种情况:外部因素引起和内部因素引起。

外因过电压主要来自雷击和系统中的操作过程等,主要包括:

(1)操作过电压,由分闸、合闸等开关操作引起;

(2)雷击过电压,由雷击引起。

内因过电压主要来自于电力电子装置内部器件的开关过程,主要包括:

(1)换相过电压。晶闸管或与全控型器件反并联的二极管在换相结束后不能立刻恢复阻断,因而有较大的反向电流流过;当恢复了阻断能力时,该反向电流急剧减小,由此引起较大的 di/dt 会由线路电感在器件两端感应出过电压。

(2)关断过电压。全控型器件关断时,正向电流迅速降低引起较大 di/dt ,会由线路电感在器件两端感应出过电压。

典型的过电压保护措施及配置方法如图 2-41 所示。不同的电力电子装置可视具体情况只采用其中的几种,其中 RC_3 和 RCD 为抑制内因过电压的措施,属于缓冲电路范畴。

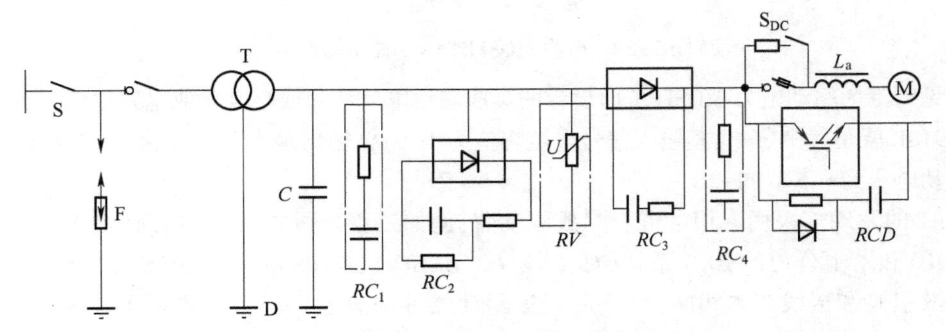

图 2-41　典型的过电压保护措施及配置方法

外因过电压抑制措施中,最常见的是 RC 抑制电路,典型连接方式如图 2-42 所示。RC 过电压抑制电路可接于供电变压器的两侧(供电网一侧称为网侧,电力电子电路一侧称为阀侧),或电力电子电路的直流侧。大容量电力电子装置可采用图 2-43 所示的反向阻断式 RC 电路。有关保护电路参数设计可参考相关工程手册。

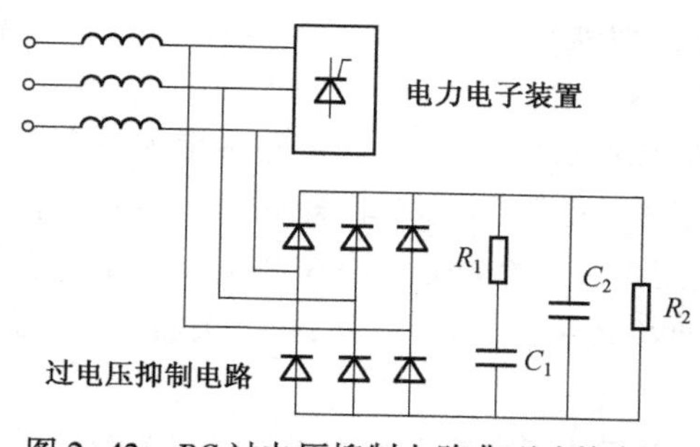

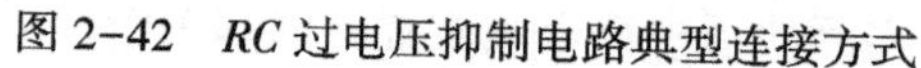
图 2-42　*RC* 过电压抑制电路典型连接方式

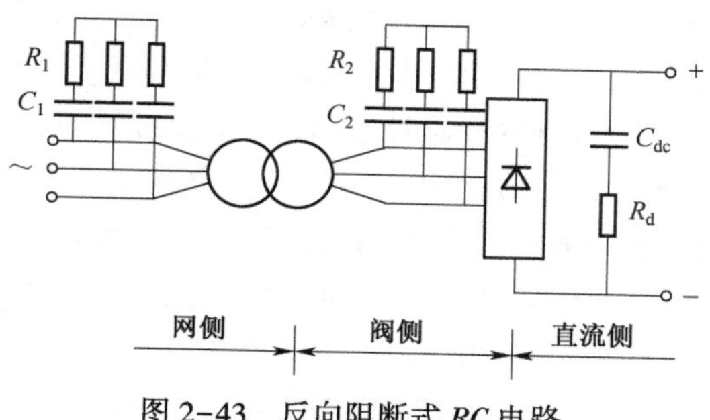

图 2-43　反向阻断式 *RC* 电路

2.6.5　过电流的产生及保护

电力电子装置过电流现象通常发生于故障状态，包括过载和短路两种情况。

过电流保护常采用快速熔断器、快速断路器和过电流继电器等装置切断电流。对重要的且易发生短路的晶闸管设备或全控型器件（很难用快速熔断器保护），需采用反馈电子电路进行过电流保护。一般采用电流互感器检测主电路电流，转换成直流电压后送给电压比较器，与设定值进行比较，一旦超过阈值即关断电力电子主电路。这种方法的优点是：响应迅速，设定过电流值方便。对于全控型器件，常在驱动电路中设置过电流保护环节，一旦器件电流超过阈值立即关断器件，这是对器件过电流最快的保护措施。

典型的过电流保护措施及配置方法如图 2-44 所示。一套电力电子装置通常同时采用几种过电流保护措施，以提高可靠性和合理性。电子保护电路作为第一保护措施，快速熔断器仅作为短路时的部分区段的保护，快速断路器整定在电子电路动作之后实现保护，过电流继电器整定在过载时动作。

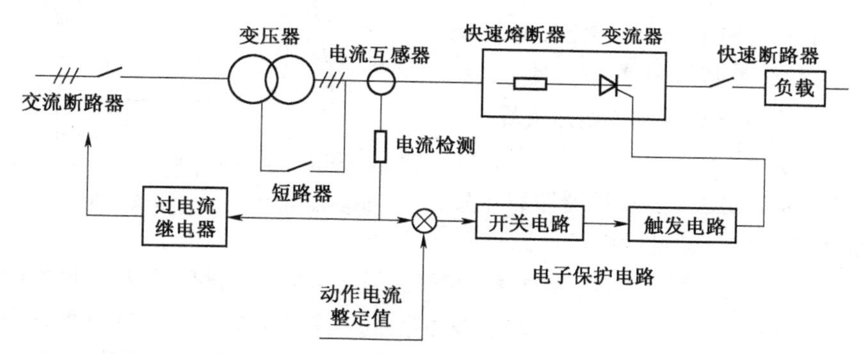

图 2-44　典型的过电流保护措施及配置方法

注：当 PN 结上流过的正向电流较小时，低掺杂 N 区的欧姆电阻较高；当 PN 结上流过的正向电流较大时，注入并积累在低掺杂 N 区的少子（空穴）浓度将很大，为了维持半导体电中性条件，其多子浓度也相应地大幅度增加，从而使其电阻率明显下降，也就是电导率大幅增加，这就是电导效应。

2.6.6　电力电子器件的缓冲电路

1. 缓冲电路的作用及类型

电力电子器件的缓冲电路（snubber circuit）又称吸收电路，它是电力电子器件的一种重要的保护电路，不仅用于半控型器件的保护，而且在全控型器件（如 GTR、GTO、功率 MOSFET 和 IGBT 等）的应用技术中也起着重要作用。

当晶闸管开通时，为了防止过大的电流上升率而烧坏器件，往往在主电路中串入一个扼流电感，以限制过大的 di/dt，串联电感及其配件组成了缓冲电路，又称串联缓冲电路；当晶闸管关断时，电源电压突加在晶闸管上，为了抑制瞬时过电压和过大的电压上升率，以防止晶闸管内部流过过大的结电容电流而误触发，需要在晶闸管的两端并联一个 RC 网络，构成关断缓冲电路，又称并联缓冲电路。

GTR、P-MOSFET、IGBT 等全控型自关断器件在实际使用中都必须配置开通和关断的缓冲电路，其作用与晶体管的缓冲电路有所不同，电路结构也有差别。其中一个重要原因是全控型器件的工作频率要比晶闸管高得多，因此开通与关断损耗是影响这种开关器件正常运行的重要因素之一；而且由于开关速度快，di/dt 相对比较大，微小的线路寄生电感就会产生很高的尖峰电压（Ldi/dt），从而威胁器件的安全工作。例如，GTR 在动态开关过程中易产生二次击穿现象，这种现象又与开关损耗直接相关。所以，减少全控器件的开关损耗至关重要，缓冲电路的一个重要作用正是如此。也就是说，GTR 和 P-MOSFET 等采用缓冲电路而使器件可靠地运行，同时抑制寄生电感引起的电压尖峰，保障器件安全工作。

图 2-45 所示为无缓冲电路时 GTR 开关过程中集电极电压 u_{CE} 和集电极电流 i_C 的波形。由图可见，开通和关断过程中都存在 u_{CE} 和 i_C 同时达到最大值的时刻，因此出现了瞬时的最大开关损耗功率 P_{on} 和 P_{off}，从而危及器件的安全，同时由于 t_r、t_f 很小，di/dt 相对较大，所以应采用开通和关断缓冲电路，抑制开通时的 di/dt，降低关断时的 du/dt，使 u_{CE} 和 i_C 的最大值不会同时出现并抑制电压尖峰。

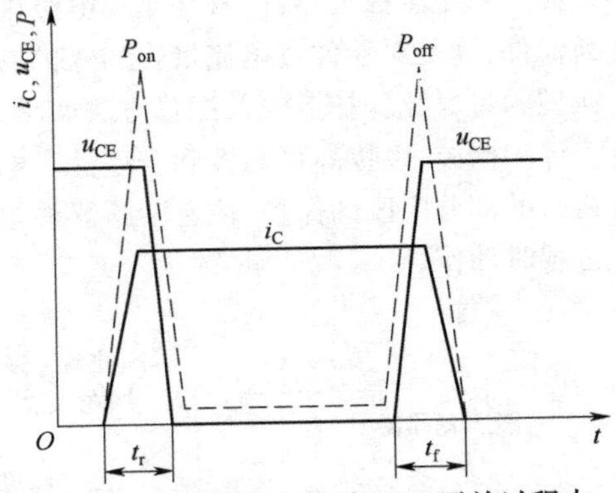

图 2-45　无缓冲电路时 GTR 开关过程中集电极电压 u_{CE} 和集电极电流 i_C 的波形

综上所述，缓冲电路对于工作频率高的自关断器件，其主要作用是减少全控器件的开关损耗并抑制电压尖峰。常见的缓冲电路可分为两大类：一种是能耗型缓冲电路，其原理是把开关损耗从器件内部转移到缓冲电路中，然后再消耗到缓冲电路的电阻上；另一种是反馈型缓冲电路，其原理是把开关损耗从器件内部转移到缓冲电路中，由缓冲电路设法再反馈到电源中去。能耗型缓冲电路结构简单，在电力电子器件的容量不太大、工作频率不太高的场合广泛应用。

2. 缓冲电路的基本结构和设计

缓冲电路的功能包括抑制和吸收两方面。

图 2-46(a)所示的是缓冲电路的基本结构，串联的 L_s 用于抑制 di/dt 的过充，并联的 C_s 通过快速二极管 VD_s 充电，吸收器件上出现的过电压能量。由于电容电压不会跃变，因而限制了 du/dt。当器件开通时，C_s 上的能量经 R_s 泄放。对于工作频率较高、容量较小的装置，为了减少损耗，可将图 2-46(a)中的 $RLCD$ 电路简化为图 2-46(b)的形式。这种由 RCD 网络构成的缓冲电路普遍用于 GTR、P-MOSFET 及 IGBT 等电力电子器件的保护。

一般可以依据经验法和计算法来完成 *RCD* 缓冲电路的初步设计。无论采用哪种方法，最终参数均需要通过在实际电路中进行试验调整。下面以图 2-46(b)为例，介绍一种比较简单的缓冲电路参数初步设计的方法，分为以下四个设计约束。

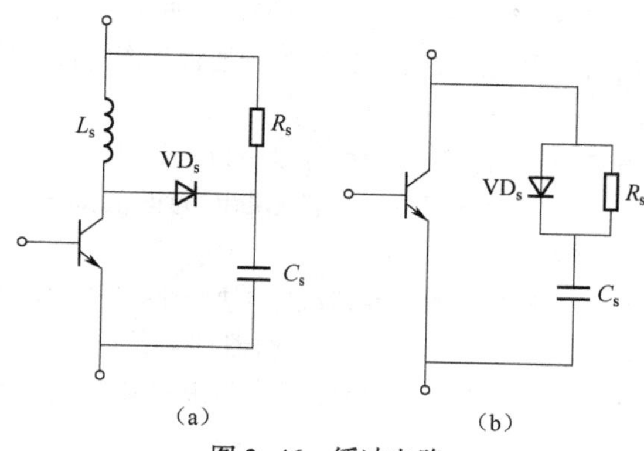

图 2-46　缓冲电路

(1)放电时间约束。假定功率管最小开通时间 t_{onmin} 已知，则 R_s 应使 C_s 在最小导通时间内放电至所充电电荷的 5% 以下，即要求

$$3R_sC_s \leqslant t_{onmin} \tag{2-8}$$

(2) R_s 耗散功率约束。假定功率管关断期间承受的最高电压为 U_{CEmax}（ C_s 的最高电压），功率管开关频率为 f，由于电容上的能量全部消耗在 R_s 上，则 R_s 耗散功率为

$$P_R = \frac{1}{2}fC_sU_{CEmax}^2 \tag{2-9}$$

(3) C_s 容量选择约束。假定功率管关断时间为 t_f（可通过查阅相关数据手册得到），集电极最大电流为 I_{Cmax}，则电容在关断时间 t_f 内的充电电压应不大于 U_{CEmax}。由于关断时间很短，此期间电容上充电电流和流过功率管的电流之和可以视为恒定，有

$$\frac{I_{Cmax}t_f}{2C_s} \leqslant U_{CEmax} \tag{2-10}$$

(4) VD_s 选择约束。VD_s 必须选用快恢复功率二极管。一般要求额定电流不小于主电路器件的 1/10。

利用以上四个设计约束可以初步计算 R_s、C_s、VD_s 的参数，在此基础上可以通过实际电路运行试验进行进一步的修正。

2.6.7　晶闸管的串联与并联

对较大型的电力电子装置，当单个电力电子器件的电压或电流定额不能满足要求时，往往需要将电力电子器件串联或者并联起来工作，或者将电力电子装置串联或者并联起来工作。本节简要介绍电力电子器件串、并联应用时应注意的问题和处理措施，然后概要介绍应用较多的电力电子 MOSFET 并联以及 IGBT 并联的一些特点。

1. 晶闸管的串联

当晶闸管的额定电压小于实际要求时，可以用两个以上同型号器件相串联。理想的串联希望各器件承受的电压相等，但实际上因器件特性的分散性，即使是标称定额相同的器件之间其特性也会存在差异，一般都会存在电压分配不均匀的问题。

串联的器件流过的漏电流总是相同的，但由于静态伏安特性的分散性，各器件所承受的电压是不等的。如图 2-47(a)所示，两个晶闸管串联，在同一漏电流 I_R 下所承受的正向电压是不同的。若外加电压继续升高，则承受电压高的器件将首先达到转折电压而导通，使另一个器件承担全部电压也导通，两个器件都失去控制作用。同理，反向时，因伏安特性不同而不均压，可能使其中器件先反向击穿，另一个随之击穿。这种由于器件静态特性不同而造成的均压问题称为静态不均压问题。

为了达到静态均压，首先应选用参数和特性尽量一致的器件。此外，可以采用电阻均压，如图 2-47(b)中的 R_P。R_P 的阻值应比任何一个器件阻断时的正、反向电阻小得多，这样才能使每个晶闸管分担的电压决定于均压的电阻分压。

类似地，由于器件动态参数和特性的差异造成的不均压问题称为动态不均压问题。为了达到动态均压，同样首先应选择动态参数和特性一致的器件。另外，还可以用 RC 并联支路进行动态均压，如图 2-47(b)所示。对于晶闸管来讲，采用门极强脉冲触发可以减小器件开通时间上的差异。

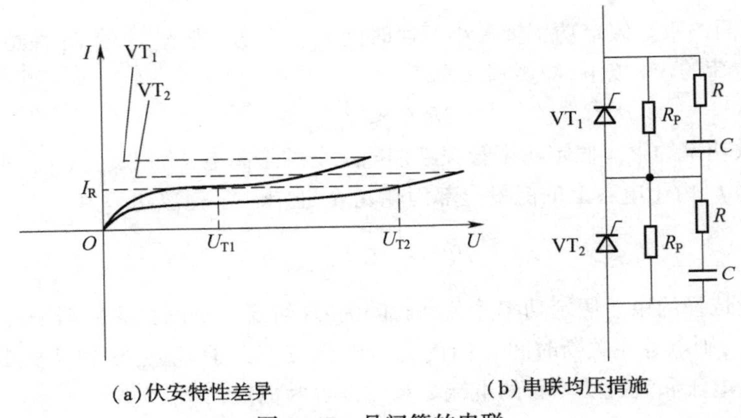

(a)伏安特性差异　　(b)串联均压措施

图 2-47　晶闸管的串联

2. 晶闸管的并联

大多数晶闸管装置中，常用多个器件并联来承担较大的电流。同样，晶闸管并联就会分别因静态和动态特性参数的差异而存在电流分配不均的问题。均流不佳，有的器件电流不足，有的过载，有碍提高整个装置的输出，甚至造成器件和装置损坏。

均流的首要措施是挑选特性参数尽量一致的器件，此外还可以采用均流电抗器。同样，用门极强脉冲触发也有助于动态均流。

当需要同时串联和并联晶闸管时，通常采用先串后并的方法连接。

2.6.8　电力 MOSFET 的并联与 IGBT 的并联

电力 MOSFET 的通态电阻 R_{on} 具有正的温度系数，并联使用时具有一定的电流自动均衡的能力，因而并联使用比较容易。但也要注意选用通态电阻 R_{on}、开启电压 U_T、跨导 G_{fs} 和输入电容 C_{iss} 尽量相近的器件并联。并联的电力 MOSFET 及其驱动电路的走线和布局应尽量做到对称，散热条件也要尽量一致；为了更好地动态均流，有时可以在源极电路中串入小电感，起到均流电抗器的作用。

IGBT 的通态压降一般在 1/2 ~ 1/3 额定电流以下的区段具有负的温度系数，在以上的区段则具有正的温度系数，因而IGBT在并联使用时也具有一定的电流自动均衡能力，与电力MOSFET类似，易于并联使用。当然，不同的IGBT产品其正、负温度系数的具体分界点不一样。实际并联使用IGBT时，在器件参数和特性选择、电路布局和走线、散热条件等方面也应尽量一致。不过，近年来许多厂家都宣称他们最新IGBT产品的特性一致性非常好，并联使用时只要是同型号和批号的产品都不必再进行特性一致性挑选。

小　结

本章介绍了电力二极管、晶闸管、门极可关断晶闸管、电力晶体管、电力场效应晶体管、绝缘栅双极晶体管，以及MOS控制晶闸管、静电感应晶体管、静电感应晶闸管、集成门极换流晶闸管、基于宽禁带半导体材料的器件等各种功率半导体开关器件、模块的基本结构、工作原理、基本特性、主要参数、驱动保护电路等内容。

功率半导体器件按下列形式可以进行分类：

1. 按开关器件开通、关断可控性的不同分类

(1)不可控型器件；

(2)半控型器件；

(3)全控型器件。

2. 按控制极驱动信号的类型分类

(1)电流控制型开关器件。电流控制型开关器件具有通态压降低、导通损耗小、工作频率低、驱动功率大、驱动电路复杂等特点。

(2)电压控制型开关器件。电压控制型开关器件具有输入阻抗大、驱动功率小、驱动电路简单、工作频率高等特点。

3. 按开关器件内部导电载流子的情况分类

(1)单极型器件。只有一种载流子(电子或空穴)参与导电的功率半导体器件。

(2)双极型器件。电子和空穴两种载流子均参与导电的功率半导体器件。

(3)复合型器件。由两种功率半导体器件复合而成，又称复合型电力电子器件。

电力电子器件发展的一个重要趋势是将半导体电力开关器件与其驱动、缓冲、检测、控制和保护等所有硬件集成一体，构成一个功率集成电路PIC。PIC器件把电力电子变换和控制系统中尽可能多的硬件以芯片的形式封装在一个模块内，极大地缩短和优化了元器件之间的引线连接，大大提高了电力电子变换和控制的可靠性。

习　题

1. 晶闸管导通的条件是什么？

2. 维持晶闸管导通的条件是什么？怎样才能使晶闸管由导通变为关断？

3. IGBT、GTR、GTO和电力MOSFET的驱动电路各有什么特点？

4. 全控型器件的缓冲电路的主要作用是什么？试分析RCD缓冲电路中各元件的作用。

5. 试说明 IGBT、GTR、GTO 和电力 MOSFET 各自的优缺点。

6. 图 2-48 中阴影部分为晶闸管处于通态区间的电流波形，各波形的电流最大值均为 I_m，试计算各波形的电流平均值 I_{d1}、I_{d2}、I_{d3} 与电流有效值 I_1、I_2、I_3。

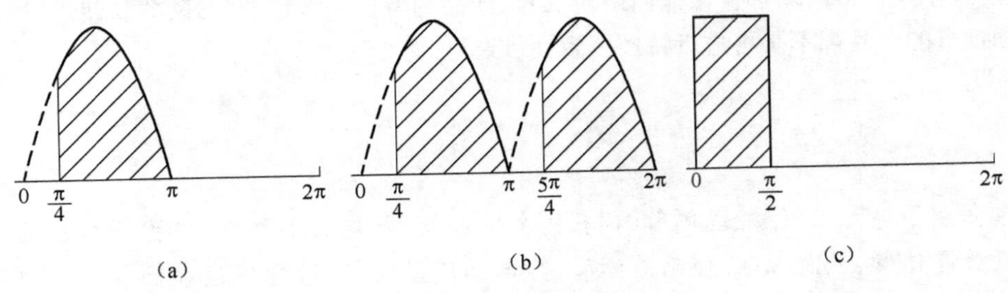

图 2-48　题 6 图

7. 上题中如果不考虑安全裕量，问 100 A 的晶闸管能送出的平均电流 I_{d1}、I_{d2}、I_{d3} 各为多少？这时，相应的电流最大值 I_{m1}、I_{m2}、I_{m3} 各为多少？

第 3 章　整流电路

学习目标：

(1)掌握各种单相可控整流电路的工作原理和数量关系；

(2)掌握各种三相可控整流电路的工作原理和数量关系；

(3)掌握有源逆变的概念及有源逆变电路的工作原理；

(4)掌握大功率可控整流电路的接线形式及特点；

(5)理解整流电路的谐波产生原因及功率因数定义。

3.1　概　　述

利用半导体电力开关器件的通、断控制，将交流电能变为直流电能称为整流。实现整流的电力半导体开关电路连同其辅助元器件和系统称为整流器。整流器的分类如下：

(1)按交流电源电流的波形可分为：半波整流和全波整流；

(2)按交流电源的相数可分为：单相整流、三相整流和多相整流；

(3)按整流电路中所使用的开关器件及控制能力可分为：不可控整流、半控整流和全控整流；

(4)按工作象限分为：一象限整流、二象限整流和四象限整流；

(5)按控制原理的不同可分为：相控整流和高频 PWM 整流。

可控整流器的交流侧接有工频交流电源，输出的直流电压平均值 u_d 可以从正的最大值到负的最大值连续可控，但可控整流器的直流电流 i_d 的方向不能改变。其中，第一象限上 u_d 与 i_d 均为正值，处于整流运行状态，能量从交流侧输向直流侧，此时电路称为整流器。对整流器最基本的性能要求是：输出的直流电压可以调控，输出直流电压中的交流分量即谐波电压被控制在允许值范围以内，交流电源侧电流中的谐波电流也在允许值范围以内。

3.2　单相可控整流电路

单相可控整流电路在负载容量小的小功率场合应用广泛，下面就不同的负载情况，分别介绍单相半波可控整流电路、单相桥式全控整流电路和单相桥式半控整流电路。

3.2.1 单相半波可控整流电路

1. 电阻性负载

在生产实际中，一些负载基本上是属于电阻性质的，如电阻加热炉、电解、电镀等。这种负载的特点是不论流过负载的电流变化与否，负载两端的电压和通过它的电流总是成正比，电压和电流的波形相同。

在单相半波可控整流电路中[见图3-1(a)]，变压器T用来变换电压，变压器一次和二次电压的有效值分别用U_1和U_2表示，瞬时值分别用u_1和u_2表示，直流输出平均电压值用U_d表示，R是负载电阻。

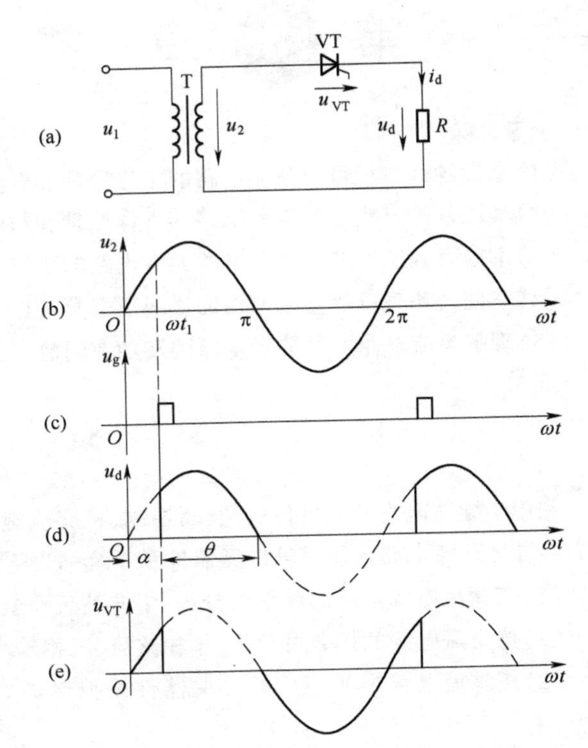

图3-1 单相半波可控整流电路及其波形

在u_2的正半周内[见图3-1(b)]，施加到晶闸管VT阳极的电压为正，满足VT导通条件之一，如果此时门极不加触发脉冲，VT不能导通，负载电阻上电压为零，电源电压全部加在VT上。如果在ωt_1时刻向VT的门极施加触发脉冲，如图3-1(c)所示，VT立即导通，此时负载电阻有电流流过。如果忽略VT的正向压降，则电阻上变化着的直流电压瞬时值u_d和交流电源电压瞬时值u_2相同。VT一旦被触发导通，门极便失去控制作用，故门极触发信号只需要脉冲电压即可。VT在电源电压正半周经触发后一直导通。当$\omega t=\pi$，即u_2降至零时，VT中流过的电流由于降到维持电流以下使其关断，此时电阻上的电压和电流都为零。在u_2的负半周内，晶闸管VT承受反向电压而不能导通，直到第二个周期相当于ωt_1时刻，VT再次经脉冲触发而导通，如此不断循环。

负载上的电压波形如图3-1(d)所示，负载上的脉动直流电流i_d的瞬时值由欧姆定律决定，即$i_d=u_d/R$，i_d的波形与u_d相同。如果改变触发时刻，u_d和i_d的波形也随着变化，经过晶闸管以后的输出电压是极性不变但幅值变化的脉动直流电压，其波形只在电源电压的正半周内出现，所以称为单相半波可控整流电路。

晶闸管本身承受的电压u_{VT}波形如图3-1(e)所示。由于导通时忽略晶闸管正向压降，所以$u_T=0$，在不导通的时候，晶闸管承受全部电源电压。

从晶闸管开始承受正向阳极电压起到施加触发脉冲止的电角度称为触发延迟角，又称触发角或控制角，用α表示。晶闸管在一个电源周期中处于通态的电角度称为导通角，用θ表示，显然$\theta=\pi-\alpha$。整流电路输出平均电压为

$$U_d=\frac{1}{2\pi}\int_0^{\pi}\sqrt{2}U_2\sin\omega t\mathrm{d}(\omega t)=0.45U_2\frac{1+\cos\alpha}{2} \tag{3-1}$$

由式(3-1)可知，α 越小，U_d 越大。当 $\alpha = 0$ 时，晶闸管全导通，相当于二极管整流，输出最大，即 $U_{d0} = 0.45U_2$；当 $\alpha = \pi$ 时，整流输出电压为零。

2. 电感性负载与续流二极管

除了阻性负载外，生产实践中还经常遇到负载中既有电阻又有电感的情况。当负载的感抗与电阻的数值相比不可忽略时，称为电感性负载。例如各种电动机的励磁绕组。

由于电感对电流变化有抗拒作用，使得电感元件中的电流不能突变。当流过电抗器的电流变化时，在电抗器两端会产生一个感应电动势 $L\mathrm{d}i/\mathrm{d}t$，它的极性是阻止电流变化的，即当电流增加时，它阻止电流增加；当电流减小时，它阻止电流减小。

图 3-2 为单相半波、电感性负载电路及其波形。当电源电压 u_2 在正半周中的 ωt_1 时触发晶闸管，负载侧即会出现直流电压 u_d，如果负载中没有电感 L，负载电流 i_d 立即上升到 u_d/R。加入电感 L 后，i_d 从零逐步增加，如图 3-2(e)所示。i_d 在增加的过程中，电感 L 的自感电动势极性为上正下负，阻止电流增加，此时，电感 L 从电网中吸收能量，转化为磁场能量。当 u_2 过零变负后，电流 i_d 逐步减小，电感 L 两端的自感电动势极性为上负下正，阻止电流 i_d 减小。只要该感应电动势比 u_2 大，晶闸管上便仍承受正向电压，继续维持导通。此时，电感 L 释放先前存储的能量，反送至电网；直到电感 L 中的电流降为零，L 中的磁场能量释放完毕，晶闸管关断承受反向电压，如图 3-2(f)所示。由于电感的存在，晶闸管关断时刻延迟，使 u_d 波形出现负值，因而输出直流电压平均值下降。

当 R 为定值，L 越大，u_2 进入负半周后，L 维持晶闸管导通的时间越长，这样 u_d 波形中负值部分占比越大，U_d 越小。当 $\omega L >> R$ 时，u_d 波形中负面积接近正面积，$U_d \approx 0$。输出的直流平均电流 I_d 很小。为解决大电感负载时的上述问题，可在整流电路的负载两端并联一个整流二极管，称为续流二极管 VD_R，如图 3-3 所示。

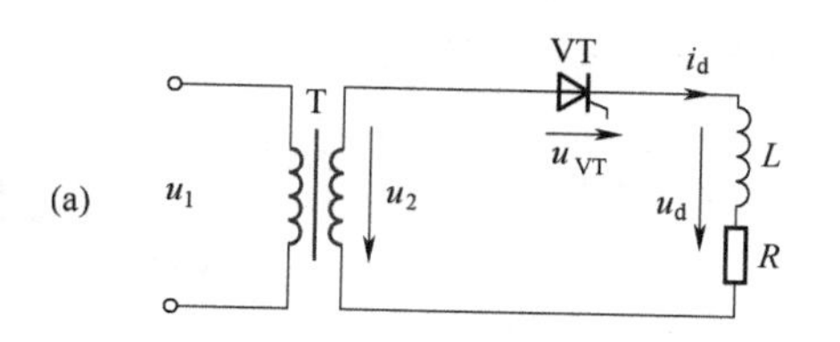

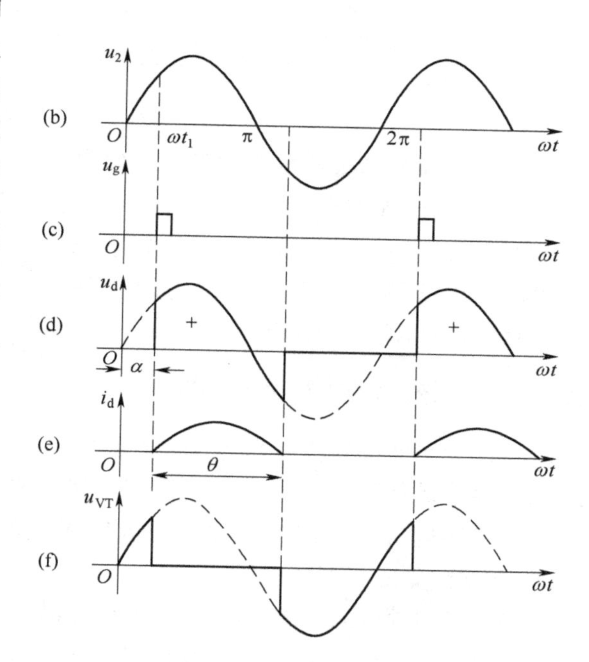

图 3-2　单相半波、电感性负载电路及其波形

当电源电压过零变负后，电感 L 的感应电动势可经续流二极管使负载电流继续流通(不再经变压器)。如忽略二极管正向压降，此时 $u_d = 0$，u_d 中不再出现负电压；续流期间，晶闸管承受电源反向电压而关断。从图 3-3(c)中可以看出，接入续流二极管后，输出直流电压 u_d 的波形和电阻性负载相同，但 i_d 的波形大不相同。因为电感很大，流过负载的电流不但连续而且基本维持不变，电感越大，电流波形越接近于一条水平线，如图 3-3(d)所示。此电流由晶闸管和续流二极管分担，在晶闸管导通期间，从晶闸管流过；在晶闸管关断期间，则从续流二极管流过，如

图 3-3(e)、(f)所示。如晶闸管的触发角是α，则导通角为$\pi-\alpha$。流过晶闸管的平均电流I_{dT}为

$$I_{dT}=\frac{\pi-\alpha}{2\pi}I_d \tag{3-2}$$

而续流二极管的导通角是$\pi+\alpha$，流过它的平均电流I_{dDR}为

$$I_{dDR}=\frac{\pi+\alpha}{2\pi}I_d \tag{3-3}$$

因此，流过晶闸管电流的有效值I_{VT}为

$$I_{VT}=\sqrt{\frac{1}{2\pi}\int_{\alpha}^{\pi}I_d^2\mathrm{d}(\omega t)}=I_d\sqrt{\frac{\pi-\alpha}{2\pi}} \tag{3-4}$$

流过续流二极管电流的有效值I_{VD_R}为

$$I_{VD_R}=\sqrt{\frac{1}{2\pi}\int_{0}^{\pi+\alpha}I_d^2\mathrm{d}(\omega t)}=I_d\sqrt{\frac{\pi+\alpha}{2\pi}} \tag{3-5}$$

晶闸管和续流二极管承受的最大反向电压为$\sqrt{2}U_2$，晶闸管的最大移相范围是180°。

单相半波可控整流电路的特点是简单、易调整，但输出的电流脉动大，变压器二次绕组中通过含直流分量的电流，造成铁芯直流磁化。

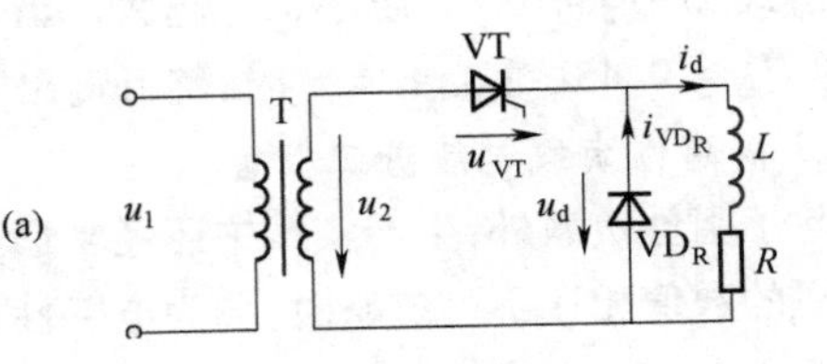

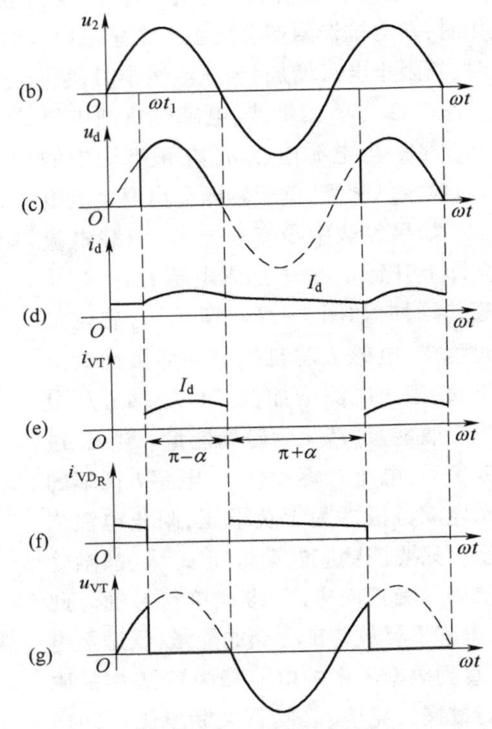

图 3-3　单相半波、大电感负载、有续流二极管的电路及其波形

3.2.2　单相桥式全控整流电路

由于单相半波可控整流电路的明显缺点，为了较好地满足负载要求，较多的是采用单相桥式全控整流电路。下面就不同的负载情况，分析单相桥式全控整流电路。

1. 电阻性负载

单相桥式全控整流电路如图 3-4(a)所示，晶闸管VT_1和VT_4组成一对桥臂，晶闸管VT_2和VT_3组成另一对桥臂。当变压器二次电压u_2为正半周时(即 a 端为正，b 端为负)，相当于控制角α的瞬间给VT_1和VT_4以触发脉冲，VT_1和VT_4即导通，这时电流从电源 a 端经VT_1、R、VT_4流回电源 b 端，这期间VT_2和VT_3均承受反向电压而截止。当电源电压过零时，电流也降为零，VT_1和VT_4关断。

在电源电压为负半周时，仍在控制角α处触发晶闸管VT_2和VT_3，则VT_2和VT_3导通。电流从电源 b 端经VT_3、R、VT_2流回电源 a 端。一周期结束时，电压过零，电流也降为零，VT_2和VT_3关断，这期间VT_1和VT_4承受反向电压而截止。显然，上述两组触发脉冲在相位上相差180°。之后，又是VT_1和VT_4导通，如此循环下去。

由于负载在正负半波中都有电流通过，因此称为全波整流。一个周期内整流电压脉动两次，脉动程度比半波要小。变压器二次绕组中，两个半周期的电流方向相反且波形对称，如

图 3-4(d)所示,因此不存在半波整流电路中的铁芯直流磁化问题,变压器绕组利用率也高。

图 3-4(c)所示为晶闸管上承受电压的波形,可以看出,当一对桥臂上的晶闸管导通时,电源电压 u_2 直接加在另一对晶闸管的两端,因此晶闸管承受的最大反向电压为 $\sqrt{2}U_2$。至于承受的正向电压,在晶闸管均不导通时,假设其漏电阻都相等,则其最大值为 $\sqrt{2}U_2/2$。

(a)

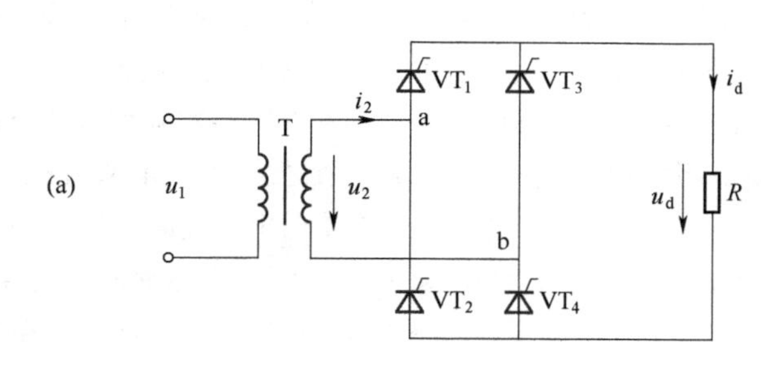

(b)
(c)
(d)

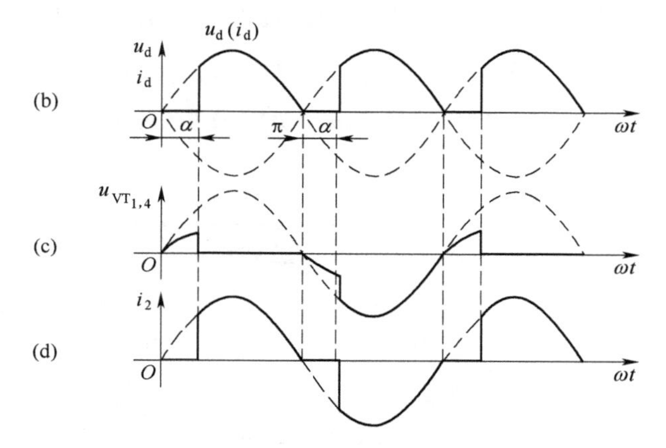

图 3-4　单相桥式全控整流电路电阻性负载的电路图及其波形

整流输出电压的平均值为

$$U_d = \frac{1}{\pi}\int_0^{\pi}\sqrt{2}U_2\sin\omega t\mathrm{d}(\omega t) = 0.9U_2\frac{1+\cos\alpha}{2} \tag{3-6}$$

是半波整流电路的两倍。当 $\alpha = 0°$ 时,相当于不可控桥式整流,此时输出电压最大,即 $U_{d0} = 0.9U_2$;当 $\alpha = 180°$ 时,输出电压为零,故晶闸管可控移相范围为 0° ~ 180° 。

负载上输出直流电流的平均值为

$$I_d = \frac{U_d}{R} = 0.9\frac{U_2}{R}\frac{1+\cos\alpha}{2} \tag{3-7}$$

由于晶闸管 VT_1、VT_4 和 VT_2、VT_3 在电路中是轮流导通的,所以流过每个晶闸管的平均电流只有负载上平均电流的一半,即

$$I_{dT} = \frac{1}{2}I_d = 0.45\frac{U_2}{R}\frac{1+\cos\alpha}{2} \tag{3-8}$$

负载电流的有效值,即变压器二次绕组电流的有效值 I_2 为

$$I_2 = \sqrt{\frac{1}{\pi}\int_{\alpha}^{\pi}\left(\frac{\sqrt{2}U_2\sin\omega t}{R}\right)^2\mathrm{d}(\omega t)} = \frac{U_2}{R}\sqrt{\frac{1}{2\pi}\sin2\alpha + \frac{\pi-\alpha}{\pi}} \tag{3-9}$$

流过晶闸管的电流有效值为

$$I_T = \frac{1}{\sqrt{2}} I_2 \tag{3-10}$$

2. 电感性负载

单相桥式全控整流电路电感性负载，其接线图如图 3-5(a)所示。假设电感很大，电流连续，其波形为一水平线。在分析电路工作情况时，假定线路已进入稳态。

当 u_2 为正半周时，在控制角 α 时给晶闸管 VT_1 和 VT_4 以触发脉冲，VT_1 和 VT_4 导通，导通后 $u_d = u_2$。由于电感中的电流不能突变，电感起平波作用，便有方波电流通过负载。当 u_2 过零变负时，因电感上产生感应电动势使 VT_1 和 VT_4 仍承受正向电压而继续导通，u_d 波形中出现负值部分，此时晶闸管 VT_2 和 VT_3 上虽承受正向电压，但由于无触发脉冲而不能导通。当 $\omega t = \pi + \alpha$ 时，VT_2 和 VT_3 触发导通，VT_1 和 VT_4 承受反向电压关断，负载电流从 VT_1 和 VT_4 转移到 VT_2 和 VT_3 上，这个过程称为换相。到第二个周期重复上述过程，如此循环下去，波形如图 3-5(b)所示。负载电流连续时，整流输出电压平均值为

$$U_d = \frac{1}{\pi}\int_{\alpha}^{\pi+\alpha} \sqrt{2} U_2 \sin\omega t \mathrm{d}(\omega t) = 0.9 U_2 \cos\alpha \tag{3-11}$$

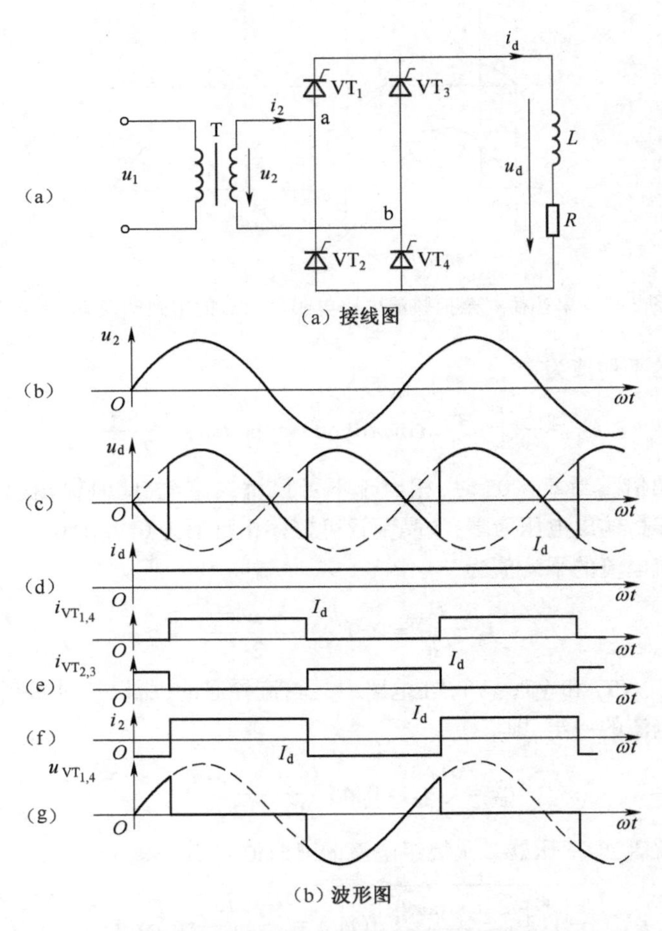

(a) 接线图

(b) 波形图

图 3-5 单相桥式全控整流电路电感性负载的电路图及其波形

输出电流波形因电感很大，呈一条水平线。两组晶闸管轮流导通，一个周期中各导电180°，且与α无关，变压器二次电流 i_2 的波形是对称的正负方波，晶闸管的电流有效值与通态平均电流分别为

$$I_T = \frac{1}{\sqrt{2}}I_d, \quad I_{T(AV)} = \frac{I_T}{1.57} = 0.45I_d \tag{3-12}$$

当 $\alpha = 0°$ 时，$U_{d0} = 0.9U_2$；$\alpha = 90°$ 时，$U_d = 0$，α 移相范围为 0° ~ 90°。晶闸管承受的最大正反向电压都是 $\sqrt{2}U_2$。

晶闸管导通角 θ 与 α 无关，均为 180°。当负载回路中电感不够大时，电感中储存的能量不足以维持电流导通到 $\pi + \alpha$，负载电流将不连续，输出电压的平均值为

$$U_d = \frac{1}{\pi}\int_{\alpha}^{\alpha+\theta} \sqrt{2}U_2 \sin\omega t \mathrm{d}(\omega t) = \frac{\sqrt{2}U_2}{\pi}[\cos\alpha - \cos(\alpha + \theta)] \tag{3-13}$$

3. 反电动势负载

蓄电池、直流电动机的电枢等这类负载本身是一个直流电源。对于可控整流电路来说，它们是反电动势性质的负载，如图 3-6(a)所示。

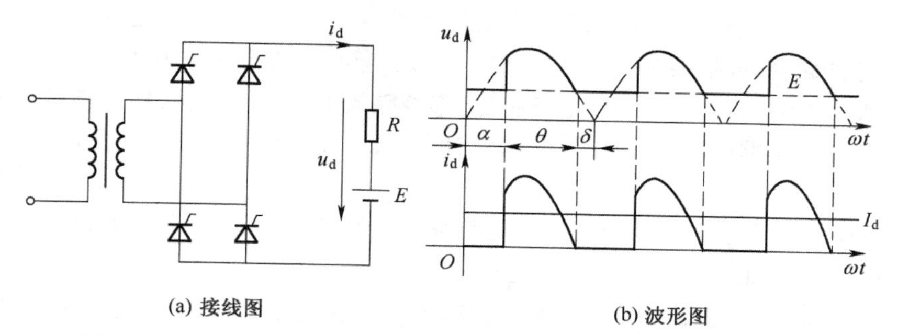

(a) 接线图 (b) 波形图

图 3-6 单相桥式全控整流电路接反电动势负载的电路图及其波形

当忽略主回路中电感时，只有在整流输出电压大于反电动势时才有电流输出。而对于整流电压波形，晶闸管导通时，$u_d = u_2$；晶闸管关断时，$u_d = E$，因此在相同控制角 α 下，整流电压比电阻性负载时大。

与电阻性负载时相比，晶闸管提前了电角度 δ 停止导通，那么停止导电角 δ 为

$$\delta = \sin^{-1}\frac{E}{\sqrt{2}U_2} \tag{3-14}$$

当 $\alpha < \delta$ 时，晶闸管在触发脉冲到来时承受负电压，不可能导通。如果要晶闸管可靠导通，就要求触发脉冲有足够的宽度，保证当 $\omega t = \delta$ 时刻有晶闸管开始承受正电压时，触发脉冲仍然存在。这样，相当于触发角被推迟为 δ。

整流输出电压平均值为

$$U_d = E + \frac{1}{\pi}\int_{\alpha}^{\pi-\delta}(\sqrt{2}U_2\sin\omega t - E)\mathrm{d}(\omega t) \tag{3-15}$$

负载电流的平均值和有效值分别为

$$I_d = \frac{1}{\pi}\int_{\alpha}^{\pi-\delta}\frac{(\sqrt{2}U_2\sin\omega t - E)}{R}\mathrm{d}(\omega t) \tag{3-16}$$

$$I = \sqrt{\frac{1}{\pi}\int_{\alpha}^{\pi-\alpha}\left(\frac{\sqrt{2}U_2\sin\omega t - E}{R}\right)^2 \mathrm{d}(\omega t)} \tag{3-17}$$

输出接反电动势负载时，由于晶闸管导通角小，电流断流，而负载回路中的电阻又很小，在输出同样的平均电流时，峰值电流大，因而电流有效值将比平均值大许多倍。若负载为直流电动机时，负载性质为反电动势电感性负载，电感不足够大，输出电流波形仍然断续，这样较大的电流在电动机换向时易产生火花。对于交流电源，则因电流有效值大，要求电源的容量大，功率因数低。因此，一般反电动势负载回路中常串联平波电抗器，增大时间常数，延长晶闸管的导通时间。在负载回路中，串联平波电抗器可以减小电流脉动，如果电感足够大，电流就能连续，使输出电流波形变得连续平直。在这种条件下，其工作情况与电感性负载相同。为保证电流连续所需的电感量 L 可由式(3-18)求出：

$$L = \frac{2\sqrt{2}U_2}{\pi\omega I_{\mathrm{dmin}}} = 2.87\times10^{-3}\frac{U_2}{I_{\mathrm{dmin}}} \tag{3-18}$$

3.2.3 单相桥式半控整流电路

在单相桥式全控整流电路中，如果每个支路上用一个晶闸管控制导通时刻，另一个采用二极管限定电流的路径，即把图 3-4(a)中的 VT_2 和 VT_4 换成二极管 VD_2 和 VD_4，则构成单相桥式半控整流电路，与单相桥式全控整流电路相比，半控整流电路比较经济，触发装置也简单一些。单相桥式半控整流电路的工作特点是，晶闸管触发导通，而二极管在阳极电压高于阴极电压时自然导通。

半控整流电路与全控整流电路在电阻性负载时的工作情况完全相同，以下针对电感性负载时的工作情况进行讨论。

假定负载中电感足够大，电路已工作于稳态。当 u_2 为正半周时，控制角为 α 时触发晶闸管 VT_1 使其导通，电源经 VT_1 和 VD_4 向负载供电，如图 3-7(a)所示。当 u_2 过零变负时，由于电感的作用，电流连续，VT_1 继续导通，但此时因 a 点电位比 b 点低，电流从 VD_4 转换到 VD_2，这样电流不再经过变压器绕组而由 VT_1 和 VD_2 续流。在此阶段，忽略器件的通态管压降，则 $u_\mathrm{d}=0$，不像全控整流电路那样出现 u_d 为负的情况。

当 u_2 为负半周时，控制角为 α 时触发 VT_3，VT_3 导通，VT_1 承受反向电压而关断，电源通过 VT_3 和 VD_2 向负载供电。当 u_2 过零变正时，则 VD_4 导通，VD_2 关断，电感通过 VT_3、VD_4 续流，$u_\mathrm{d}=0$，如图 3-7(b)所示。此后重复上述过程。根据器件工作导通情况，可得输出电压 u_d 波形，如图 3-7(c)所示。由于大电感的存在，输出电流波形为一水平直线，如图 3-7(d)所示。

上述电路的特点是，晶闸管在触发时换相，二极管则在电源电压过零时自然换相。但在实际运行中，当突然把控制角 α 增大到 180° 或突然把触发电路切断时，会发生一个晶闸管一直导通而两个二极管轮流导通的失控情况。为避免这种失控情况发生，可在负载侧并联一个续流二极管 VD_R，使负载电流通过 VD_R 续流，而不再经 VT_1 和 VD_2，这样就可以使晶闸管 VT_1 恢复阻断能力。

加了续流二极管后，当电压降到零，负载电流经续流二极管续流，而不再经过 VT_1、VD_4 或者 VD_2、VT_3，恢复了晶闸管的阻断能力，输出波形 u_d 不变，i_d 依然是条直线，仅原先流过桥臂上器件的续流电流都转移到 VD_R 上。各整流器件中流过的电流波形如图 3-7(e)、(f)、(g)所示。流过变压器绕组的电流 i_2 与无 VD_R 时的 i_2 相同，如图 3-7(h)所示。如果负载平均电流为 I_d，

则流过晶闸管和续流二极管的电流有效值为

$$I_T = I_D = \sqrt{\frac{\pi - \alpha}{2\pi}} I_d \tag{3-19}$$

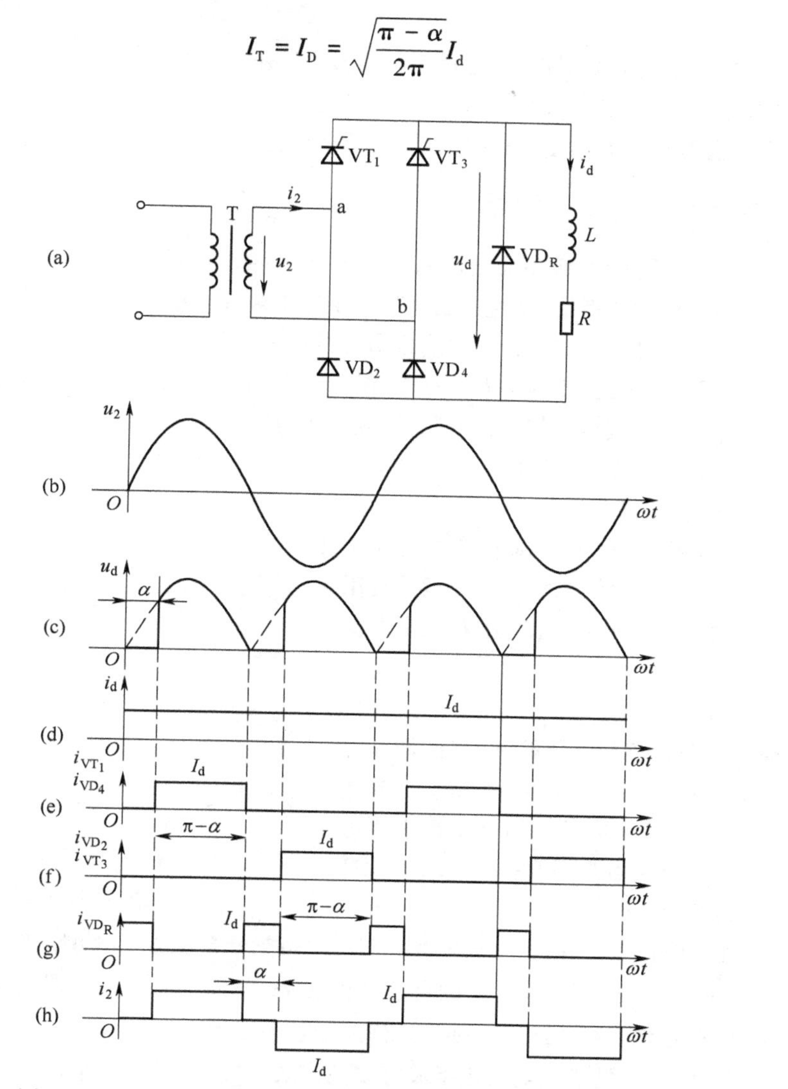

图 3-7 具有续流二极管的单相桥式半控整流电路图及其波形

流过续流二极管的电流波形宽度为 α，每个周期出现两次，其电流有效值为

$$I_{DR} = \sqrt{\frac{\alpha}{\pi}} I_d \tag{3-20}$$

变压器二次绕组电流有效值为

$$I_2 = \sqrt{\frac{\pi - \alpha}{\pi}} I_d \tag{3-21}$$

3.3 三相可控整流电路

单相可控整流电路线路简单、调整方便，但只适用于小功率场合。当整流负载容量较大，或

要求直流电压的脉动较小、易滤波,或要求快速控制时,应采用对电网来说是平衡的三相整流电路。

三相可控整流电路的类型很多,包括三相半波、三相全控桥式、三相半控桥式、双反星形以及由此发展起来适用于大功率的十二相整流电路等。这些电路中最基本的是三相半波可控整流电路,其余类型都可以看作是三相半波可控整流电路以不同方式串联或并联组成的。

3.3.1 三相半波可控整流电路

三相半波(三相零式)可控整流电路有两种基本的结构形式:三相半波共阴极组和三相半波共阳极组。为了得到中性线,整流变压器二次绕组必须接成星形。为了给三次谐波电流提供通路,减少高次谐波的影响,变压器一次绕组应当接成三角形。

三相半波共阴极组可控整流电路是三个单相半波可控整流电路的并联组合,把三只晶闸管 VT_1、VT_3 和 VT_5 的阴极接在一起成为共阴极,其阳极分别接在三相电源的 a、b、c 相。共阴极作为输出电压 u_d 的正极,三相电源的中性点作为输出电压 u_d 的负极。

1. 电阻性负载

三相半波共阴极组可控整流电路电阻性负载电路如图 3-8 所示。图中的 R_a 是变阻器,用来测量晶闸管通过的电流 i_{VT} 和变压器二次电流 i_2 的波形。

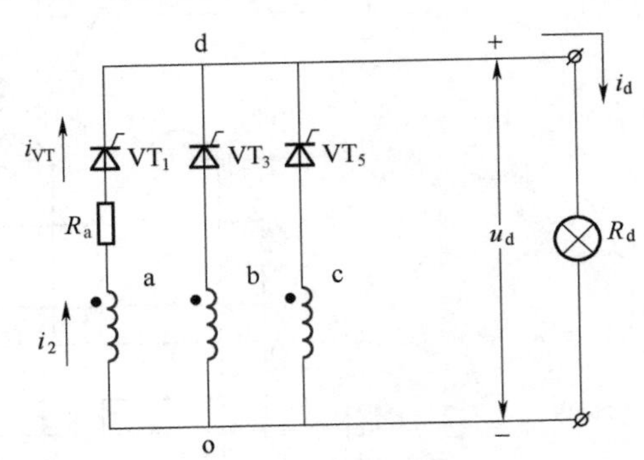

图 3-8 三相半波共阴极组可控整流电路电阻性负载电路

1)工作原理

自然换相点在各相相电压的 $\pi/6$ 处,即 ωt_1、ωt_2、ωt_3、ωt_4 点,$\alpha = 0°$ 称为自然换相点。三相半波共阴极组自然换相点是三相相电压正半周波形的交叉点,自然换相点之间互差 $2\pi/3$,三相脉冲 u_{g1}、u_{g3}、u_{g5} 也互差 $2\pi/3$。

(1) $\alpha = 0°$ 时的波形分析。三相半波共阴极组电阻性负载 $\alpha = 0°$ 时的波形如图 3-9 所示。三相脉冲 u_{g1}、u_{g3}、u_{g5} 分别在各对应的自然换相点 ωt_1、ωt_2、ωt_3 点触发晶闸管 VT_1、VT_3、VT_5。

任一时刻,只有承受高电压的晶闸管元件才能被触发导通,输出电压 u_d 波形是相电压的一部分,每周期脉动三次,是三相电压正半波完整包络线,输出电流 i_d 与输出电压 u_d 波形相同、相位相同($i_d = u_d/R_d$)。其他元件因 VT_1 导通承受反向电压而关断。

ωt_1 点:u_{g1} 触发 VT_1,在 $\omega t_1 \sim \omega t_2$ 区间,$u_a > u_b$、$u_a > u_c$,a 相电压最高,VT_1 承受正向电压而导通,导通角 $\theta_T = 2\pi/3$,输出电压 $u_d = u_a$。其他晶闸管承受反向电压而不能导通。VT_1 通过的电流 i_{VT_1} 与变压器二次电流 i_{2a} 波形相同,大小相等,可由 R_a 两端测得。

ωt_2 点:u_{g3} 触发 VT_3,在 $\omega t_2 \sim \omega t_3$ 区间,由于 $u_a < u_b$,VT_3 导通,$u_d = u_b$。VT_1 两端电压 $u_{VT_1} = u_a - u_b = -u_{ab}$。

ωt_3 点:u_{g5} 触发 VT_5,在 $\omega t_3 \sim \omega t_4$ 区间,由于 $u_a < u_c$,VT_5 导通,$u_d = u_c$。VT_1 两端电压 $u_{T1} = u_a - u_c = -u_{ac}$。一周期内,$VT_1$ 只导通 $2\pi/3$,其余 $4\pi/3$ 承受反向电压而关断。

共阴极组晶闸管承受反向电压的规律是:导通相依次减后两相。根据这条规律,不用画波形图,就可以迅速判断出晶闸管所承受的反向电压。

当 $\alpha < 0°$ 时,触发脉冲出现在自然换相点之前且脉冲宽度较窄,会出现输出电压由高电压

突然变小的现象，三只晶闸管轮流间隔导通，输出电压 u_d 波形是（u_a—u_c—u_b—u_a…）断续的缺相波形，使电路工作不正常。为了防止这种现象的发生，电路不能工作在 $\alpha=0°$。在实际应用中，必须对最小控制角 α_{min} 进行限制。

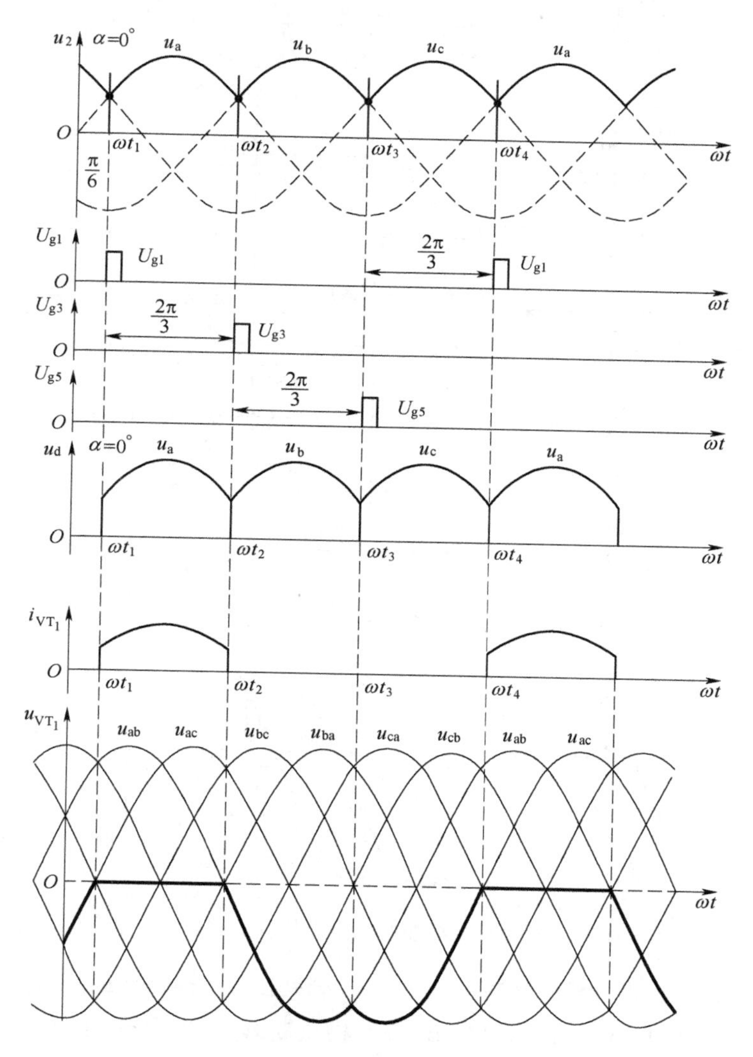

图 3-9　三相半波共阴极组电阻性负载 $\alpha=0°$ 时的波形

（2）$\alpha\neq0°$ 时的波形分析。选用白炽灯泡作为电阻负载接入主回路。利用示波器观察不同 α 角时的 u_d、u_{VT_1}、i_{VT_1} 的等有关波形。用双踪示波器，可以同时观察两个波形，此时，应注意双踪示波器的共地线问题，只用一根地线或把两根地线接在一起，否则容易造成短路。

（3）$\alpha=30°$ 时的波形分析。脉冲 u_{g1}、u_{g3}、u_{g5} 分别在自然换相点 ωt_1、ωt_2、ωt_3 点往后移相 30° 触发晶闸管 VT_1、VT_3、VT_5，输出电压 u_d 波形连续，VT_1 导通角 $\theta_T=2\pi/3$，如图 3-10 所示。

（4）$\alpha=60°$ 时的波形分析。脉冲 u_{g1}、u_{g3}、u_{g5} 分别在自然换相点 ωt_1、ωt_2、ωt_3 点往后移相 60° 触发晶闸管 VT_1、VT_3、VT_5，输出电压 u_d 波形断续，VT_1 导通角 $\theta_T=\pi/2$ 减小，晶闸管在电源电压由正到负过零点自然关断，输出电压 u_d 波形不连续，出现了 30° 的断续平台，在 u_d 断续区间，晶闸管承受相电压。断续状态下，晶闸管的导通角 $\theta_T=5\pi/6-\alpha<2\pi/3$，如图 3-11 所示。

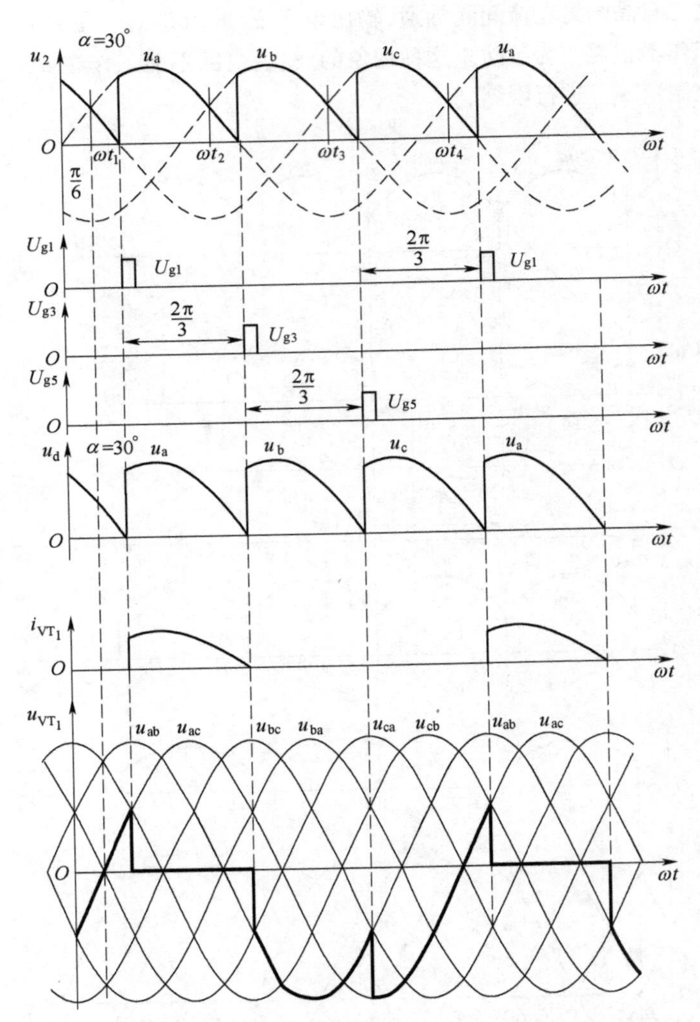

图 3-10　三相半波共阴极组电阻性负载 $\alpha=30°$ 时的波形

(5) $\alpha=90°$ 时的波形分析。脉冲 u_{g1}、u_{g3}、u_{g5} 分别在自然换相点 ωt_1、ωt_2、ωt_3 点往后移相 90° 触发晶闸管 VT_1、VT_3、VT_5，输出电压 u_d 波形仍然断续，VT_1 导通角 $\theta_T=\pi/3$，如图 3-12 所示。

(6) $\alpha=120°$ 时的波形分析。脉冲 u_{g1}、u_{g3}、u_{g5} 分别在自然换相点 ωt_1、ωt_2、ωt_3 点往后移相 120° 触发晶闸管 VT_1、VT_3、VT_5，输出电压 u_d 波形仍然断续，VT_1 导通角 $\theta_T=\pi/6$，如图 3-13 所示。

(7) 当 $\alpha=150°$ 时，输出电压 $U_d=0$，晶闸管元件关断，两端电压 u_{VT_1} 是电源相电压正弦波形。三相半波共阴极组电阻性负载，移相范围为 0° ~ 150°。

2) 参数计算

(1) 输出电压平均值 U_d。$\alpha=30°$ 是 u_d 波形连续和断续的分界点。$\alpha\leqslant 30°$ 时，输出电压 u_d 波形连续；$\alpha>30°$ 时，u_d 波形断续，因此，计算输出电压平均值 U_d 时应分两种情况进行。

当 $\alpha\leqslant 30°$ 时，

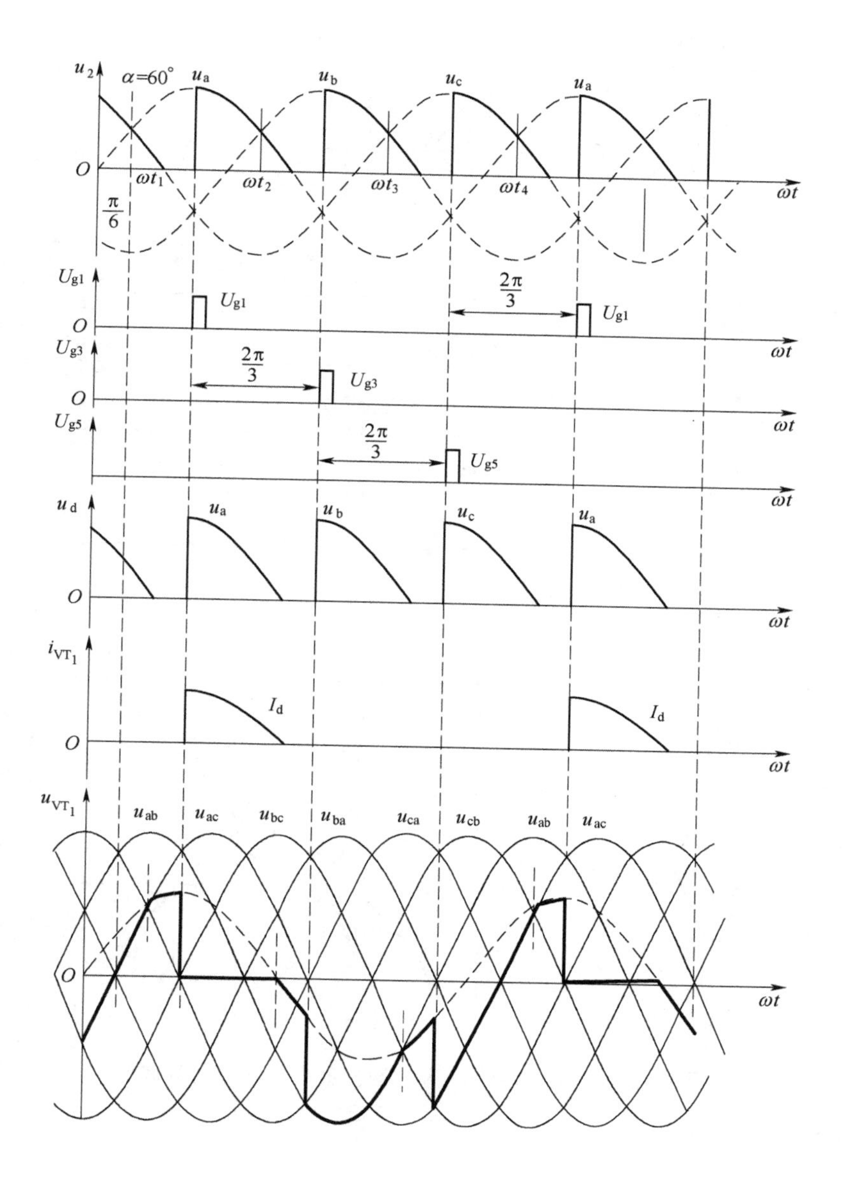

图 3-11　三相半波共阴极组电阻性负载 $\alpha=60°$ 时的波形

$$U_d = \frac{1}{2\pi/3}\int_{\frac{\pi}{6}+\alpha}^{\frac{5\pi}{6}+\alpha}\sqrt{2}U_2\sin\omega t\mathrm{d}(\omega t) = 1.17U_2\cos\alpha U_d \tag{3-22}$$

当 $\alpha = 0°$ 时，$U_d = U_{d0} = 1.17U_2$。

当 $\alpha > 30°$ 时，

$$U_d = \frac{1}{2\pi/3}\int_{\frac{\pi}{6}+\alpha}^{\pi}\sqrt{2}U^2\sin\omega t\mathrm{d}(\omega t) = 0.675U_2[1+\cos(\pi/6+\alpha)] \tag{3-23}$$

当 $\alpha = 150°$ 时，$U_d = 0$。

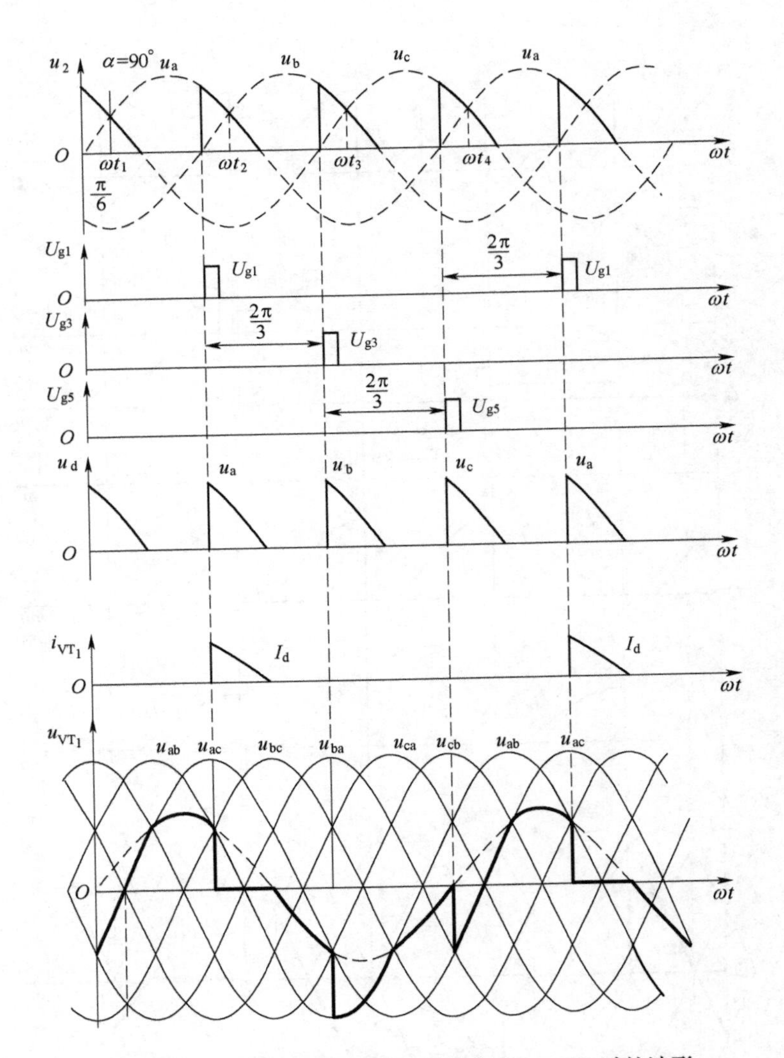

图 3-12　三相半波共阴极组电阻性负载 $\alpha=90°$ 时的波形

(2)输出电流平均值 I_d：

$$I_d = \frac{U_d}{R_d} \tag{3-24}$$

(3)晶闸管电流平均值 I_{dT}：

$$I_{dT} = \frac{1}{3} I_d \tag{3-25}$$

(4)晶闸管电流有效值 I_T：

$$I_T = \sqrt{\frac{1}{2\pi}\int_{\frac{\pi}{6}+\alpha}^{\frac{5\pi}{6}+\alpha}\left(\frac{\sqrt{2}U_2\sin\omega t}{R_d}\right)^2 d(\omega t)} = \frac{U_2}{R_d}\sqrt{\frac{1}{2\pi}\left(\frac{2\pi}{3}+\frac{\sqrt{3}}{2}\cos 2\alpha\right)} \quad \alpha \leqslant 30° \tag{3-26}$$

$$I_T = \sqrt{\frac{1}{2\pi}\int_{\frac{\pi}{6}+\alpha}^{\frac{5\pi}{6}+\alpha}\left(\frac{\sqrt{2}U_2\sin\omega t}{R_d}\right)^2 d(\omega t)} = \frac{U_2}{R_d}\sqrt{\frac{1}{2\pi}\left(\frac{5\pi}{6}-\alpha+\frac{\sqrt{3}}{4}\cos 2\alpha+\frac{1}{4}\sin 2\alpha\right)} \quad \alpha > 30° \tag{3-27}$$

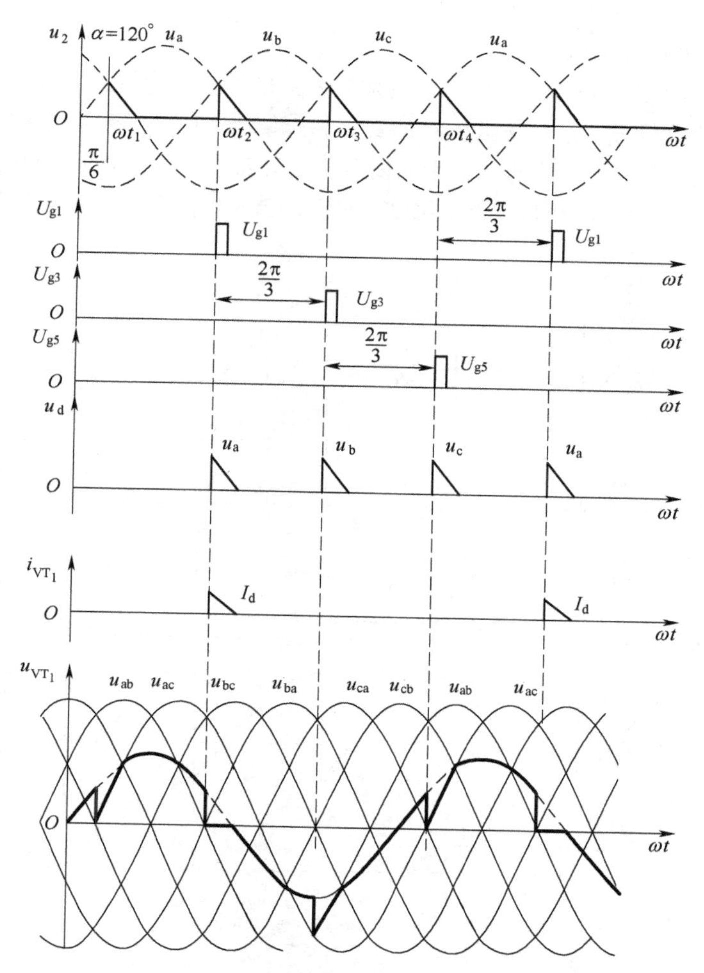

图 3-13　三相半波共阴极组电阻性负载 $\alpha=120°$ 时的波形

(5)晶闸管元件两端承受的电压：

最大正向电压是变压器二次相电压的峰值，即 $U_{FM}=\sqrt{2}U_2$。

最大反向电压是变压器二次线电压的峰值，即 $U_{RM}=\sqrt{2}\times\sqrt{3}U_2=\sqrt{6}U_2$。

2. 电感性负载

把直流电动机的励磁绕组或电抗器接入主回路，取代电阻性负载白炽灯泡，就构成了电感性负载。三相半波共阴极组电感性负载电路如图 3-14 所示。

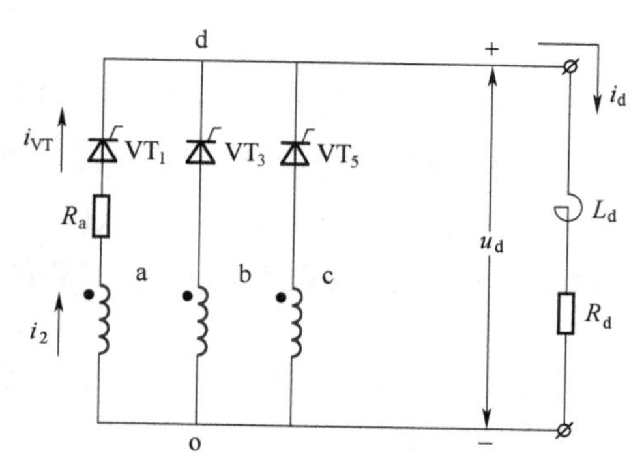

图 3-14　三相半波共阴极组电感性负载电路

1)工作原理

(1) $\alpha\leqslant30°$ 时的波形分析。$\alpha\leqslant30°$时，输出电压 u_d 波形、u_T 波形与电阻性负载完全相同。由于负载电感的储能作用，输出电流 i_d 是近似平直的直流波形，晶闸管中分别流过幅度 I_d 、宽度

$2\pi/3$ 的矩形波电流，导通角 $\theta_T = 2\pi/3$。

(2) $\alpha > 30°$ 时的波形分析：

① $\alpha = 60°$ 时的波形如图 3-15 所示。负载电流 i_d 的大小变化，在负载电感 L_d 上产生了极性可以改变的感应电势 E_L，E_L 总是阻止 i_d 的变化。I_d 趋于减小，E_L 极性改变以阻止 i_d 的减小，即使在电源电压由正到负过零点进入负半周以后，E_L 仍能使晶闸管承受正向电压而导通，输出电压 u_d 波形连续，并出现负波形，没有电阻性负载时的波形断续现象，导通角仍然是 $2\pi/3$。

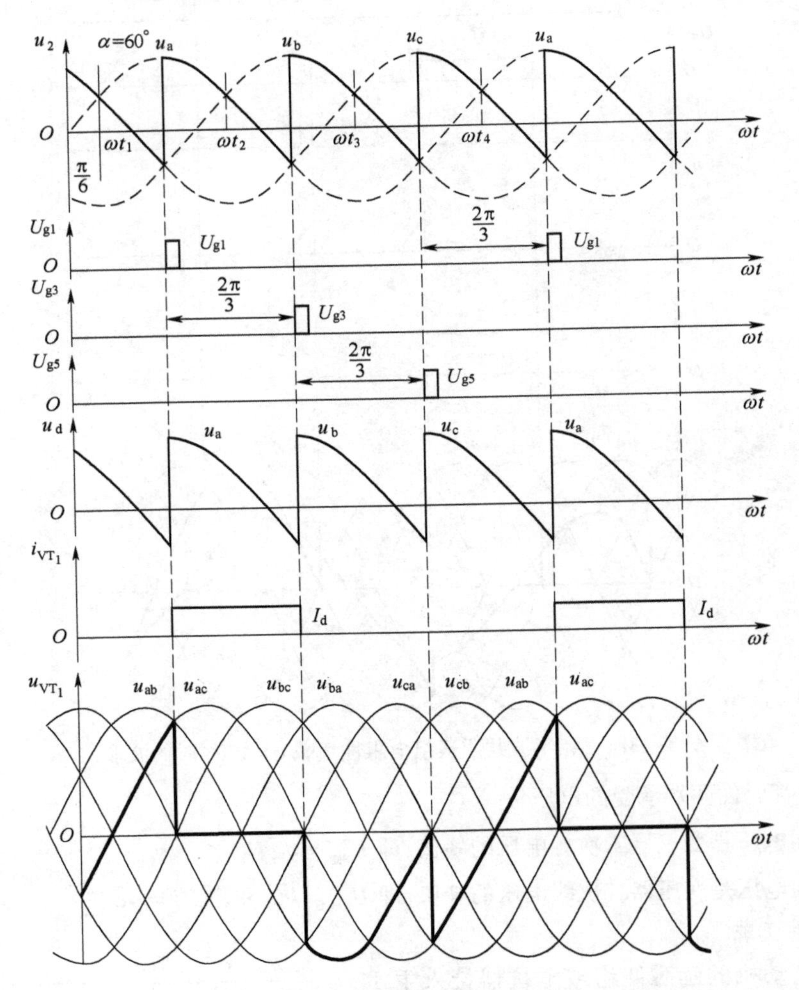

图 3-15　三相半波共阴极组电感性负载 $\alpha=60°$时的波形

② $\alpha = 90°$ 时的波形如图 3-16 所示。$\alpha = 90°$ 时，u_d 波形正负面积相等，输出电压平均值 $U_d \approx 0$ 。$\alpha > 90°$ 时，仍然是 $U_d = 0$。此时，电路遵循单相半波可控整流电路电感性负载时的导通规律。三相半波共阴极组电感性负载的移相范围为 0° ~ 90°。

2) 参数计算

(1) 输出电压平均值 U_d。由于 U_d 波形是连续的，所以计算输出电压 U_d 时只需要一个计算公式，即

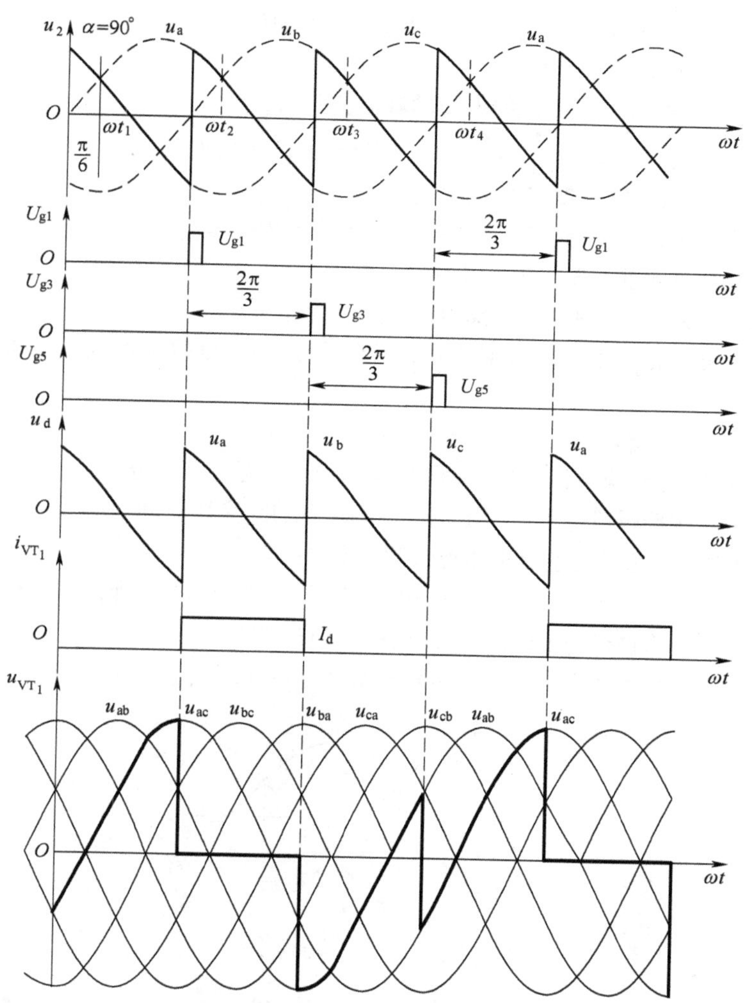

图 3-16　三相半波共阴极组电感性负载 $\alpha=90°$时的波形

$$U_d = \frac{1}{2\pi/3}\int_{\frac{\pi}{6}+\alpha}^{\frac{5\pi}{6}+\alpha}\sqrt{2}U_2\sin\omega t\mathrm{d}(\omega t) = 1.17U_2\cos\alpha \tag{3-28}$$

$\alpha = 0°$ 时，$U_d = 1.17U_2$。

(2)输出电流平均值：

$$I_d = \frac{1}{R_d}1.17U_2\cos\alpha \tag{3-29}$$

(3)晶闸管电流平均值：

$$I_{dT} = \frac{1}{3}I_d \tag{3-30}$$

(4)晶闸管电流有效值：

$$I_T = I_2 = \frac{1}{\sqrt{3}}I_d = 0.577I_d \tag{3-31}$$

(5)晶闸管通态平均电流：

$$I_{T(AV)} = I_T/1.57 = 0.368I_d \tag{3-32}$$

(6)晶闸管元件两端承受的电压：

最大正、反向电压是变压器二次线电压的峰值，即

$$U_{FM} = U_{RM} = \sqrt{2} \times \sqrt{3}U_2 = \sqrt{6}U_2 = 2.45U_2 \tag{3-33}$$

3)三相半波共阴极组可控整流电路的特点

(1)晶闸管主要工作在电源电压正半周，主要承受反向电压。

(2)晶闸管换相总是换到阳极电位高的那一相。

(3)三相脉冲互差120°，每2π/3换相一次。

(4) $\alpha = 30°$ 是电阻性负载 u_d 波形连续和断续的分界点；电感性负载 u_d 波形连续，没有分界点。

3. 三相半波可控整流电路的优、缺点

优点：电路简单，容易调整，三相电源平衡，有时可不用整流变压器。

缺点：变压器二次绕组流过单方向电流，存在直流磁化，变压器利用率低。

4. 三相半波共阴极组可控整流电路的故障现象

$\alpha = 0°$ 时，有一相脉冲丢失或有一相电源缺相，u_d 波形只有两次脉动，即有一只元件不导通，输出电压就缺少一次脉动，如图3-17(a)、(b) 所示。

$\alpha = 0°$ 时，脉冲丢失晶闸管元件两端的波形如图3-17(c)所示。

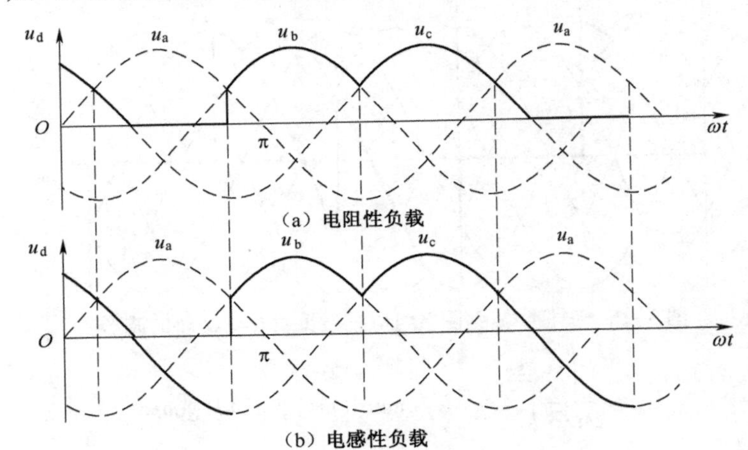

(a) 电阻性负载

(b) 电感性负载

(c) 脉冲丢失时晶闸管元件两端的波形

图3-17　电源缺相或脉冲丢失时的输出电压的波形

3.3.2 三相桥式全控整流电路

三相桥式全控整流电路是三相半波共阴极组和三相半波共阳极组的串联组合，共阴极是输出电压的正极，共阳极是输出电压的负极。变压器二次绕组流过正负两个方向的电流，消除了变压器的直流磁化，提高了变压器的利用率。

1. 电感性负载

三相桥式全控整流电路电感性负载电路如图 3-18 所示。

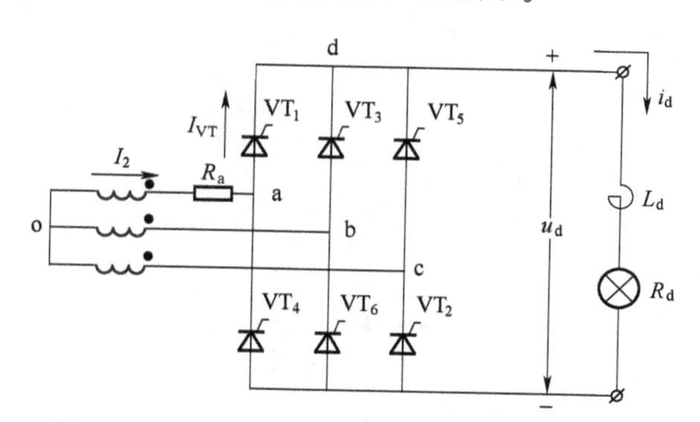

图 3-18 三相桥式全控整流电路电感性负载电路

1) 工作原理

(1) $\alpha = 0°$ 时的波形分析。自然换相点：从图 3-19 中变压器二次绕组相电压与线电压波形的对应关系可以看出，自然换相点既是相电压的交点，也是线电压的交点。根据相电压自然换相点，将一周期相电压分为六个区间，然后在各个区间找出最高、最低相电压和各相对应的晶闸管元件，利用表格法分析三相桥式全控整流电路的工作原理，如表 3-1 所示。输出电压 U_d 每周期脉动六次，是线电压正半波完整包络线，U_d 是各区间最高相电压与最低相电压瞬时值之差，$\alpha = 0°$ 时的波形如图 3-19 所示。

表 3-1 三相桥式全控整流电路工作原理表格分析法

区间	最高电压	最低电压	导通元件	输出电压 u_d	换相元件
1	u_a	u_b	VT_1、VT_6	$u_a - u_b = u_{ab}$	VT_1、VT_6
2	u_a	u_c	VT_1、VT_2	$u_a - u_c = u_{ac}$	VT_1、VT_2
3	u_b	u_c	VT_3、VT_2	$u_b - u_c = u_{bc}$	VT_3、VT_2
4	u_b	u_a	VT_3、VT_4	$u_b - u_a = u_{ba}$	VT_3、VT_4
5	u_c	u_a	VT_5、VT_4	$u_c - u_a = u_{ca}$	VT_5、VT_4
6	u_c	u_b	VT_5、VT_6	$u_c - u_b = u_{cb}$	VT_5、VT_6
1	u_a	u_b	VT_1、VT_6	$u_a - u_b = u_{ab}$	VT_1、VT_6

①晶闸管元件导通的规律。任何时候共阴、共阳极组各有一只元件同时导通才能形成电流通路；晶闸管导通角 $\theta_T = 2\pi/3$，与控制角 α 无关；共阴极组元件的换相顺序是 1、3、5，共阳极组元件的换相顺序是 4、6、2，全控桥电路的换相顺序是 1、2、3、4、5、6、1……

②对触发脉冲宽度的要求：$60° < \tau < 120°$。

$\tau < 60°$，电流不能形成通路；$\tau > 120°$，在逆变电路中会造成逆变失败。实际应用中，采用宽脉冲和双窄脉冲触发方式。

③触发脉冲相位关系：相邻相脉冲互差 $2\pi/3$；同一相脉冲互差 π；相邻脉冲互差 $\pi/3$。

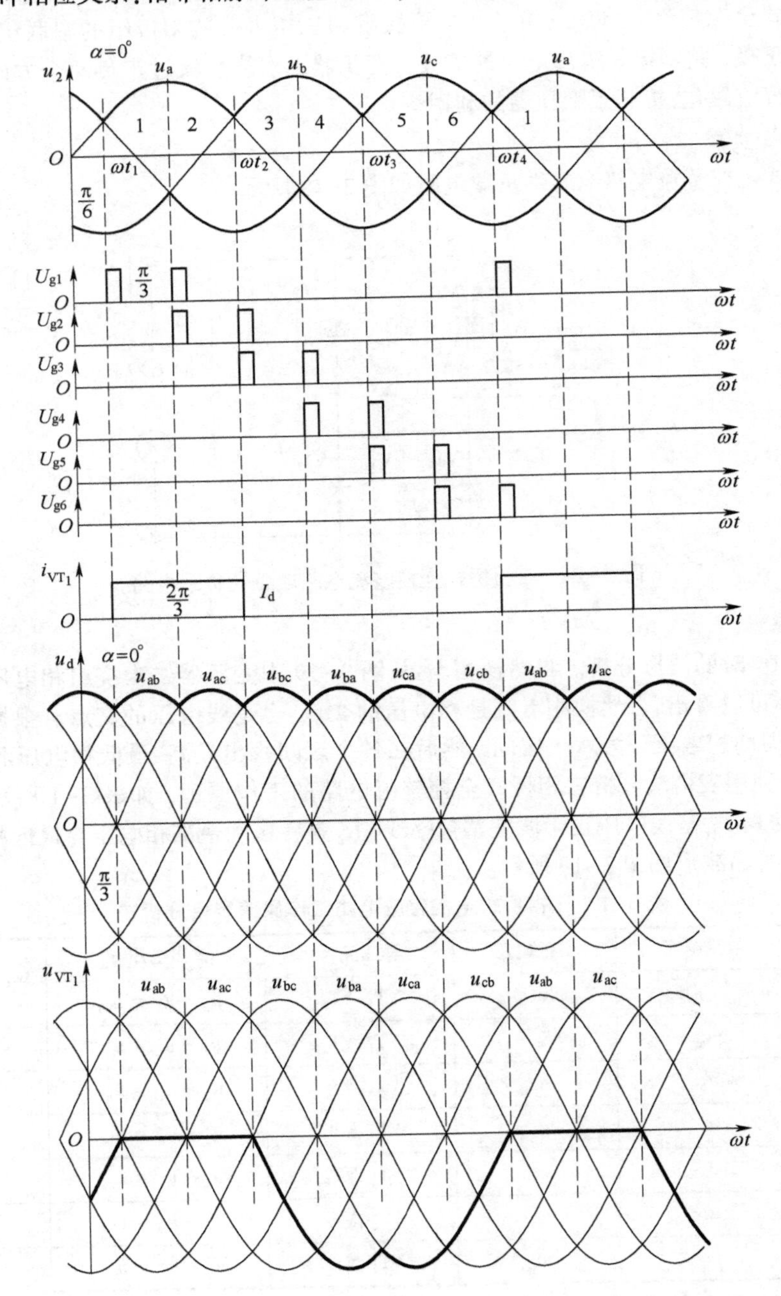

图 3-19　三相桥式全控整流电路电感性负载 = 0° 时的波形

（2）$\alpha \neq 0°$ 时的波形分析。某塑料厂大型吹塑机直流调速系统设备，主回路采用三相全控桥式整流电路。用双踪示波器观察整流电路电感性（反电动势）负载 $\alpha \neq 0°$ 时的波形。

① $\alpha = 30°$ 时的波形如图 3-20 所示。

② $\alpha = 60°$ 时的波形如图 3-21 所示。自然换相点的相电压瞬时值相等，所以线电压为零，

输出电压 u_d 波形连续，没有出现负波形。

③ $\alpha = 90°$ 时由于负载电感感应电势的作用，输出电压 u_d 波形出现负波形，并且正、负面积相等，输出电压平均值为零，如图 3-22 所示。三相桥式全控整流电路电感性负载移相范围为 $0° \sim 90°$。

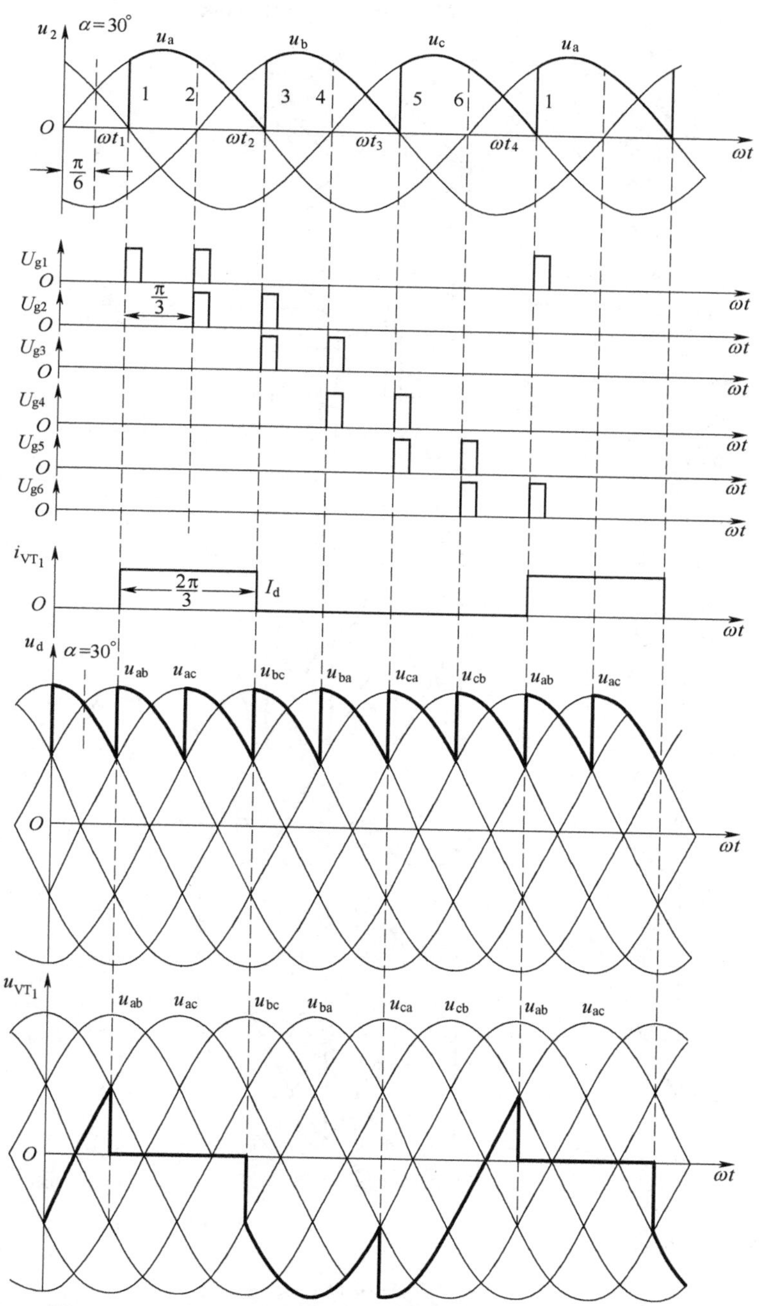

图 3-20　三相桥式全控整流电路电感性负载 $\alpha=30°$时的波形

2）参数计算

（1）输出电压平均值 U_d：由于 u_d 波形是连续的，所以输出电压平均值的表达式为

$$U_d = \frac{1}{\pi/3}\int_{\frac{\pi}{3}+\alpha}^{\frac{2\pi}{3}+\alpha}\sqrt{6}U_2\sin\omega t\mathrm{d}(\omega t) = 2.34U_2\cos\alpha = 1.35U_{2L}\cos\alpha \tag{3-34}$$

$\alpha = 0°$ 时，$U_d = 2.34U_2$。

U_d 也可以用共阴极组、共阳极组输出电压平均值直接相减，即

$$U_d = 1.17U_2\cos\alpha - (-1.17U_2\cos\alpha) = 2.34U_2\cos\alpha = 1.35U_{2L}\cos\alpha \tag{3-35}$$

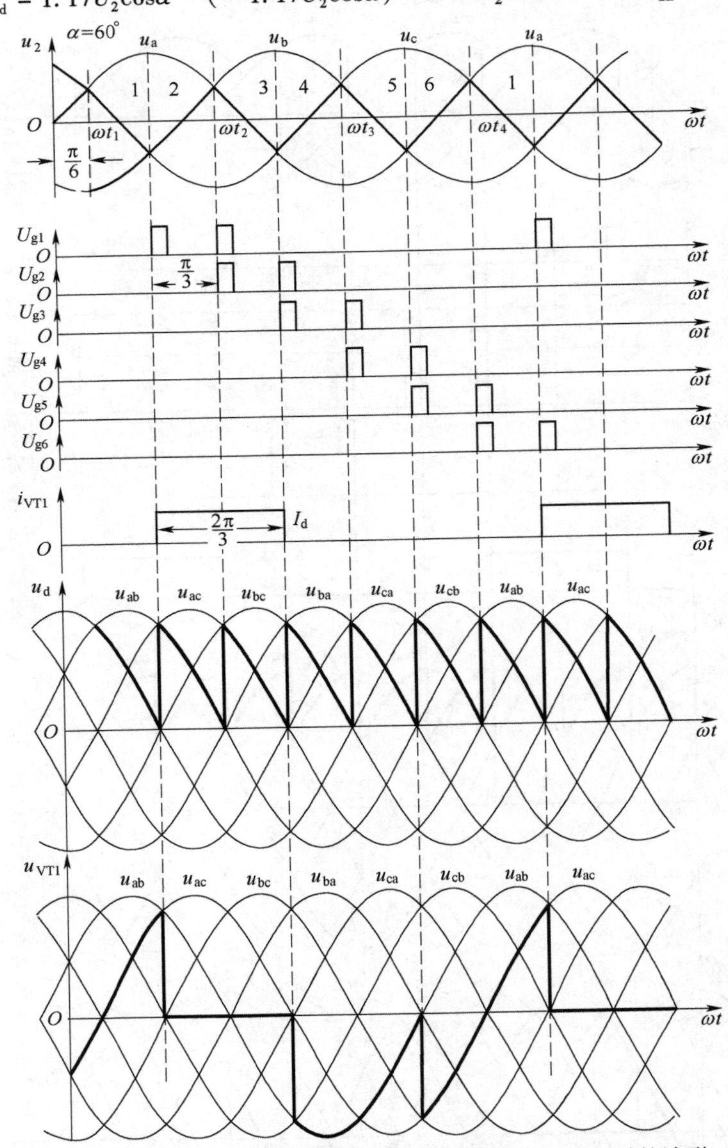

图 3-21　三相桥式全控整流电路电感性负载 $\alpha = 60°$ 时的波形

（2）输出电流平均值：

$$I_d = \frac{1}{R_a}2.34U_2\cos\alpha \tag{3-36}$$

（3）晶闸管电流平均值：

$$I_{dT} = \frac{1}{3}I_d \tag{3-37}$$

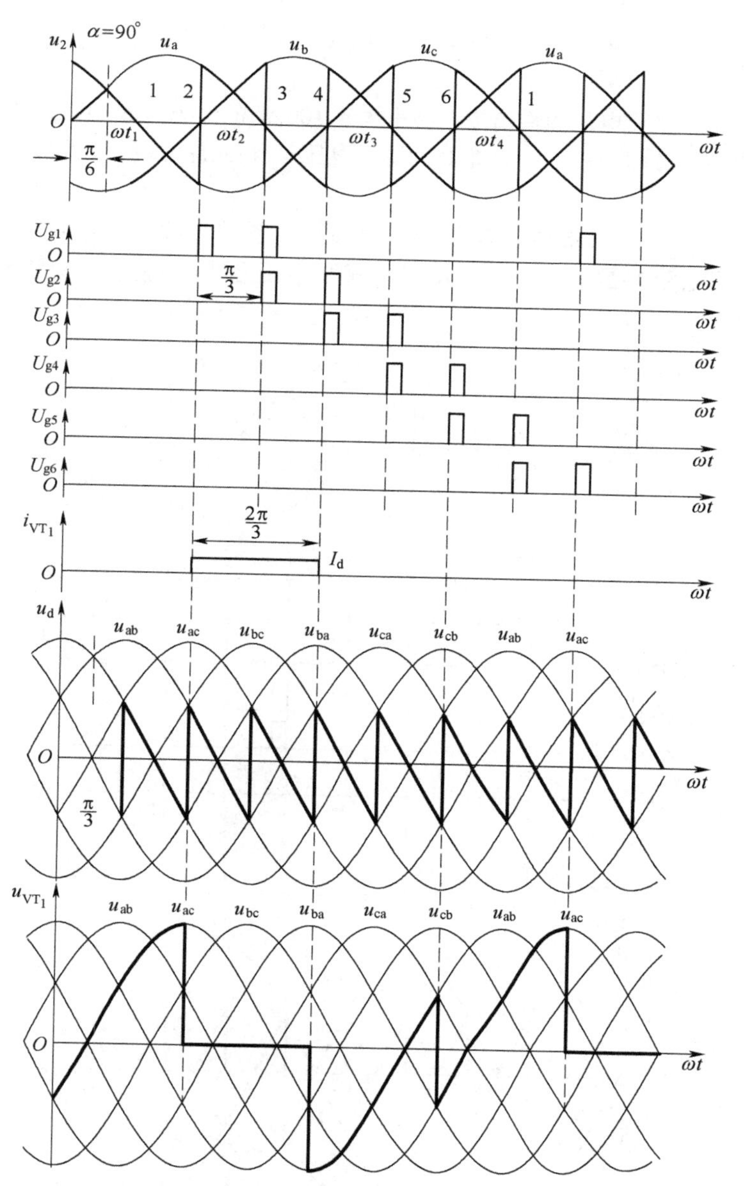

图 3-22　三相桥式全控整流电路电感性负载 α = 90° 时的波形

(4)晶闸管电流有效值：

$$I_T = \frac{1}{\sqrt{3}}I_d = 0.577I_d \tag{3-38}$$

(5)变压器二次电流有效值：

$$I_2 = \sqrt{2}I_T = \sqrt{\frac{2}{3}}I_d = 0.816I_d \tag{3-39}$$

(6)晶闸管通态平均电流：

$$I_{T(AV)} = I_T/1.57 = 0.368I_d \tag{3-40}$$

(7)晶闸管元件两端承受的电压：最大正、反向电压是变压器二次线电压的峰值：

$$U_{FM} = U_{RM} = \sqrt{2} \times \sqrt{3} U_2 = \sqrt{6} U_2 = 2.45 U_2 \tag{3-41}$$

2. 电阻性负载

把三相桥式全控整流电路的输出接上功率大于 100 W 的白炽灯泡，电感性负载就变成了电阻性负载。用双踪示波器观察不同 α 角时的输出电压 u_d 和元件两端 u_{VT} 波形。

1) 工作原理

$\alpha \leqslant 60°$ 时，u_d 和 u_{VT} 波形与电感性负载时相同，u_d 波形连续；$\alpha > 60°$ 时，u_d 波形断续。$\alpha > 60°$ 时的波形如图 3-23 所示。$\alpha = 120°$ 时，输出电压为零。三相桥式全控整流电路电阻性负载移相范围为 0° ~ 120°。

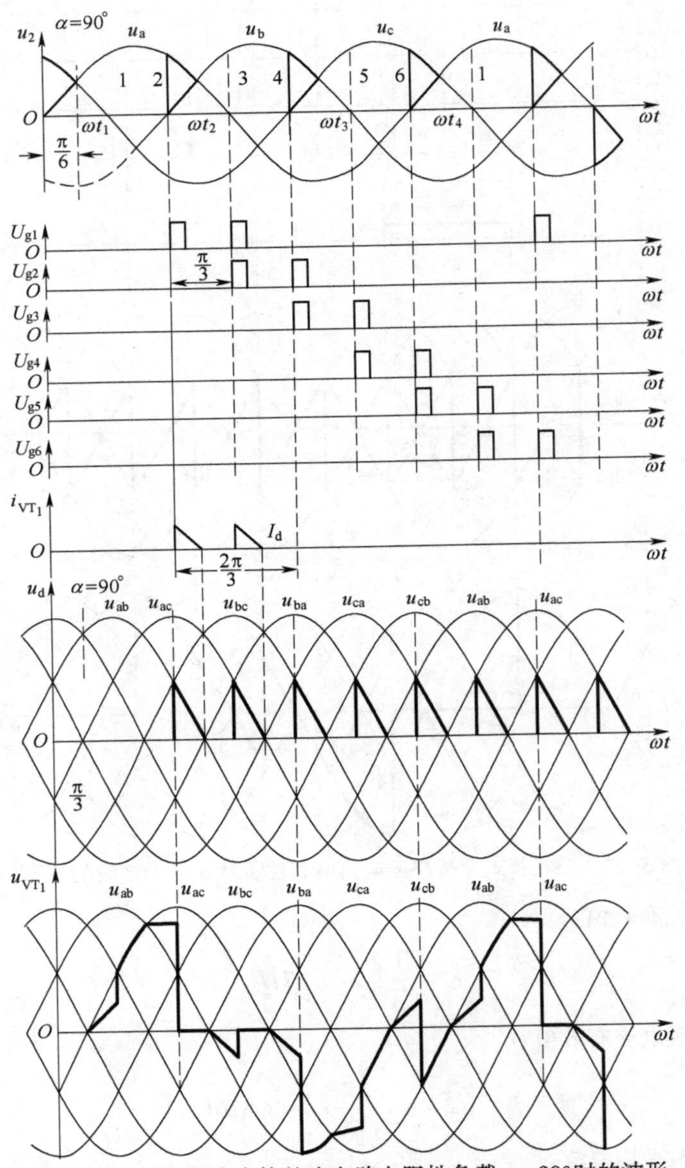

图 3-23　三相桥式全控整流电路电阻性负载 $\alpha = 90°$ 时的波形

2) 参数计算

由于 $\alpha = 60°$ 是输出电压 U_d 波形连续和断续的分界点，输出电压平均值应分两种情况计算：

(1) $\alpha \leqslant 60°$ 时，

$$U_d = \frac{1}{\pi/3}\int_{\frac{\pi}{3}+\alpha}^{\frac{2\pi}{3}+\alpha}\sqrt{6}U_2\sin\omega t\mathrm{d}(\omega t) = 2.34U_2\cos\alpha = 1.35U_{2L}\cos\alpha \tag{3-42}$$

当 $\alpha = 0°$ 时，$U_d = U_{d0} = 2.34U_2$。

(2) $\alpha > 60°$ 时，

$$U_d = \frac{1}{\pi/3}\int_{\frac{\pi}{3}+\alpha}^{\pi}\sqrt{6}U_2\sin\omega t\mathrm{d}(\omega t) = 2.34U_2[1+\cos(\pi/3+\alpha)] \tag{3-43}$$

当 $\alpha = 120°$ 时，$U_d = 0$。

3. 三相桥式全控整流电路的特点

(1)任何时候共阴极组、共阳极组各有一只元件导通，才能形成电流通路。

(2)共阴极组 120°换相一次，共阳极组 120°换相一次，整个电路 60°换相一次。

(3)共阴极组换相顺序是 1、3、5，共阳极组换相顺序是 4、6、2，整个电路换相顺序是 1、2、3、4、5、6、1……

4. 三相桥式全控整流电路故障波形分析

(1)一只元件不通(如脉冲丢失或快速熔断器熔断)，u_d 波形缺少两次脉动，$\alpha = 0°$ 一只元件不通时的故障波形如图 3-24 所示。

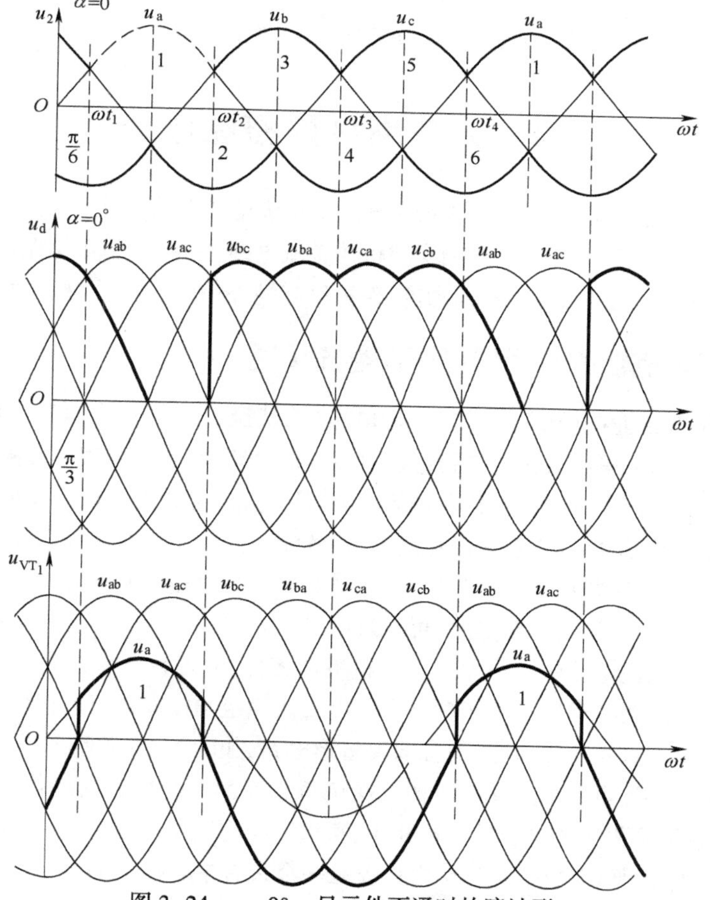

图 3-24　α=0°一只元件不通时故障波形

(2)一相电源缺相(如快速熔断器熔断),u_d 波形缺少四次脉动,相当于线电压的全波整流。$\alpha=0°$ 一相电源缺相时的故障波形如图 3-25 所示。

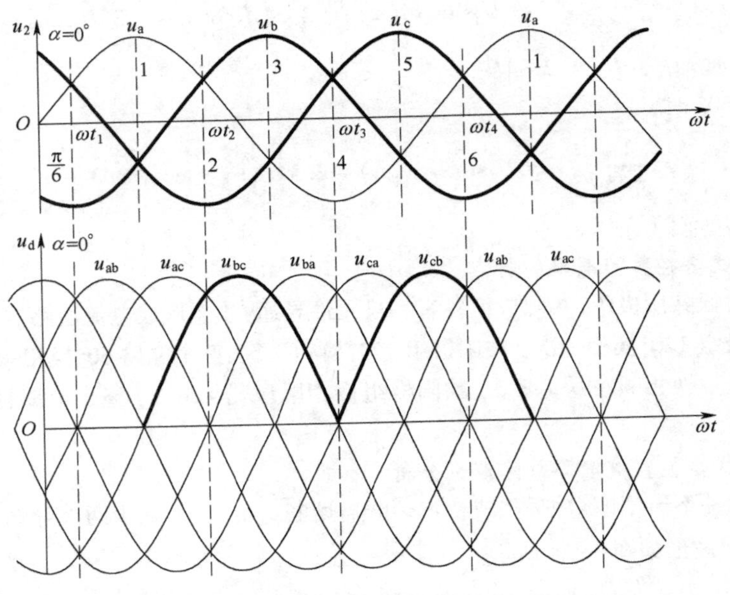

图 3-25　$\alpha=0°$ 一相电源缺相时的故障波形

3.4　大功率可控整流电路

在电解、电镀等工业应用中,常常需要低电压(几伏至几十伏)、大电流(几千安至几万安)的可调直流电源。如果采用通常的三相半波可控整流电路,则每相要很多晶闸管并联才能提供这么大的负载电流,由此带来了元件的均流、保护等问题,还有变压器铁芯直流磁化问题。

3.4.1　带平衡电抗器的双反星形可控整流电路

在电解、电镀等工业应用中,常常需要低电压(几伏至几十伏)、大电流(几千安至几万安)的可调直流电源。如果采用通常的三相半波可控整流电路,则每相要很多晶闸管并联才能提供这么大的负载电流,带来元件的均流、保护等问题,还有变压器铁芯直流磁化问题。如果采用三相桥式可控整流电路,虽可解决直流磁化问题,但整流元件数还要加倍,而电流在每条通路上均要经过两个整流元件,有两倍的管压降损耗,这对大电流装置是十分不利的。

要得到低电压、大电流的整流电路,可通过两组三相半波整流电路并联来解决。并联时,只要注意使两组半波整流电路的变压器二次绕组极性相反,使各自产生的直流安匝相互抵消,就可解决变压器的直流磁化问题。由于两组变压器二次绕组均接成星形且极性相反,这种整流电路形式称为双反星形可控整流电路,简称双反星形电路,如图 3-26 所示。

双反星形可控整流电路的整流变压器二次侧每相有两个匝数相同绕在同一相铁芯柱上的绕组,反极性地接至两组三相半波整流电路中,每组三相间则接成星形,两组星形的中性点间接有一个电感量为 L_p 的平衡电抗器,这个电抗器是一个带有中心抽头的铁芯线圈,抽头两侧的电感量相等,即 $L_{p1}=L_{p2}$。当抽头的任一边线圈中有交变电流流过时,L_{p1} 和 L_{p2} 均会感应出大小相等、极性一致的感应电势。

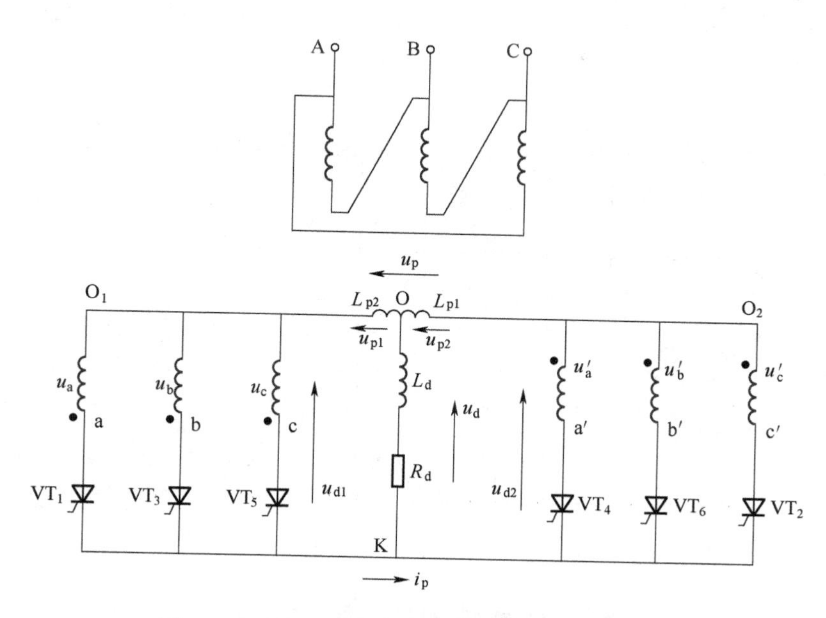

图 3-26　带平衡电抗器的双反星形可控整流电路

1. 平衡电抗器的作用

为了说明平衡电抗器的作用,先将图 3-26 中的 L_p 短接,并将控制角设为 $\alpha=0°$,这样就成了普通的六相半波整流电路,变压器二次电压波形如图 3-27(a) 所示,由于六个整流元件为共阴极接法,任何瞬间只有相电压瞬时值最大的一相元件导通。ωt_1 时刻,a 相电压 u_a 最大,VT_1 管导通,则 K 点电位为最高从而使其他五个元件承受反向电压而不能导通。变压器二次电压按 u_a、u'_c、u_b、u'_a、u_c、u'_b 顺序依次达最大,故晶闸管亦以 VT_1、VT_2、VT_3、VT_4、VT_5、VT_6 顺序各导通 60°,这样,在 $\alpha=0°$时,输出直流电压为六个正值相电压波形的包络线。这个波形与三相桥式整流电路 $\alpha=0°$时的整流电压相同,只是用相电压包络线替代了线电压包络线,故可推得直流平均电压应为 $U_{d0}=1.35U_2$。由于任何瞬间只能有一只晶闸管导通,所以每个元件及变压器二次侧每相绕组都要流过全部的负载电流,而导通角只有 60°,使每相电流峰值较高,这样的六相半波整流电路将要求大容量的整流元件和大截面的变压器绕组导线,变压器利用率也低,不适合大电流负载。

接入平衡电抗器后,晶闸管导通情况将发生变化,仍以 $\alpha=0°$来分析,在图 3-27(a) 的 $\omega t_1\sim\omega t_2$ 期间内,u_a 最高,使晶闸管 VT_1 导通。VT_1 导通后,a 相电流 i_a 开始增长,增长的 i_a 将在平衡电抗器 L_{p1} 中感应出电动势 e_{p1},其极性左(-)右(+)。由于 L_{p2} 与 L_{p1} 匝数及绕向相同,紧密耦合,则在 L_{p2} 中将感应出左(-)右(+) 的电动势 e_{p2},且 $e_{p2}=e_{p1}$。设与电动势 e_{p1}、e_{p2} 相平衡的电压分别为 u_{p1}、u_{p2},则以 O 点为电位参考点,u_{p1} 削弱左侧 a、b、c 组晶闸管的阳极电压,u_{p2} 增强了右侧 a′、b′、c′ 组晶闸管的阳极电压。在 $\omega t_1\sim\omega t_2$ 期间,VT_1 的阳极电压 u_a 被削弱,此时,u'_c 为次最高电压,在 u_{p2} 的作用下,只要 $u_p=u_{p1}+u_{p2}$ 的大小能使 $u'_c+u_p>u_a$,则晶闸管 VT_2 亦承受正向阳极电压而导通。因此,有了平衡电抗器后,其上感应电压 u_p 补偿了 u_a、u'_c 间的电压差,使得 a、c′相的晶闸管都能同时导通。VT_1、VT_2 同时导通时,左侧 a 点电位与右侧 c′点电位相等，但此期间相电压仍保持着 $u_a > u'_c$ 的状态，故 VT_2 导通后 VT_1 不会关断。以后尽管变压器二次相电压发生变化，感应电压 u_p 也随之变化，但始终保持着 u_a、u'_c 两点的电位相等，从而维持了 VT_1、VT_2 同时导通。这就是平衡电抗器所起的促使两相能同时导通的平衡电压作用。

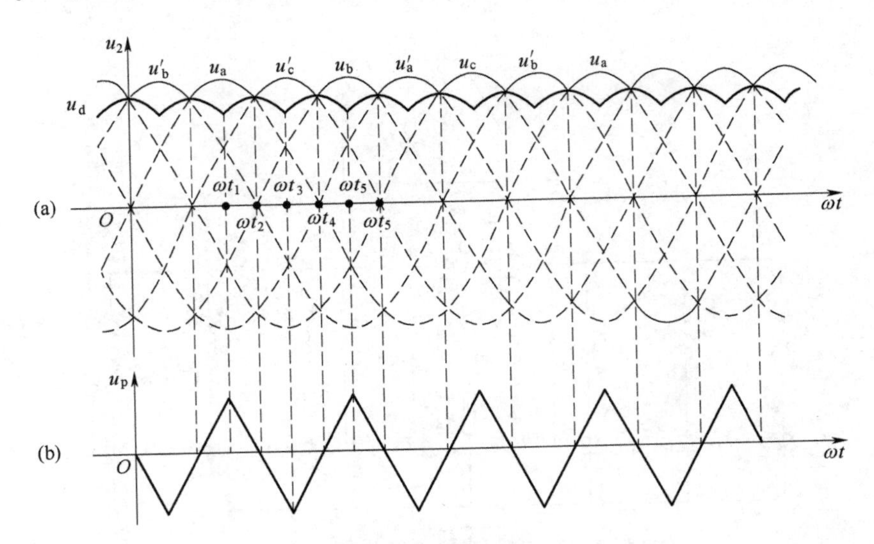

图 3-27　带平衡电抗器的双反星形可控整流电路波形（$\alpha = 0°$）

在 $\omega t_2 \sim \omega t_3$ 期间，$u_a < u'_c$，a 相电流出现减小的趋势，使平衡电抗器 L_{p1} 上感应出的电动势极性反向，即 O_1 点为（+）、O_2 点为（-），继续维持 VT_1、VT_2 同时导通。ωt_3 以后，由于 a、b、c 组的相电压 $u_b > u_c$，则 VT_1 换流至 VT_3，使得在 $\omega t_2 \sim \omega t_3$ 期间内晶闸管 VT_2、VT_3 同时导通。由于平衡电抗器的作用，VT_2 将从 ωt_1 时刻一直维持导通至 ωt_5 时刻换流至 VT_4 而关断，共导通 120°。

由以上分析可以看出，由于接入了平衡电抗器，使在任何时刻两组三相半波整流电路各有一个元件同时导通，共同负担负载电流，使流过每一元件和变压器二次侧每相绕组的电流为负载电流的一半，同时每个元件的导通角则由 60°增加至 120°。这样，在输出同样直流电流 I_d 的条件下，可使晶闸管额定电流及变压器二次电流减小，利用率提高。

带平衡电抗器的双反星形可控整流电路 $\alpha = 0°$ 时的直流电压平均值及平衡电抗器上的压降 u_p 如图 3-27(b) 所示。设图 3-28 左侧 a、b、c 组输出直流电压为 u_{d1}，右侧 a′、b′、c′ 组输出直流电压为 u_{d2}，则从左侧看，双反星形整流电路 OK 之间的输出直流电压为 $u_d = u_{d1} - u_p/2$，从右侧看则有 $u_d = u_{d2} + u_p/2$，因此有

$$u_d = \frac{1}{2}(u_{d1} + u_{d2}) \tag{3-44}$$

可得出 $\alpha = 0°$时的直流电压平均值计算式为

$$U_d = \frac{1}{2\pi}\int_0^{2\pi} u_d \mathrm{d}\omega t = \frac{1}{2\pi}\int_0^{2\pi} \frac{1}{2}(u_{d1} + u_{d2})\mathrm{d}(\omega t) = \frac{1}{2}(U_{d1} + U_{d2}) = 1.17U_2 \tag{3-45}$$

由式(3-45)可见，带平衡电抗器双反星形整流电路的输出直流电压是两组三相半波整流电路输出电压 u_{d1} 和 u_{d2} 的平均值。平衡电抗器上的电压 $u_p = u_{d1} - u_{d2}$，为两组三相半波整流电路输出波形之差。

由于两组三相半波整流电路并联运行时输出的直流电压瞬时值不相等，其差值 u_p 会在两组三相半波整流电路之间产生不经过负载的环流 i_p，将使其中一组三相半波整流电路的负载电

流变化为 $I_d/2+i_p$，另一组三相半波整流电路的负载电流变化为 $I_d/2-i_p$。为使两组电流尽可能平均分配，应选用电感量足够的平衡电抗器 L_p 对环流加以限制。通常要求将环流值限制在额定负载电流的 2% 范围以内。即使如此，双反星形整流电路也有工作在很小负载电流下外特性较差的缺点。

2. 双反星形带平衡电抗器可控整流电路

电感性负载 $\alpha=30°$，$\alpha=60°$，$\alpha=90°$ 时的直流电压 u_d 波形分别如图 3-28(a)、(b)、(c)所示。

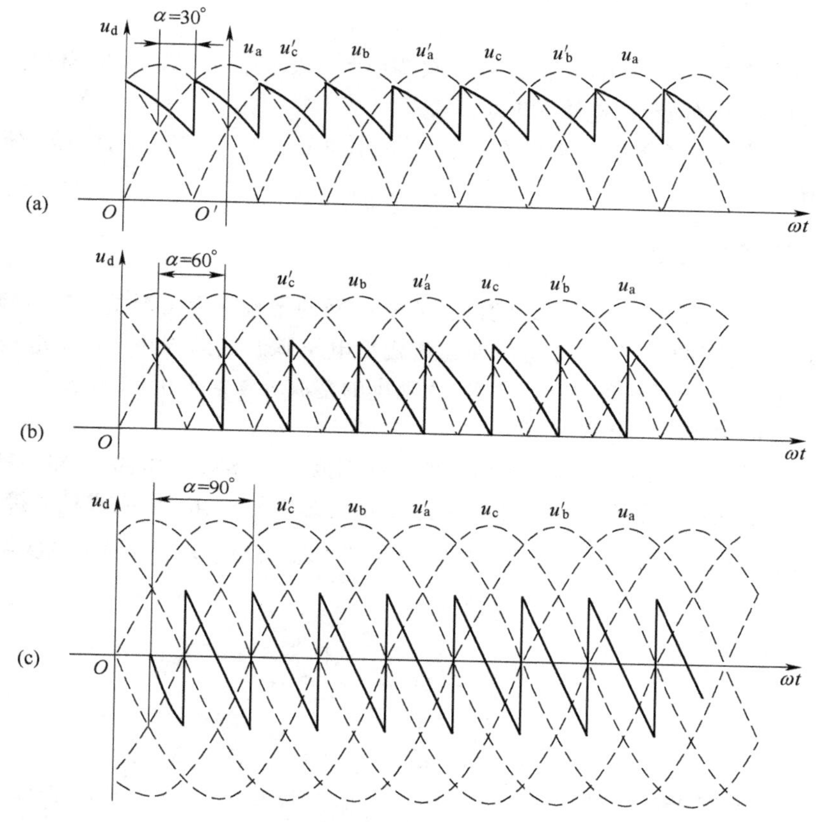

图 3-28　电感性负载时的输出直流电压波形

为了推导直流平均电压 U_d 的计算公式，将图 3-28(a)中的纵坐标右移 90°（坐标原点为 O'），这样 a 相和 b′相的电压可分别表示为

$$u_a=\sqrt{2}U_2\cos\omega t \tag{3-46}$$

$$u_b'=\sqrt{2}U_2\cos\left(\omega t+\frac{\pi}{3}\right) \tag{3-47}$$

从而可得直流输出电压 u_d 为

$$\begin{aligned}u_d&=\frac{1}{2}(u_a+u_b')=\frac{1}{2}\left[\sqrt{2}U_2\cos\omega t+\sqrt{2}U_2\cos\left(\omega t+\frac{\pi}{3}\right)\right]\\&=\frac{\sqrt{2}U_2}{2}\left[2\cos\left(\omega t+\frac{\pi}{6}\right)\cos\frac{\pi}{6}\right]=\frac{\sqrt{6}}{2}U_2\cos\left(\omega t+\frac{\pi}{6}\right)\end{aligned} \tag{3-48}$$

这样就可以得到直流平均电压 U_d 计算公式为

$$U_d = \frac{1}{\pi/3}\int_{-\frac{\pi}{3}+\alpha}^{\alpha}\frac{\sqrt{6}U_2}{2}\cos\left(\omega t+\frac{\pi}{3}\right)d(\omega t)=\frac{3\sqrt{6}}{2\pi}U_2\cos\alpha = 1.17U_2\cos\alpha \tag{3-49}$$

带平衡电抗器的双反星形整流电路具有以下特点：

(1) 双反星形整流电路是两组三相半波整流电路的并联，直流电压波形与六相半波整流时波形一样，所以直流电压的脉动情况比三相半波时小得多。

(2) 与三相半波整流电路相比，由于任何时刻总同时有两组导通，变压器磁路平衡，不存在直流磁化问题。

(3) 与六相半波整流电路相比，变压器二次绕组利用率提高一倍。在输出相同直流电流时，变压器容量比六相半波整流电路时要小。

(4) 每一个整流元件负担负载电流的一半，导电时间比三相半波时增加一倍，所以提高了整流元件的利用率。

3.4.2 整流电路的多重化

当整流装置的功率增大，如达到数兆瓦时，它对电网的干扰就会很严重。为减轻整流装置产生的高次谐波对电网的干扰，可考虑增加整流输出电压脉波数的方法。输出电压波头数越多，电压谐波次数越高，谐波幅值越小。因此，大功率的整流装置常采用 12 脉波、18 脉波、24 脉波，甚至更多脉波的多相整流电路。

图 3-29 所示的是由两组三相桥式整流电路并联而成的 12 相整流电路，电路中利用一个三相三绕组变压器，变压器一次绕组接成星形接法，二次绕组中的 a_1、b_1、c_1 接成星形接法，其每相匝数为 N_2，a_2、b_2、c_2 接成三角形接法，其每相匝数为 $\sqrt{3}N_2$。这样，变压器两个二次绕组的线电压数值相等。

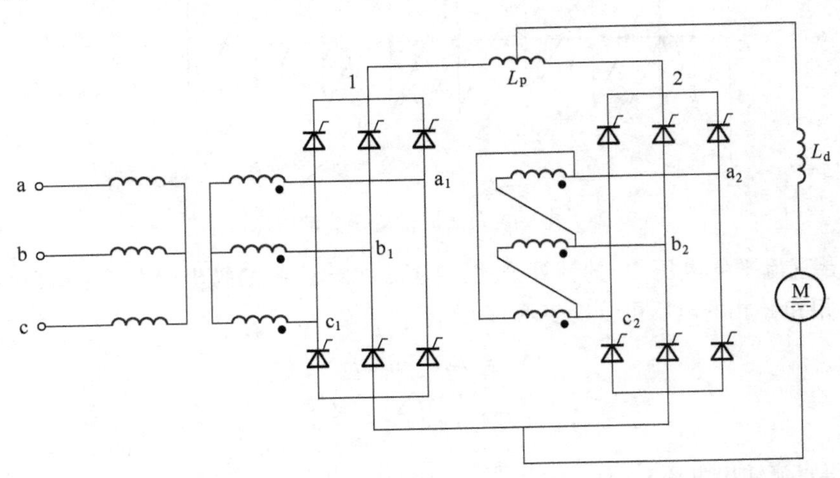

图 3-29　由两组三相桥式整流电路并联而成的 12 相整流电路

由于 1 组桥 a、b 端所接的是变压器二次绕组 a_1、b_1 相的线电压，而 2 组桥 a、b 端所接的是变压器二次绕组 a_2 相的相电压，因此 1 和 2 两组桥所接的是两个相位差为 30°，电压大小一样的三相电压。当 $\alpha=0°$ 时，1 和 2 两组桥输出的为两个波形相同，相差 30°的 6 脉波整流电压 u_{d1}

和 u_{d2}，如图 3-30 所示。由图 3-30 可见，在区间 1，$u_{d1} > u_{d2}$，在区间 2，$u_{d1} < u_{d2}$。若无平衡电抗器 L_p 存在，则 1 组桥导通时，2 组桥的整流元件受反向电压截止；而 2 组桥导通时，1 组桥的整流元件受反向电压截止，即任何时刻只有一组桥在工作，并提供全部负载电流。在电路中加了平衡电抗器 L_p 后，在任何时刻 $u_d = u_{d1} - u_{d2}$，在平衡电抗器两个绕组上各压降 $u_p/2$，从而使 u_{d1}、u_{d2} 平衡，两个三相整流桥同时导通，并共同承担负载电流。这样，每个整流元件及变压器二次绕组的导电时间增长了一倍，而每个整流桥的输出电流仅为 1/2 负载电流。

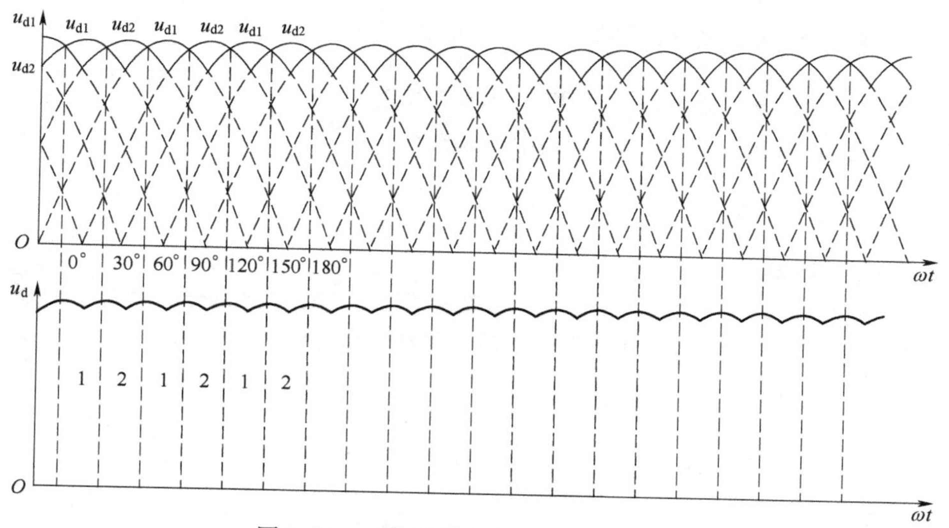

图 3-30　12 相整流电路的输出电压波形

与带平衡电抗器的双反星形可控整流电路的分析方法相似，可得出 12 相整流电路的输出电压平均值与一组三相桥的整流电压平均值相等。这种将两组整流桥的输出电压经平衡电抗器并联输出的方式称为并联多重结构，它适合于大电流应用。也可将两组整流桥的输出电压串联起来向负载供电，这种方式称为串联多重结构，此电路适合于高电压应用。

3.5　有源逆变电路

前面几节介绍的各种可控整流电路都工作在整流状态，是将交流电能变换成直流电能提供给负载的。逆变是把直流电能变换成交流电能，是整流的逆过程；是将直流电能变换成交流电能回馈电网的。

3.5.1　整流与逆变的关系

可控整流电路是把交流电能通过晶体管变换为直流电能并供给负载。但生产实际中，往往还会出现需要将直流电能变换为交流电能的情况。例如，应用晶闸管的电力机车，当机车下坡运行时，机车上的直流电机将由于机械能的作用作为直流发电机运行，此时就需要将直流电能变换为交流电能回送电网，以实现制动。又如，运转中的直流电机，要实现快速制动，较理想的办法是将该直流电机作为直流发电机运行，并利用晶闸管将直流电能变换为交流电能回送电网，从而实现直流电机的发电机制动。

相对于整流而言，逆变是它的逆过程。一般习惯称整流为顺变，则逆变的含义就十分明显了。下面的有关分析将会说明，整流装置在满足一定条件下可以作为逆变装置应用。即同一套电路，既可以工作在整流状态，也可以工作在逆变状态，这样的电路统称为变流装置。变流装置如果工作在逆变状态，其交流侧接在交流电网上，电网成为负载，在运行中将直流电能变换为交流电能并回送到电网中去，这样的逆变称为“有源逆变”。如果逆变状态下的变流装置，其交流侧接至交流负载，在运行中将直流电能变换为某一频率或可调频率的交流电能供给负载，这样的逆变称为“无源逆变”或变频电路。

3.5.2 电源间能量的变换关系

图 3-31(a)、(b)表示直流电源 E_1 和 E_2 同极性相连。

在图 3-31(a)中，当 $E_1 > E_2$ 时，回路中的电流为

$$I = \frac{E_1 - E_2}{R} \tag{3-50}$$

式中，R 为回路的总电阻。

此时电源 E_1 输出电能 $E_1 I$，其中一部分为 R 所消耗的 I^2R，其余部分则为电源 E_2 所吸收的 $E_2 I$。注意上述情况中，输出电能的电源其电动势方向与电流方向一致，而吸收电能的电源则二者方向相反。

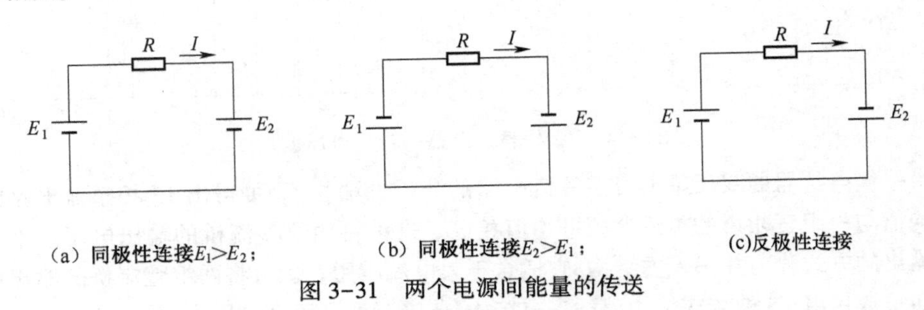

图 3-31 两个电源间能量的传送

在图 3-31(b)中，两个电源的极性均与图 3-31(a)中相反，但还是属于两个电源同极性相连的形式。如果电源 $E_2 > E_1$，则电流方向如图 3-31(b)所示，此时，电源 E_2 输出电能，电源 E_1 吸收电能，回路中的电流为

$$I = \frac{E_2 - E_1}{R} \tag{3-51}$$

在图 3-31(c)中，两个电源反极性相连，则电路中的电流为

$$I = \frac{E_2 - E_1}{R} \tag{3-52}$$

此时电源 E_1 和 E_2 均输出电能，输出的电能全部消耗在电阻 R 上。若电阻值很小，则电路中的电流必然很大；若 $R = 0$，则形成两个电源短路的情况。

综上所述，可得出以下结论：

(1)两电源同极性相连，电流总是从高电势流向低电势电源，其电流的大小取决于两个电势之差与回路总电阻的比值。如果回路电阻很小，则很小的电势差也足以形成较大的电流，两电源之间发生较大能量的交换。

(2)电流从电源的正极流出，该电源输出电能；而电流从电源的正极流入，该电源吸收电

能。电源输出或吸收功率的大小由电动势与电流的乘积来决定，若电动势或者电流方向改变，则电能的传送方向也随之改变。

(3)两个电源反极性相连，如果电路的总电阻很小，将形成电源间的短路，应当避免发生这种情况。

3.5.3 有源逆变电路的工作原理

1. 整流工作状态

对于单相全控整流桥，当控制角 α 在 $0 \sim \pi/2$ 之间的某个对应角度触发晶闸管时，上述变流电路输出的直流平均电压为 $U_d\cos\alpha$，因为此时 α 均小于 $\pi/2$，故 U_d 为正值。在该电压作用下，直流电动机转动，卷扬机将重物提升起来，直流电动机转动产生的反电动势为 E_D，且略小于输出直流平均电压 U_d[见图 3-32(a)]，此时电枢回路的电流为

$$I_d = \frac{U_d - E_D}{R} \tag{3-53}$$

2. 中间状态($\alpha = \pi/2$)

当卷扬机将重物提升到要求高度时，自然就需在某个位置停住，这时只要将控制角 α 调到等于 $\pi/2$ 的位置，变流器输出电压波形中，其、正负面积相等，电压平均值 U_d 为零，直流电动机停转(实际上采用电磁抱闸断电制动)，反电动势 E_D 也同时为零。此时，虽然 U_d 为零，但仍有微小的直流电流存在，注意，此时电路处于动态平衡状态，与电路切断、直流电动机停转具有本质的不同。

3. 有源逆变工作状态($\pi/2 < \alpha < \pi$)

上述卷扬系统中，当重物放下时，由于重力对重物的作用，必将牵动直流电动机使之向与重物上升相反的方向转动，直流电动机产生的反电动势 E_D 的极性也将随之反相[见图 3-32(b)]。如果变流器仍工作在 $\alpha > \pi/2$ 的整流状态，从上面曾分析过的电源能量流转关系不难看出，此时将发生电源间类似短路的情况。为此，只能让变流器工作在 $\alpha > \pi/2$ 的状态，因为当 $\alpha > \pi/2$ 时，其输出直流平均电压 U_d 为负，此时如果能满足 $E_D > U_d$，则回路中的电流为

$$I_d = \frac{E_D - U_d}{R} \tag{3-54}$$

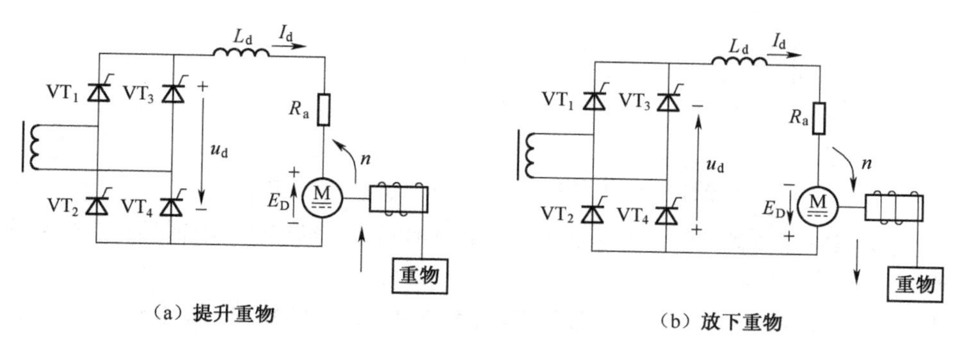

图 3-32 直流卷扬系统

电流的方向是从电动势 E_D 的正极流出，从电压 U_d 的正极流入，电流方向未变。显然，这时直流电动机为发电状态运行，对外输出电能，变流器则吸收上述能量并送回交流电网中去，电路进入有源逆变工作状态。

上述三种变流器的工作状态波形如图 3-33 所示。随着控制角 α 的变化，电路分别从整流工作状态到中间状态，然后进入有源逆变工作状态。

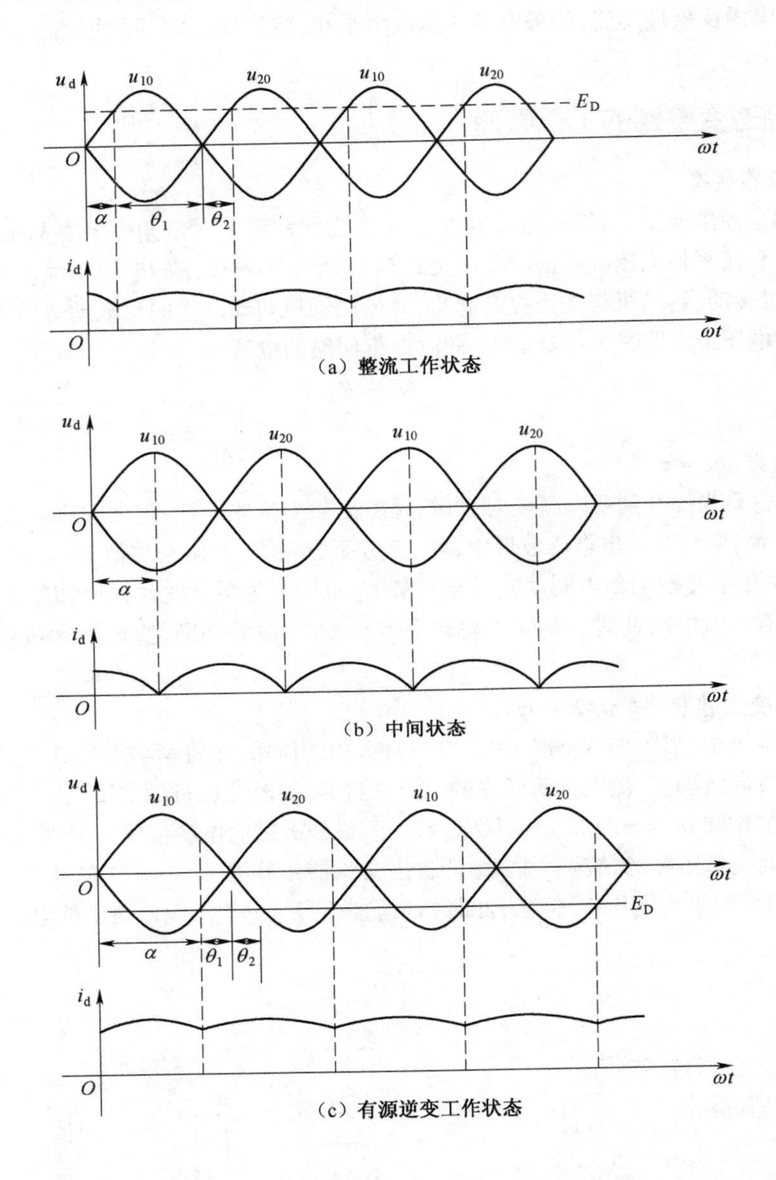

图 3-33　直流卷扬机系统的电压、电流波形

现在应深入分析的问题是，上述电路在 $\alpha > \pi/2$ 时是否能够工作？此时输出直流平均电压 U_d 为负值的含义是什么？

上述晶闸管供电的卷扬系统中，当重物下降，直流电动机反转并进入发电状态运行时，直流电动机电动势 E_D 实际上成了使晶闸管正向导通的电源。当 $\alpha > \pi/2$ 时，只要满足 $E_D > |u_2|$，晶闸管就可以导通工作，在此期间，电压 u_d 大部分时间均为负值，其直流平均电压 U_d 自然为负，电流则依靠直流电动机电动势 E_D 及电感 L_d 两端感应电动势的共同作用加以维持。正因为上述工作特点，才出现了电动机输出能量，变流器吸收能量并通过变压器向电网回馈能量的情况。

(1)外部条件。要有一个极性与晶闸管导通方向一致的直流电动势源。这种直流电动势源可以是直流电动机的电枢电动势,也可以是蓄电池电动势。它是使电能从变流器的直流侧回馈交流电网的源泉,其数值应稍大于变流器直流侧输出的直流平均电压。

(2)内部条件。要求变流器中晶闸管的控制角 $\alpha > \pi/2$,这样才能使变流器直流侧输出一个负的平均电压,以实现直流电源的能量向交流电网的流转。

上述两个条件必须同时具备,才能实现有源逆变。

此外,对于半控桥或者带有续流二极管的可控整流电路,因为它们在任何情况下均不可能输出负电压,也不允许直流侧出现反极性的直流电动势,所以不能实现有源逆变。

有源逆变条件的获得,必须视具体情况进行分析。例如,上述直流电动机拖动卷扬机系统,电动机电动势 E_D 的极性可随重物的"提升"与"下降"自行改变并满足逆变的要求。对于电力机车,上、下坡道行驶时,因车轮转向不变,故在下坡发电制动时,其电动机电动势 E_D 的极性不能自行改变,为此必须采取相应措施,例如可利用极性切换开关来改变电动机电动势 E_D 的极性,否则系统将不能进入有源逆变状态。

3.5.4 三相半波共阴极逆变电路

1. 电路的整流工作状态($0 < \alpha < \pi/2$)

如图 3-37 所示电路中,$\alpha = 30°$ 时依次触发晶闸管,其输出电压波形如图 3-34(a)中黑实线所示。因负载回路中接有足够大的平波电感,故电流连续。对于 $\alpha = 30°$ 的情况,输出电压瞬时值均为正,其平均电压自然为正值。对于在 $0 < \alpha < \pi/2$ 范围内的其他移相角,即使输出电压的瞬时值 u_d 有正有负,但正面积总是大于负面积,输出电压的平均值 U_d 也总为正,其极性为上正下负,而且 U_d 略大于 E_D 。此时,电流 I_d 从 U_d 的正端流出,从 E_D 的正端流入,能量的流转关系为交流电网输出能量,电动机吸收能量以电动状态运行。

2. 电路的逆变工作状态($\pi/2< \alpha <\pi$)

假设此时电动机端电动势已反相,即下正上负,设逆变电路移相 $\alpha = 150°$,依次触发相应的晶闸管,在 ωt_1 时刻触发 a 相晶闸管 VT_1,虽然此时 $u_a = 0$,但晶闸管 VT_1 因承受 E_D 的作用,仍可满足导电条件而工作,并相应输出 u_a 相电压。VT_1 被触发导通后,虽然 u_a 已为负值,但因 E_D 的存在,且 $|E_D| > |u_a|$,VT_1 仍然承受正向电压而导通,即使不满足 $|E_D| > |u_a|$,由于平波电感的存在,释放电能,L 的感应电动势也仍可使 VT_1 承受正向电压继续导通。因电感 L 足够大,故主回路电流连续,VT_1 导电 120°后由于 VT_2 的被触发而截止,VT_2 被触发导通后,由于此时 $u_b > u_a$,故 VT_1 承受反向电压关断,完成 VT_1 与 VT_2 之间的换流,这时电路输出电压为 u_b ,如此循环往复。

电路输出电压的波形如图 3-34(b)中黑实线所示。当 α 在 $\pi/2 \sim \pi$ 范围内变化时,其输出电压的瞬时值 u_d 在整个周期内也是有正有负或者全部为负,但是负电压面积将总是大于正电压面积,故输出电压的平均值 U_d 为负值。其极性为下正上负。此时电动机端电动势 E_D 稍大于 U_d ,主回路电流 I_d 方向依旧,但它从 E_D 的正极流出,从 U_d 的正极流入,这时电动机向外输出能量,以发电机状态运行,交流电网吸收能量,电路以有源逆变状态运行。因晶闸管 VT_1、VT_2、VT_3 的交替导通工作完全与交流电网变化同步,从而可以保证能够把直流电能变换为与交流电网电源同频率的交流电回馈电网。一般采用直流侧的电压和电流平均值来分析变流器所连接的交流电网究竟是输出功率还是输入功率,这样,变流器中交流电源与直流电源能量的流转就可以

按有功功率 $P_d = U_d I_d$ 来分析,整流工作状态时, $U_d > 0$, $P_d > 0$ 则表示电网输出功率;逆变工作状态时, $U_d < 0$, $P_d < 0$ 则表示电网吸收功率。

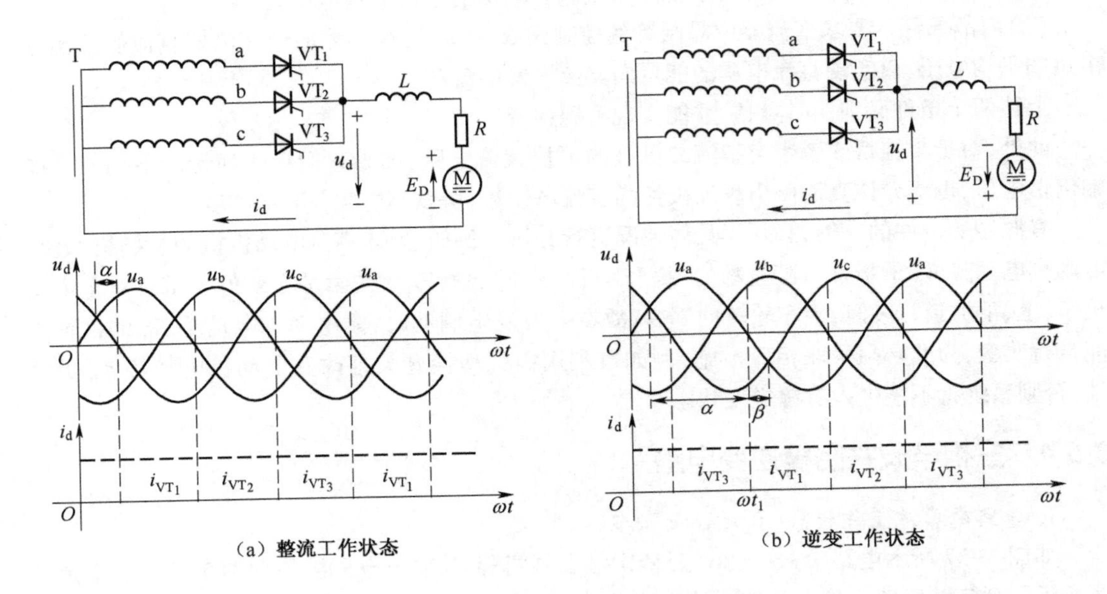

(a) 整流工作状态

(b) 逆变工作状态

图 3-34　三相半波共阴极逆变电路及有关波形

在整流工作状态中,变流器内的晶闸管在阻断时主要承受反向电压;而在逆变工作状态中,晶闸管阻断时主要承受正向电压。变流器中的晶闸管,无论在整流或是逆变状态,其阻断时承受的正向或反向电压峰值均应为线电压的峰值,在选择晶闸管额定参数时应予注意。

为分析和计算方便,通常把逆变工作时的控制角改用 β 表示,令 $\beta = \pi - \alpha$,称为逆变角。规定 $\alpha = \pi$ 时作为计算 β 的起点,和 α 的计量方向相反,β 的计量方向是由右向左的。变流器整流工作状态时, $\alpha < \pi/2$,相应的 $\beta > \pi/2$; 而在逆变工作状态时, $\alpha > \pi/2$ 而 $\beta < \pi/2$。

逆变工作状态时,其输出电压平均值的计算公式可改写成

$$U_d = -U_{d0}\cos\beta \text{(三相半波是 } U_{d0} = 1.17U_2\cos\varphi\text{)}$$

β 从 $\pi/2$ 逐渐减小时,其输出电压平均值 U_d 的绝对值逐渐增大,为负值。逆变电路中,晶闸管之间的换流完全由触发脉冲控制,其换流趋势总是从高电压向更低的阳极电压过渡。这样,对触发脉冲就提出了格外严格的要求,其脉冲必须严格按照规定的顺序发出,而且要保证触发可靠,否则容易造成因晶闸管之间的换流失败而导致逆变失败。

3.6　整流电路的谐波和功率因数

电力电子装置的使用会带来谐波和功率因数问题。谐波的产生会引起电网谐波污染和控制系统的误动作,对通信系统产生干扰,在电气传动系统中产生振动、噪声等不良后果。而功率因数的下降会使电网无功电流增加、产生电压波动等不利影响。因此,有必要对谐波和功率因数问题进行分析,找出相应的改善方法。

3.6.1 整流电路的谐波及功率因数的概念

1. 谐波

在电力电子电路的分析中经常会遇到非正弦电压或电流波形,这主要是由非线性负载引起的。当正弦电压加到非线性负载上时,会产生非正弦电流,而非正弦电流又会在负载上产生压降,使电压波形也成为非正弦波。

非正弦电压 $u(\omega t)$ 和非正弦电流 $i(\omega t)$ 可展开成傅里叶级数如下:

$$u(\omega t) = a_{u0} + \sum_{n=1}^{\infty}[a_{un}\cos(n\omega t) + b_{un}\sin(n\omega t)] \tag{3-55}$$

$$i(\omega t) = a_{i0} + \sum_{n=1}^{\infty}[a_{in}\cos(n\omega t) + b_{in}\sin(n\omega t)] \tag{3-56}$$

式中, $n = 1,2,3\cdots$; $a_{u0} = \dfrac{1}{2\pi}\int_0^{2\pi}u(\omega t)\mathrm{d}(\omega t)$;

$a_{i0} = \dfrac{1}{2\pi}\int_0^{2\pi}i(\omega t)\mathrm{d}(\omega t)$;

$a_{un} = \dfrac{1}{\pi}\int_0^{2\pi}u(\omega t)\cos(n\omega t)\mathrm{d}(\omega t)$;

$a_{in} = \dfrac{1}{\pi}\int_0^{2\pi}i(\omega t)\cos(n\omega t)\mathrm{d}(\omega t)$;

$b_{un} = \dfrac{1}{\pi}\int_0^{2\pi}u(\omega t)\sin(n\omega t)\mathrm{d}(\omega t)$;

$b_{in} = \dfrac{1}{\pi}\int_0^{2\pi}i(\omega t)\sin(n\omega t)\mathrm{d}(\omega t)$。

此外,在上述电压和电流的傅里叶级数表达式中,频率与工频相同的分量称为基波,而频率为基波频率整数倍的分量称为谐波,谐波次数为谐波频率和基波频率大于 1 的整数比。

2. 功率因数

晶闸管变流装置的功率因数是指装置交流侧有功功率与视在功率之比。变流装置的功率因数与电压、电流间的滞后角,以及交流侧(包括变流元件侧、电网侧)的感抗和电流有关。

晶闸管变流电路由于实行触发时刻或相位控制,造成电压和电流波形的非正弦,因此电路的功率及功率因数的计算须按非正弦电路的方法进行。电压和电流的有效值应为各次谐波有效值的均方根值,即

$$U = \sqrt{U_{\mathrm{d}}^2 + \sum_{k=1}^{n}U_{\mathrm{d}k}^2} \tag{3-57}$$

$$I = \sqrt{I_{\mathrm{d}}^2 + \sum_{k=1}^{n}I_{\mathrm{d}k}^2} \tag{3-58}$$

式中, U_{d} 和 I_{d} 为电压和电流的直流平均值; $U_{\mathrm{d}k}$ 和 $I_{\mathrm{d}k}$ 为各次谐波电压和电流的有效值。

电路的视在功率、有功功率和无功功率分别为

$$S = UI \tag{3-59}$$

$$P = U_{\mathrm{d}}I_{\mathrm{d}} + \sum_{k=1}^{n}U_{\mathrm{d}k}I_{\mathrm{d}k}\cos\varphi_k \tag{3-60}$$

$$Q = \sqrt{S^2 - P^2} \tag{3-61}$$

式中，φ_k 为 k 次谐波电压、电流间的相位差。

由于电网电压波形的畸变不大，在实际计算时，可将电压近似为正弦波，只考虑电流为非正弦波。设正弦波电压有效值为 U，非正弦波电流有效值为 I，基波电流有效值及与电压的相位差分别为 I_1 和 φ_1，这时有功功率和功率因数分别为

$$P = UI_1\cos\varphi_1 \tag{3-62}$$

$$\cos\varphi = \frac{P}{S} = \frac{UI_1\cos\varphi_1}{UI} = \frac{I_1}{I}\cos\varphi_1 \tag{3-63}$$

式中，I_1/I 为电流波形中含有高次谐波的程度，称为电流畸变系数，与整流变压器、变流电路形式和负载性质有关，如果电流为正弦波，则电流畸变系数为1；$\cos\varphi_1$ 为位移因数，是基波有功功率与基波视在功率之比。所以，晶闸管变流装置的功率因数等于畸变系数与位移因数的乘积。

3.6.2 交流输入侧的谐波及功率因数

以单相桥式整流电路为例，设负载为大电感性负载，负载电流连续平直，且不考虑换流重叠。交流侧（整流变压器二次[侧]）电压 u_1 为正弦波，电流 i_1 为180°宽的正、负对称的矩形波。将方波电流展开成傅里叶级数可得

$$\begin{aligned} i(\omega t) &= \frac{4}{\pi}I_1\left[\sin(\omega t) + \frac{1}{3}\sin(3\omega t) + \frac{1}{5}\sin(5\omega t) + \cdots\right] \\ &= \frac{4}{\pi}I_1\sum_{n=1,3,5,\cdots}\frac{1}{n}\sin(n\omega t) = \sum_{n=1,3,5,\cdots}\sqrt{2}I_{1n}\sin(n\omega t) \end{aligned} \tag{3-64}$$

式中，基波和各次谐波的有效值为

$$I_{1n} = \frac{2\sqrt{2}I_1}{n\pi}, \quad n = 1,3,5,\cdots \tag{3-65}$$

可见基波分量的电流有效值为

$$I_{11} = \frac{2\sqrt{2}}{\pi}I_1 = 0.9I_1 \tag{3-66}$$

忽略换流重叠角，电压和电流基波之间的位移因数 $\cos\varphi_1 = \cos\alpha$，所以单相桥式全控整流电路的功率因数应为

$$\cos\varphi = \frac{I_{11}}{I_1}\cos\varphi_1 = 0.9\cos\alpha \tag{3-67}$$

由式（3-67）可以看出，变流装置在整流工作状态下，功率因数与装置所带负载性质无关，主要取决于控制角 α 的余弦。随着 α 的增大，功率因数下降。这是由于 α 越大，电压和电流波形间的相位差也越大，负载电流一定时，输入视在功率近似不变，输出有功功率则随整流电压的降低而减小。

按同样方法分析，可求得三相桥式可控整流电路的功率因数应为

$$\cos\varphi = 0.955\cos\alpha \tag{3-68}$$

3.6.3 整流输出侧的谐波分析

整流电路输出的脉动直流电压都是周期性的非正弦函数，可以用傅里叶级数表示整流电路输出的脉动直流电压，可分为直流电压平均值 U_{d} 及各次谐波电压 u_n。以 m 脉波（图3-35中，

$m=3$)整流电路为例,其输出直流电压波形如图 3-35 所示。

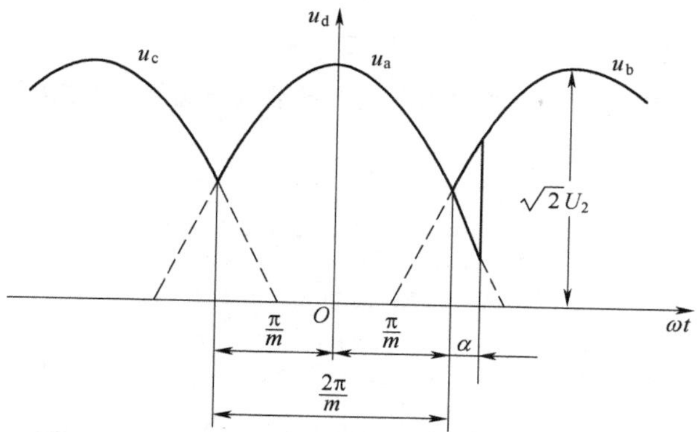

图 3-35　$m=3$ 脉被相控整流电路输出直流电压波形

在一个周期内,输出电压有 m 个形状相同,相位相差 $2\pi/m$ 的电压脉波,在图 3-35 所示坐标下,输出直流电压 U_d 的傅里叶级数表达式为

$$u_d(t)=U_d+\sum_{n=1}^{\infty}a_n\cos(n\omega t)+b_n\sin(n\omega t) \tag{3-69}$$

式中, $U_d=\frac{m}{2\pi}\int_0^{2\pi/m}u_d(t)\mathrm{d}(\omega t)$; $a_n=\frac{m}{\pi}\int_0^{2\pi/m}u_d(t)\cos n\omega t\mathrm{d}(\omega t)$; $b_n=\frac{m}{\pi}\int_0^{2\pi/m}u_d(t)\sin n\omega t\mathrm{d}(\omega t)$。

按图 3-35 所示坐标, u_a、u_b 的表达式分别为

$$u_a=\sqrt{2}U_s\cos\omega t \tag{3-70}$$

$$u_b=\sqrt{2}U_s\cos(\omega t-2\pi/m) \tag{3-71}$$

式中,三相半波整流电路时, $U_s=U_2$ 为相电压;三相桥式整流电路时, $U_s=U_{2L}$ 为线电压。当控制角为 α 时, U_d 可计算如下:

$$U_d=\frac{m}{2\pi}\int_0^{2\pi/m}u_d(t)\mathrm{d}\omega t=\frac{m}{2\pi}\left[\int_0^{\pi/m+\alpha}u_a\mathrm{d}(\omega t)+\int_{\pi/m+\alpha}^{2\pi/m}u_b\mathrm{d}(\omega t)\right]=\frac{\sqrt{2}U_s}{\pi}m\sin\frac{\pi}{m}\cos\alpha \tag{3-72}$$

式(3-72)即为 m 脉波整流电路输出直流平均电压的表达式, $m=2$、3、6 时分别对应单相桥式、三相半波、三相桥式整流电路的输出直流电压平均值, $\alpha=0°$则为不可控整流电路。

从而

$$a_n=\frac{\sqrt{2}U_s}{\pi}m\sin\frac{\pi}{m}\cdot\cos\frac{n}{m}\pi\left[\frac{\cos(n+1)\alpha}{n+1}-\frac{\cos(n-1)\alpha}{n-1}\right] \tag{3-73}$$

$$b_n=\frac{\sqrt{2}U_s}{\pi}m\sin\frac{\pi}{m}\cdot\cos\frac{n}{m}\pi\left[\frac{\sin(n+1)\alpha}{n+1}-\frac{\sin(n-1)\alpha}{n-1}\right] \tag{3-74}$$

m 脉波整流电路输出电压中的谐波次数为 $n=Km$, $K=1,2,3,\cdots$。当 $m=6$,即三相桥式整流电路时,其输出电压中就含有 6、12、18……电压谐波。n 次谐波的电压幅值为

$$U_{nm}=\sqrt{a_n^2+b_n^2} \tag{3-75}$$

U_{nm} 与交流电压最大值的比值为

$$\frac{U_{nm}}{\sqrt{2}U_s}=\frac{\sqrt{a_n^2+b_n^2}}{\sqrt{2}U_s} \tag{3-76}$$

n 次谐波的相位角为

$$\tan\theta_n = \frac{b_n}{a_n} \tag{3-77}$$

图 3-36 给出了三相桥式整流电路输出电压的谐波电压特性，由图可见，当 $\alpha = 90°$ 时，谐波幅值最大。负载上的电压有效值为

$$U = \sqrt{\frac{6}{2\pi}\int_{-\frac{\pi}{6}+\alpha}^{\frac{\pi}{3}+\alpha}\left[\sqrt{2}U_s\cos(\omega t)\right]^2 d\omega t} \tag{3-78}$$

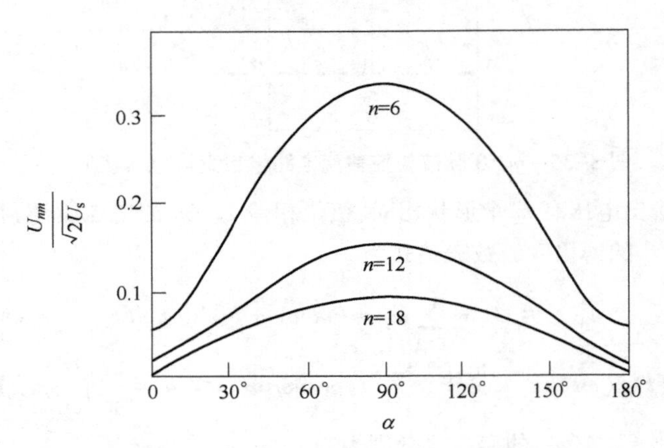

图 3-36　三相桥式整流电路输出电压的谐波电压特性

谐波电压有效值，即纹波电压为

$$U_H = \sqrt{U^2 - U_d^2} \tag{3-79}$$

纹波系数为

$$\gamma_u = \frac{U_H}{U_d} = \frac{\sqrt{U^2 - U_d^2}}{U_d} \tag{3-80}$$

小　　结

针对目前工程实践中广泛应用的二极管整流器和晶闸管相控整流器，本章介绍了几类典型整流电路工作原理及其相关知识，是后面各章节学习的基础。

不可控整流电路中二极管在交流电源电压的自然换相点自然导通，其直流输出电压只依赖于交流电源电压的大小而不能调控，只能实现不控整流；相控整流电路中晶闸管的导通可由施加触发脉冲电流的时间相位角控制，改变晶闸管的延迟触发控制角，即可调控整流输出电压的平均值，实现相控整流。

从分段线性电路分析的基本思想出发，介绍了几类基本整流电路：单相半波、三相半波、单相桥式和三相桥式整流电路的工作原理，阻性负载和感性负载对整流电路工作情况的影响。半波整流电路中交流电源仅半个周期中有负载电流，因而交流电源中含有有害的直流分量。单相桥式和三相桥式整流电路是最实用的整流电路。

有源逆变电路形式仍是整流电路的基本形式，但能将直流侧的电能馈送给电网。要实现这一点，必须满足控制角大于90°和直流电动势极性与晶闸管的导通方向一致的条件，并且直流电

动势的值要大于整流电路直流侧的平均电压。

触发电路产生使得晶闸管按一定顺序和控制角导通的触发脉冲，作为辅助电路保证大功率晶闸管整流装置的正常工作。与此同时，使用晶闸管作为开关器件的相控整流使交流供电电源输出有害的谐波电流，控制角大，输出电压低，促使功率因数低，而谐波和功率因数是衡量整流装置性能优劣的标志。

习　　题

1. 什么是半波整流、全波整流、半控整流、全控整流、相控整流？

2. 三相桥式不控整流任何瞬间均有两个二极管导通，整流电压的瞬时值与三相交流相电压、线电压瞬时值有什么关系？

3. 单相桥式半控整流电路和单相桥式全控整流电路有什么区别？

4. 单相桥式全控整流电路带反电动势负载时输出电压波形有何特点？

5. 如何实现交流电路换相期间负载电流从一个晶闸管向另一个晶闸管转移？

6. 产生有源逆变的条件是什么？为什么要限制有源逆变时的控制角？如何确定有源逆变时的最大控制角？

7. 三相桥式相控整流电路触发脉冲的最小宽度是多少？

8. 大功率可控整流电路的接线形式及特点是什么？

9. 整流电路的谐波和功率因数是什么？

第 4 章 逆变电路

学习目标：

(1)掌握逆变电路的分类和控制方式；

(2)掌握电压型逆变电路的工作原理；

(3)掌握电流型逆变电路的工作原理；

(4)了解逆变电路在实际中的应用。

4.1 逆变电路的分类和控制方式

把极性不变的直流电变换为极性周期性改变的交流电的过程称为逆变,逆变是整流的逆过程。实现逆变的电路称为逆变电路,完成逆变过程的装置则称为逆变器或逆变设备。

4.1.1 逆变电路的分类

逆变电路按照不同标准有不同的分类方法,比较常见的分类方法有以下几种：

(1)按直流电源的性质分类,可分为电压型逆变电路和电流型逆变电路。电压型逆变电路是指直流电源为电压源,直流电源的电压脉动很小,输出阻抗很低;输出端并联有大电容的整流电路就具有电压源的性质,如图 4-1(a)所示。电流型逆变电路是指直流电源为电流源,直流电源的输出电流脉动很小,输出阻抗大;输出端串联有大电感的直流电源就具有电流源的性质,如图 4-1(b)所示。整流电路可以是二极管组成的不可控整流电路,也可以是晶闸管组成的可控整流电路,其输入可以是单相交流电,也可以是三相交流电。

(a) 电压型逆变电路　　(b) 电流型逆变电路

图 4-1 电压型和电流型逆变电路

(2)按逆变电路输出交流电的相数分类,可分为单相逆变电路、三相逆变电路和多相逆变电路。

(3)按负载以及能量传递情况分类,可分为无源逆变器和有源逆变器。无源逆变器接无源负载,负载消耗电能而不能够稳定地向外提供能量,负载可以是电阻性、电感性或电容性的;有源逆变器接有源负载,既可以从逆变器吸取能量,也可以稳定地向逆变器提供能量,有源逆变器的典型负载是电网。第3章中所述的整流电路的有源逆变工作状态就属于有源逆变，可再生能源并网发电、直流输电并网等都是典型的有源逆变。

(4)按逆变器输出电平的数目分类，可分为两电平逆变电路、三电平逆变电路、多电平逆变电路。

(5)按逆变器输出交流电的频率分类，可分为工频逆变(50~60 Hz)、中频逆变(几百赫至十几千赫)和高频逆变(十几千赫至十几兆赫)。

4.1.2 逆变电路的控制方式

逆变电路主要有两种控制方式：一种是对器件进行180°或120°导通控制，使逆变器输出波形为方波或阶梯波；另一种采用斩波控制，在逆变器输出的每个周期频繁地控制开关的通断，从而改变输出电压波形或电流波形。第一种控制方式对器件的工作频率要求较低，本章主要介绍这种控制方式；第二种控制方式则可以减少输出波形的谐波，主要在下一章介绍。

4.2 电压型逆变电路

电压型逆变电路包括单相电压型逆变电路和三相电压型逆变电路，应用范围极其广泛。本节结合实际应用例子说明电压型逆变电路的工作原理。

4.2.1 单相电压型逆变电路

单相电压型逆变电路的形式有多种，包括单端式、半桥式、全桥式、推挽式、并联式等，本节不能一一介绍，只对应用较多的几种电路进行分析。

1. 单相电压型半桥式逆变电路

图4-2为某弧焊逆变电源的主电路原理图。其中点画线框内为单相电压型半桥式逆变电路。图中，三相工频交流电经三相二极管不可控整流桥整流和电容滤波后，得到约510 V的直流电压，经单相电压型半桥式逆变电路，逆变为20 kHz的交流电。C_1 和 C_2 为均压电容，R_1 和 C_3 为主电路的吸收网络，T为高频变压器，VD_1、VD_2 为输出整流二极管，R_2、C_5 和 R_3、C_4 为整流二极管的吸收电路，用于降低功率开关管(V_1 和 V_2)和 VD_1、VD_2 在换流时产生的过电压，L_1 为输出电抗器。下面主要讨论单相电压型半桥式逆变电路的工作原理。

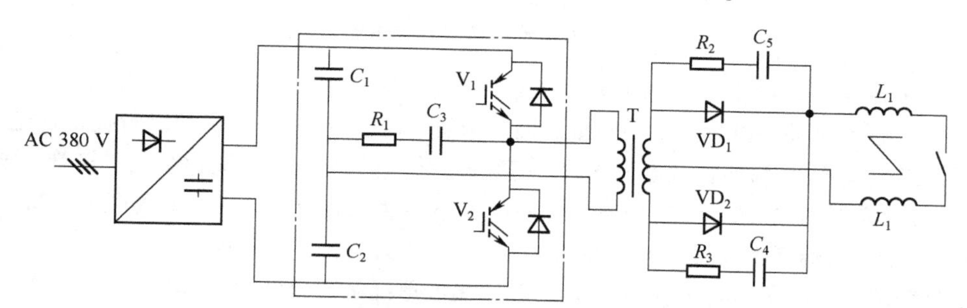

图4-2 某弧焊逆变电源的主电路原理图

常用的单相电压型半桥式逆变电路如图4-3(a)所示。V_1 和 VD_1 反并联组成单相电压型半桥式逆变电路的上桥臂，V_2 和 VD_2 反并联组成单相电压型半桥式逆变电路的下桥臂，它们各相当于一个开关。V_1、V_2 为全控型器件，因流经其电流不能逆向流通，故并联二极管为逆向电流提供通路，使之成为双向开关。R、L 为负载的电阻和电感，连接于直流电源中性点 N 和上、下桥臂之间的 A 点。U_d 是直流侧电源电压，电容 C_1、C_2 串联其间，$C_1=C_2$，二者各承受直流电压的一半。

因负载为感性负载，稳态时负载电流 i_o 滞后于负载电压 u_o。V_1、V_2 的控制信号互补（即互差 180°），在一个周期中各有半周正偏、半周反偏，其波形如图 4-3(b)所示。在 $0\sim t_2$ 区间，V_1 正偏，V_2 反偏，上桥臂导通，下桥臂关断，负载电压 $u_o=u_{AN}=U_d/2$。由于 i_o 滞后于 u_o，在 $0\sim t_1$ 区间 i_o 与 u_o 方向相反，i_o 的实际流向为从左向右，因而上桥臂导通的器件为 VD_1，而不是 V_1，电流流通路径为 $N\rightarrow R\rightarrow L\rightarrow VD_1\rightarrow C_1(+)$，电感 L 放能，直到 t_1 时刻，L 中的能量释放完，i_o 变为零。在 $t_1\sim t_2$ 区间，i_o 流向变为从右向左，上桥臂 V_1 导通，V_2 关断。电流流通路径为 $C_1(+)\rightarrow V_1\rightarrow L\rightarrow R\rightarrow N$，电感 L 储能。在 $t_2\sim t_4$ 区间，V_1 反偏，V_2 正偏，上桥臂关断，下桥臂导通，负载电压 $u_o=u_{AN}=-U_d/2$。因 t_2 时刻 $i>0$ 且不能突变，负载电感中储存的能量要释放，故下桥臂 VD_2 导通，V_2 关断，i_o 减小，电流流通路径为 $C_1(-)\rightarrow VD_2\rightarrow L\rightarrow R\rightarrow N$，当减小到 0 之后，即 t_3 时刻，L 中的能量释放完毕，VD_2 关断，V_2 开始导通，电感反向充电，i_o 反向增加。直到 t_4 时刻，V_1 正偏，V_2 反偏，因而 V_2 关断，i_o 又经 VD_1 续流，电路完成一个工作周期。$t_4\sim t_6$ 区间的工作情况与 $0\sim t_2$ 区间相同。

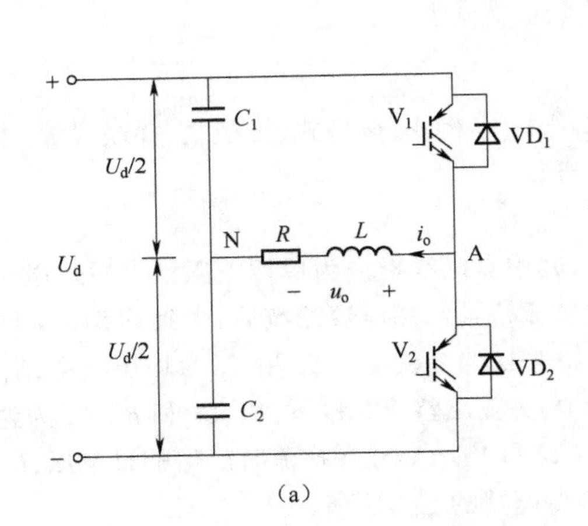

(a)

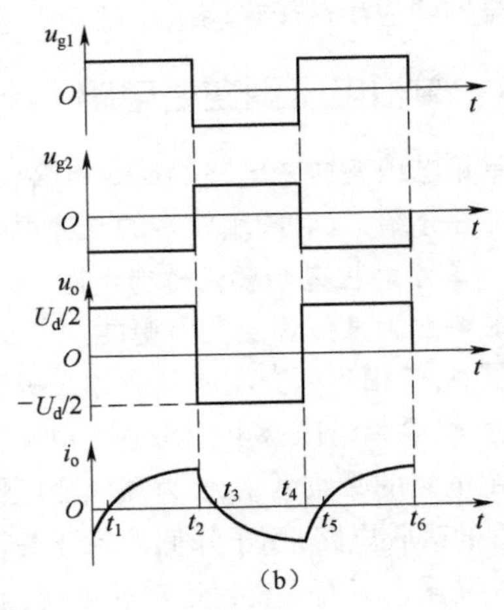

(b)

图 4-3　单相电压型半桥式逆变电路及其波形

在 $0\sim t_1$ 和 $t_2\sim t_3$ 区间，VD_1 和 VD_2 为通态，u_o 与 i_o 反向，负载电感储能向直流侧回馈，电容 C_1、C_2 吸收电能，缓冲了电感的无功能量。因二极管 VD_1、VD_2 为负载回馈能量提供通道，因而称为反馈二极管，也因为使负载电流连续，为负载电流提供流通路径，又称续流二极管。如果没有 VD_1、VD_2，需要增加吸收网络，如图 4-2 中的 R_1、C_3；否则在 V_1、V_2 关断时要强制电流 i_o 降为零，会在 V_1、V_2 两端产生很高的电压 $L(di_o/dt)$，从而使开关器件击穿损坏。

从负载两端的电压和电流波形可以看到，输出波形都是交变的，其频率为器件切换频率 $f=1/T$，改变器件的切换周期，即可调节输出交流电的频率。在电源 U_d 恒定的情况下，负载交流电压 u_o 呈方波，因此该逆变器又称方波型逆变器，其输出电压有效值 $U_o=U_d/2$，要改变其大小只能靠调节 U_d 来实现。

单相电压型半桥式逆变电路结构简单，使用器件少，但输出交流电压的幅值仅为直流电压的一半，波形为交变方波，与负载性质无关，谐波含量较大，在电路参数确定的情况下，幅值、形状不可调节。因而该电路常用于几千瓦以下的小功率逆变电源，比如小功率弧焊逆变电源、小功率高频加热电源、蓄电池充电电源、小功率 UPS 电源等。

2. **单相电压型全桥式逆变电路**

由于单相电压型半桥式逆变电路的不足，在实际应用中，特别是逆变电源容量较大的场合，常采用单相电压型全桥式逆变电路。图 4-4 所示为超声波逆变电源的主电路。它是由三相桥式整流电路、直流斩波器和逆变器组成的，其中，点画线框内即为一个由 IGBT 组成的单相电压型全桥式逆变电路。$C_1 \sim C_4$ 用以限制每个 IGBT 开关管上的 du/dt。三相 380 V/50 Hz 的交流电经整流、滤波和斩波控制后得到需要的直流电压，逆变电路将其变换为 22 kHz 的交流电。下面主要讨论单相电压型全桥式逆变电路的工作原理。

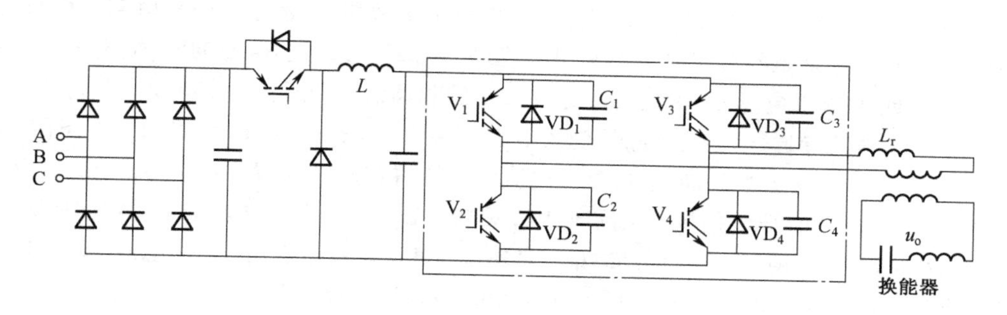

图 4-4　超声波逆变电源的主电路

单相电压型全桥式逆变电路由四个开关组成，如图 4-5(a)所示。每个开关构成一个桥臂，是由一个全控型器件和一个二极管反并联组成的。开关的通断是由开关器件的驱动信号控制的，驱动控制方式有多种，包括固定脉冲控制、脉冲移相控制和脉冲宽度控制(PWM)等。下面介绍前两种控制方式。

固定脉冲控制方式是指，V_1、V_4 驱动信号同相，V_2、V_3 驱动信号同相，而 V_1、V_4 和 V_2、V_3 的驱动信号互补，逆变电路输出的交流电压和电流波形与单相电压型半桥式逆变电路基本相同，区别是全桥式逆变电路导通器件为对角桥臂开关器件成对导通，因而负载输出电压幅值为直流电压值，是半桥式逆变电路的 2 倍，其波形如图 4-5(b)所示。

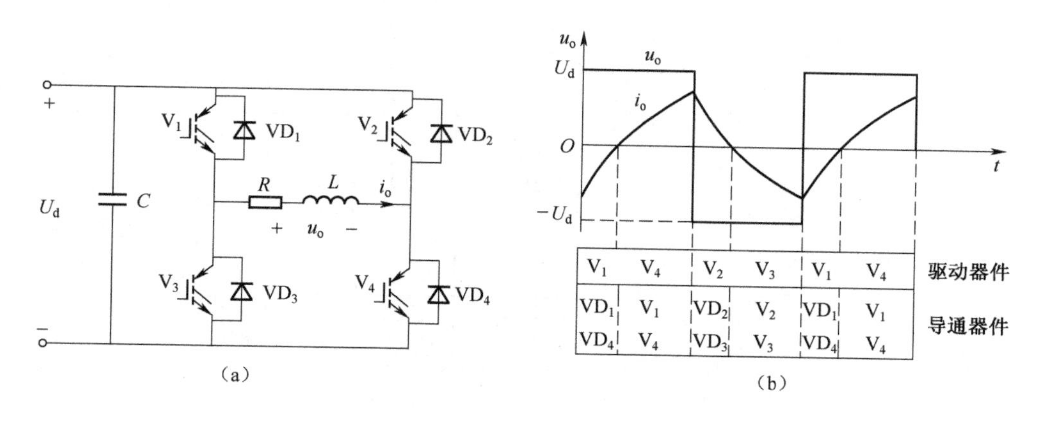

图 4-5　单相电压型全桥式逆变电路及波形

固定脉冲控制方式的交流输出电压仍为正负电压各为180°的方波，输出电压有效值的调节只能靠改变直流侧电压 U_d 完成，由于直流侧并联有大电容，影响了调节的快速性。为了方便地调节交流电压，一般采用移相控制方式。所谓移相控制方式，就是对成对导通的两组开关器件（对角开关器件为一组）的驱动信号不再按相差180°控制，而是移动一定角度，使输出电压波形的宽度发生变化，从而实现调节输出电压的目的。参照图4-5(a)和图4-6所示的波形，V_1、V_4 和 V_2、V_3 的驱动信号互补，但 V_1 与 V_4、V_2 与 V_3 的驱动信号错开 δ 角。当电路处于稳定工作状态时，因负载为感性负载，故电流 i_o 滞后于电压 u_o 一定角度。在 $0\sim t_1$ 区间，V_1、V_4 虽有驱动信号，因 i_o 反向而不能导通，此时二极管续流导通，负载中的电感放电，其中能量一方面回馈到直流侧，另一方面消耗在电阻 R 上。在 t_1 时刻，$i_o=0$，电感中电能释放完毕。在 $t_1\sim t_2$ 区间，$i_o>0$，V_1、V_4 导通，电感 L 储能，i_o 增加，到 t_2 时刻，V_2、V_4 驱动信号反向，V_4 关断，电流流通路径变为 $L\rightarrow VD_2\rightarrow V_1\rightarrow R\rightarrow L$，导通的开关器件为 V_1，VD_2，电感 L 释放能量，由于此时放电回路中只有电阻消耗能量，电感中能量不再回馈直流侧，故电流 i_o 下降较缓。在 $0\sim t_2$ 期间，输出电压 $u_o=+U_d$；在 $t_2\sim t_3$ 期间，输出电压 $u_0=0$。t_3 时刻，V_1、V_3 的驱动信号变反，V_1 关断，V_3 因电流反向而不能导通，VD_3 续流导通，电流流通路径变为 $U_d(-)\rightarrow VD_3\rightarrow R\rightarrow L\rightarrow VD_2\rightarrow U_d(+)$，$i_o$ 下降，L 放能。到 t_4 时刻，$i_o=0$，L 开始反向充电，负载电流流向从右到左，导通器件由 VD_2、VD_3 变为 V_2、V_3，直到 t_5 时刻，V_2、V_4 驱动信号再次反向，VT_2 关断，VD_4 导通，电流在两个下桥臂间逆时针流通，$u_o=0$，L 放能，到 t_6 时刻，一个周期结束。从输出电压波形可以看出，逆变电路产生的交流方波电压的宽度为 $\theta=\pi-\delta$，改变移相角度 δ 可以调节交流输出电压，电流也随之变化。

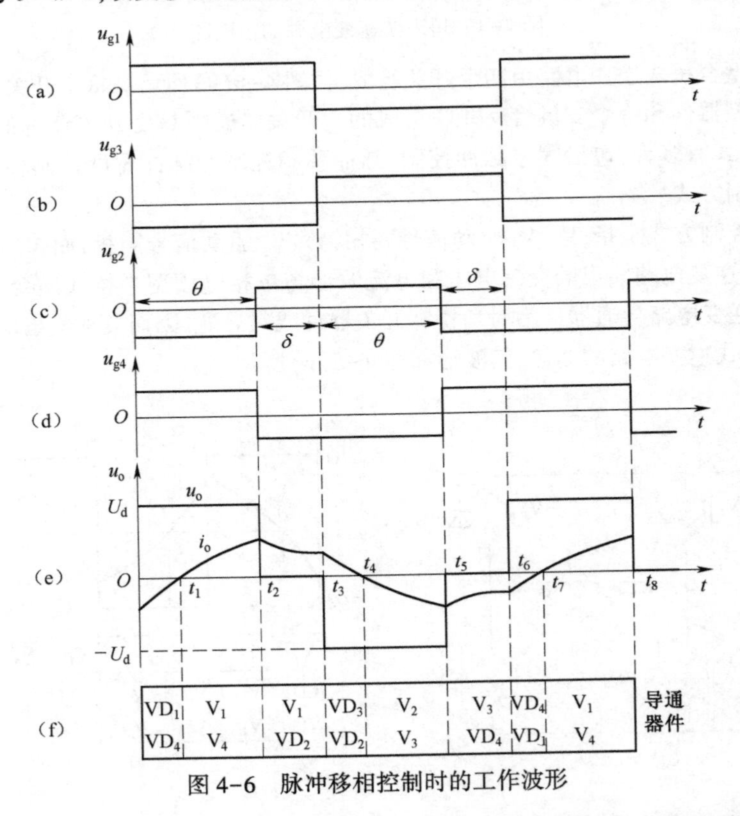

图4-6　脉冲移相控制时的工作波形

单相电压型全桥式逆变电路应用较为广泛。金属熔炼和表面处理的高频感应加热电源、超声波逆变电源、弧焊逆变电源、UPS 电源等常采用这种电路。

3. 单相电压型推挽式逆变电路

图 4-7 是该电路原理图。电路由两组开关和一个变压器组成，变压器一次侧两个绕组的匝数比为1 : 1，二次绕组接负载。交替驱动 V_1 和 V_2，则在变压器二次侧得到波形与全桥电路完全相同的输出电压 u_o 和电流 i_o。若变压器电压比为 k，则输出电压幅值为 U_d/k。该电路使用的电力电子器件较少，但必须有输出变压器，且对器件的耐压能力要求较高，故只应用在一些功率小、频率高的场合，如某些测量仪表、车用照明电源、电磁炉等。

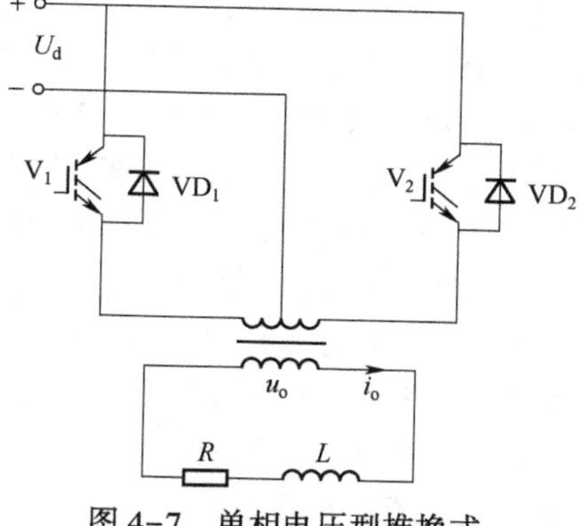

图 4-7 单相电压型推挽式逆变电路原理图

4.2.2 三相电压型逆变电路

单相逆变电路只能满足单相交流负载调压调频的要求，适合于小功率的场合；对于负荷较大、使用三相交流电的负载需要三相逆变电路，比如广泛使用的三相交流电动机的调速就需要能调频调压的三相交流电源。图 4-8 所示为某种型号的低压变频器主电路，其中点画线框内即为三相电压型桥式逆变电路。该电路由三个单相电压型半桥式逆变电路组成，使用六个开关（每个开关由一个全控型器件和一个二极管反并联组成）。三相电压型桥式逆变电路在三相逆变电路中具有相对简单、所用功率开关器件数目少等优点，因而获得广泛应用。本节首先介绍三相电压型全桥式逆变电路，其他三相电压型逆变电路在后面介绍。

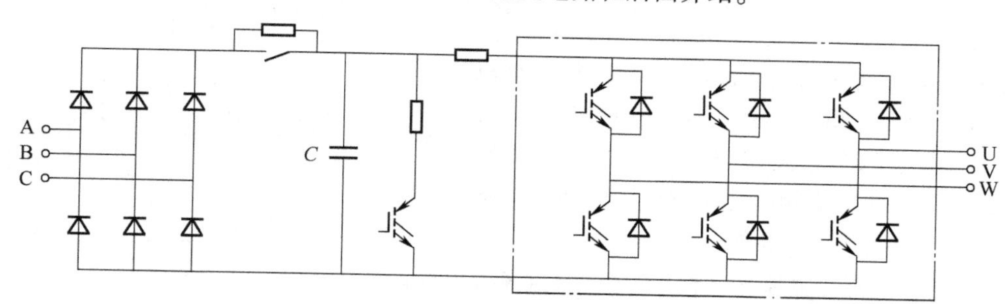

图 4-8 低频变压器主电路

三相电压型全桥式逆变电路如图 4-9 所示，其所接负载为阻感性负载。电路的控制方式有多种，电压输出波形为方波的有 180°导通型和 120°导通型。另一种应用极其广泛的控制方式是脉冲宽度调制（PWM）方式，将在下一章重点介绍。

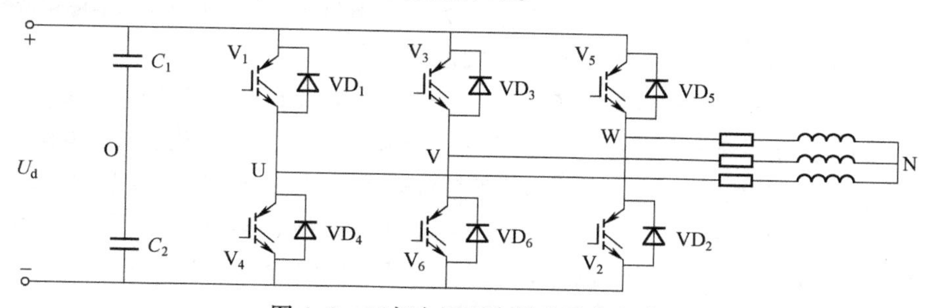

图 4-9 三相电压型全桥式逆变电路

1\. 180°导通型方波输出三相电压型逆变电路

通常直流侧电容只有一个即可。为了便于分析，图 4-9 中画出两个电容串联，O 为直流电源假想的中性点，N 为负载的中性点。和单相半桥、全桥逆变电路相同，每个桥臂的导通角度为 180°，同一相上、下两个桥臂交替导电，各相开始导电的角度依次相差 120°。设六个开关为 S_1 ~ S_6，其中 S_1 为 V_1 和 VD_1 的反并联，其余开关依此类推。六个开关的导通顺序为 S_1、S_2、S_3、S_4、S_5、S_6，分析时假设负载为三相对称负载。下面分析其工作原理。

参照图 4-10 所示的波形，u_{VO}滞后 u_{UO}120°，u_{WO}滞后 u_{VO}120°，在同一时刻，有三个开关导通，或者上桥臂一个开关下桥臂两个开关，或者上桥臂两开关下桥臂一个开关。设最初的导通状态为 S_1、S_5、S_6，则电流流通路径为 $U_d(+)\rightarrow S_1$ 和 $S_5\rightarrow$负载 U 和 W 端$\rightarrow$负载 V 端$\rightarrow S_6\rightarrow U_d(-)$这时的负载是 Z_U 与 Z_W 并联再与 Z_V 串联，V 相负载上的电压 $u_{VN}=-(2/3)U_d$，U 相和 W 相负载上的电压为 $u_{UN}=u_{WN}=(1/3)U_d$，逐次分析各个区间可以得到三相负载上的电压波形。由于负载为感性负载，负载电流滞后于其两端电压。图 4-10 中给出的是阻抗角时的 U 相负载电流波形，当负载电流与电压同向时，全控型器件导通；当负载电流与电压反向时，续流二极管导通。

i_V、i_W 的波形和 i_U 形状相同，相位依次相差 120°。把桥臂 1、3、5 的电流加起来，即可得到直流侧电流 i_d 的波形，如图 4-10(i)所示。可以看出，每隔 60°，电流 i_d 脉动一次，而直流侧电压基本无脉动，因而逆变器从直流侧向交流侧传送的功率是脉动的，且脉动的情况大体相同。

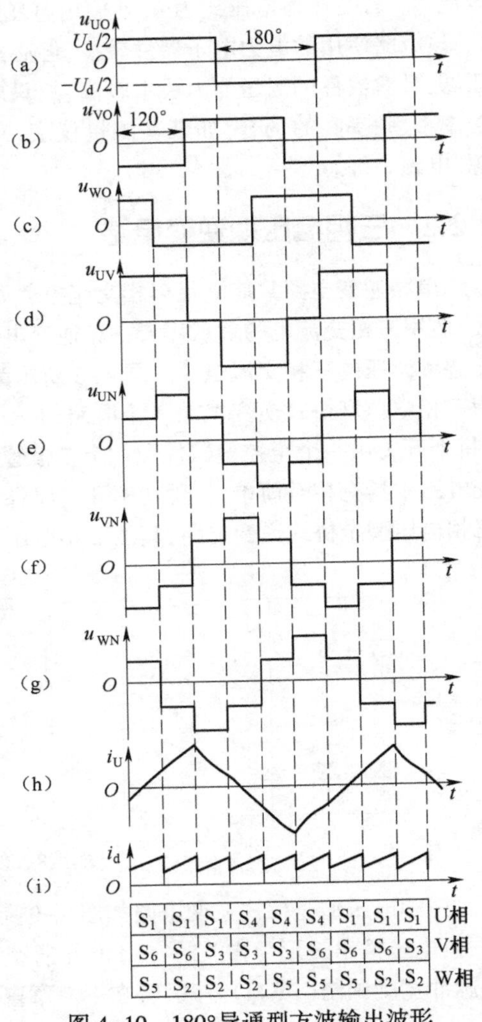

图 4-10　180°导通型方波输出波形

2\. 120°导通型方波输出三相电压型逆变电路

该控制方式的逆变电路的上桥臂开关 S_1、S_3、S_5 和下桥臂开关 S_4、S_6、S_2 各自以相隔 120°的顺序依次导通，一个周期中每个开关导通 120°，同一相上的下桥臂开关 S_4、S_6、S_2 比上桥臂开关 S_1、S_3、S_5 滞后 180°，如图 4-11 所示。同一时刻，只有两个开关导通，一个属于上桥臂，另一个属于下桥臂。设最初导通的两桥臂为 S_1、S_6，则电流流通路径为 $U_d(+)\rightarrow S_1\rightarrow$U 相负载$\rightarrow$V 相负载$\rightarrow S_6\rightarrow U_d(-)$，此时直流电压 U_d 加在了两相串联的负载上，因三相负载对称，故每相负载承担的电压为直流电压 U_d 的一半，即 $U_{UN}=-U_{VN}=U_d/2$。60°之后，下桥臂开关 S_2 与 S_6 换流，S_6 关断，S_2 导通，电流由 V 相转移到 W 相，流通路径为 $U_d(+)\rightarrow S_1\rightarrow$U 相负载$\rightarrow$W 相负载$\rightarrow S_2\rightarrow U_d(-)$。逐次分析各个区间可以发现，每隔 60°，相邻序号的开关导通，一个周期中六个开关各导通一次。

采用 120°导通方式时，同一相上、下桥臂有 60°的导通间隙（比如 S_1 关断后，S_4 并不立即导通，而是间隔 60°以后才导通），对换流的安全有利，但开关器件的利用率较低，并且当电动机采用星形接法时，始终有一相绕组断开，换流时该相绕组中会引起较高的感应电动势，需要采取过电压保护措施。而采用 180°导通方式时，无论电动机采用星形接法还是三角形接法，正常工作时不会引起过电压，因而 180°导通方式应用较为普遍。

需要说明的是，在 180°导通方式的逆变电路中，为了防止同一相上、下两桥臂的开关器件同时导通而引起直流电源的短路，必须在两开关切换时设置死区时间。所谓死区时间，是指同一相上的两开关切换时驱动信号同时为零的一段短暂的时间。当两开关切换时，应采取先断后通的方法，即先使应关断的器件关断，待其关断一定时间之后，再给应导通的器件发出开通信号，这一段间隔要确保应关断的器件关断后才开通另一器件。死区时间的长短取决于器件的开关速度，器件的开关速度越快，所留的死区时间就可以越短。对于工作于上、下桥臂通断互补控制方式的任何电路，都必须设置“先断后通”的死区时间。

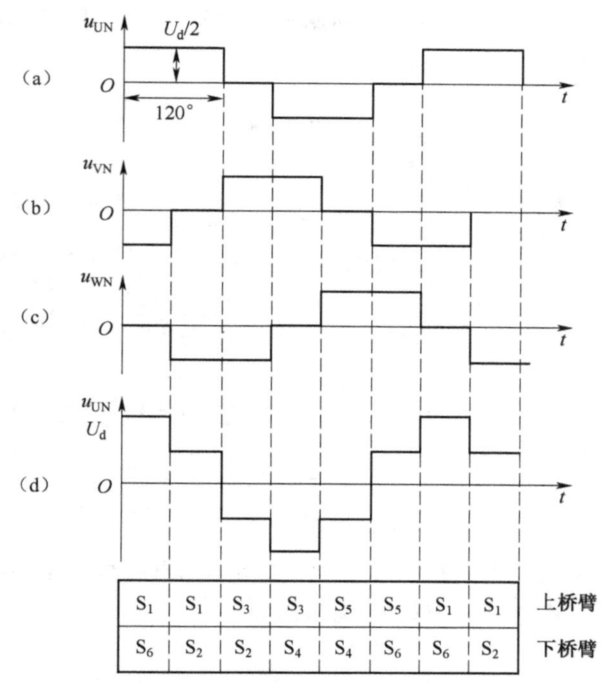

图 4-11　120°导通型方波输出波形

4.2.3　方波逆变电路输出电压波形分析

对于输出波形宽度为 180°的矩形方波，且以原点为镜面对称的电压波形，如图 4-5(b)和图 4-6(e)所示，其傅里叶展开式为

$$u_o=\sum_{n=1,3,5,\cdots}^{\infty}\frac{4U_m}{n\pi}\sin n\omega t=\sum_{n=1,3,5,\cdots}^{\infty}\sqrt{2}U_n\sin n\omega t$$

$$=\frac{4}{\pi}U_m\left(\sin\omega t+\frac{1}{3}\sin 3\omega t+\frac{1}{5}\sin 5\omega t+\frac{1}{7}\sin 7\omega t+\frac{1}{9}\sin 9\omega t+\frac{1}{11}\sin 11\omega t+\cdots\right)\quad(4-1)$$

式中，U_m 为输出矩形波的幅值；$\omega=2\pi f_0$ 为输出电压基波角频率，

$$f_0=\frac{1}{T_0}$$

基波和各次谐波有效值 U_n 为

$$U_n=\frac{2\sqrt{2}}{n\pi}U_m\quad(4-2)$$

输出电压有效值为

$$U_o=\sqrt{\frac{2}{T_0}\int_0^{T_0/2}U_m^2\mathrm{d}t}=U_m\quad(4-3)$$

对于如图 4-10(e)所示的阶梯波,如果时间坐标起点取在阶梯波的起点,其傅里叶展开式为

$$u_{UN}=\frac{2}{\pi}U_d\left(\sin\omega t+\frac{1}{5}\sin5\omega t+\frac{1}{7}\sin7\omega t+\frac{1}{11}\sin11\omega t+\frac{1}{13}\sin13\omega t+\cdots\right) \tag{4-4}$$

基波有效值为 $U_{UN1}=\frac{\sqrt{2}}{\pi}U_d$,无 3 的整数倍次谐波。

对于输出波形宽度为 120°的方波,如图 4-11(a)所示,其傅里叶展开式为

$$\begin{aligned}u_o&=\frac{2\sqrt{3}}{\pi}U_m\left(\sin\omega t-\frac{1}{5}\sin5\omega t-\frac{1}{7}\sin7\omega t+\frac{1}{11}\sin11\omega t+\frac{1}{13}\sin13\omega t-\cdots\right) \quad (4-5)\\&=\frac{2\sqrt{3}}{\pi}U_m\sin\omega t+\frac{2\sqrt{3}}{\pi}U_m\sum_{\substack{n=6k\pm1\\k=1,2,3,\cdots}}^{\infty}(-1)^k\frac{1}{n}\sin n\omega t\\&=\frac{2\sqrt{3}}{\pi}U_1\sin\omega t+\sum_{\substack{n=6k\pm1\\k=1,2,3,\cdots}}^{\infty}(-1)^k\sqrt{2}U_m\sin n\omega t\end{aligned}$$

式中,U_m 为方波幅值;$\omega=2\pi f_0$ 为输出电压基波角频率。

基波和各次谐波的有效值为

$$U_1=\frac{\sqrt{6}}{\pi}U_m \tag{4-6}$$

$$U_n=\frac{\sqrt{6}}{n\pi}U_m,n=6k\pm1,k=1,2,3,\cdots \tag{4-7}$$

输出电压波形有效值为

$$U_o=\sqrt{\frac{2}{3}}U_m$$

4.3 电流型逆变电路

前已述及,直流电源为电流源的逆变电路即为电流型逆变电路。一般电流源的输出端都串联有大电感,使输出电流脉动很小,近似为恒流。图 4-12 所示为 IGBT 高频加热逆变电源主电路,它是电流型逆变电路,常用于金属熔炼和表面处理的高频加热逆变电源。其中,点画线框内为电流型并联谐振逆变电路,L 为感应加热线圈电感,C 为与之并联的电容,与 IGBT 相并联的电容为缓冲电容,可以降低 du/dt。本节首先介绍单相逆变电路,然后介绍三相逆变电路。

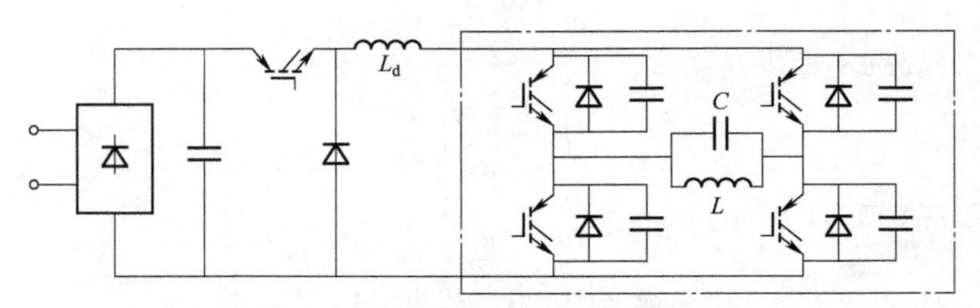

图 4-12　IGBT 高频加热逆变电源主电路

4.3.1 单相电流型逆变电路

图4-13所示为晶闸管组成的单相电流型桥式逆变电路。图中，$VT_1 \sim VT_4$ 组成逆变电路的四个桥臂，大电感 L_d 串联于直流电源的输出端，因此直流回路电流 i_d 基本不变。R、L 为逆变电路的负载，电容 C 是并联在负载两端的补偿电容，与 L、R 组成并联谐振电路。电容 C 处于过补偿状态，使并联谐振回路的电流 i_o 领先于电压 u_o 一个角度 θ，即 R、L、C 呈容性，θ 的大小取决于电容的补偿程度。在 VT_1、VT_3 导通时有正向电流 I_d 自 A 流向 B，在 VT_2、VT_4 导通时有反向电流自 B 流向 A，AB 间的电流 i_o 是方波型的交流电，如图4-13(b)所示。设 $0 \sim \pi$ 区间，VT_1、VT_3 导通，$i_o = i_d$，C 与 R、L 工作于谐振状态。在 $\omega t = \pi$ 时刻之前，输出电压 $u_o > 0$，VT_2、VT_4 承受正向电压。在 $\omega t = \pi$ 时刻，VT_1 与 VT_2、VT_3 与 VT_4 需要换流时，触发 VT_2 和 VT_4，VT_2、VT_4 因承受正向电压而导通，VT_1、VT_3 承受反向电压而关断。在 i_o 的负半周时刻，触发 VT_1、VT_3，则 VT_2、VT_4 承受反向电压关断，VT_1、VT_3 再次导通。可以看出，晶闸管触发脉冲出现的时刻与负载电压 u_o 有关，这种利用负载电压使晶闸管关断的方式称为负载换流方式。

图4-13所示的单相电流型桥式逆变电路常用于感应加热电炉的电源。R 和 L 串联即为感应线圈的等效电路，往往是感应加热电炉变压器的一次绕组。感应加热电炉通过改变直流电源电压 U_d 的大小，调节直流电流 I_d 的值来调节感应加热电炉的输出功率，逆变电路开关随着负载的振荡而进行换流，因而直流电源一般采用可控整流器。在使用中，电容 C 要预先充电，在逆变电路起动时，电容 C 与 R、L 首先产生振荡，而晶闸管触发器则利用振荡器产生的电压 u_o 作为同步信号，使 $VT_1 \sim VT_4$ 的通断与 u_o 同步。因此，该逆变电路的输出频率就是 R、L、C 并联谐振电路的谐振频率。

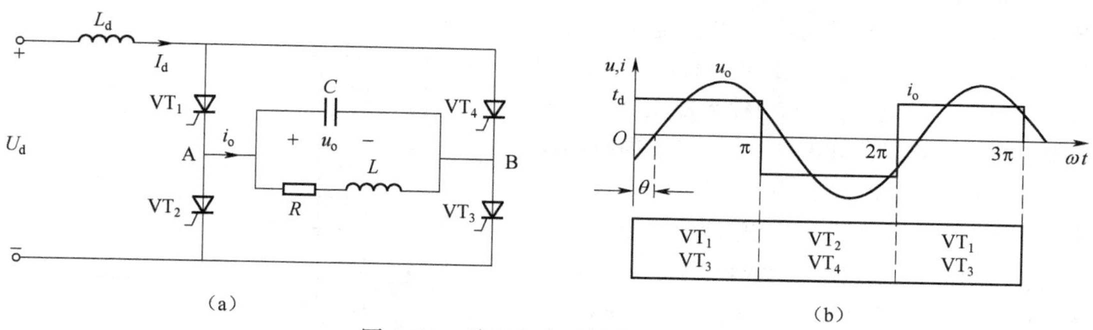

图4-13　单相电流型桥式逆变电路

4.3.2 三相电流型逆变电路

三相电流型逆变电路常用于电动机调速，此时负载为感性负载。电流型逆变电路直流回路电流不易变化，在逆变电路开关动作时，如果不能保证逆变电路输入电流稳定，则易产生很高的 di/dt，影响逆变电路的安全运行，电压型逆变电路则没有这类问题。因此，目前中小功率变频器大都采用电压型逆变电路，电流型逆变电路很少使用。但是电流型逆变电路的直流电源采用晶闸管可控整流，通过调节控制角可以进行有源逆变，将交流电动机的能量回馈电网，实现节能和四象限运行。

1. 三相电流型方波逆变电路

逆变电路的开关器件可以采用半控型器件，也可以采用全控型器件，如图4-14(a)、(b)所示。开关器件采用120°导通方式，即同一周期中，上桥臂的三个开关和下桥臂的三个开关分别依次导通120°，接在同一相上的两个开关的导通角相差180°。下面重点分析图4-14(a)所示的串联二极管式电流型逆变电路。

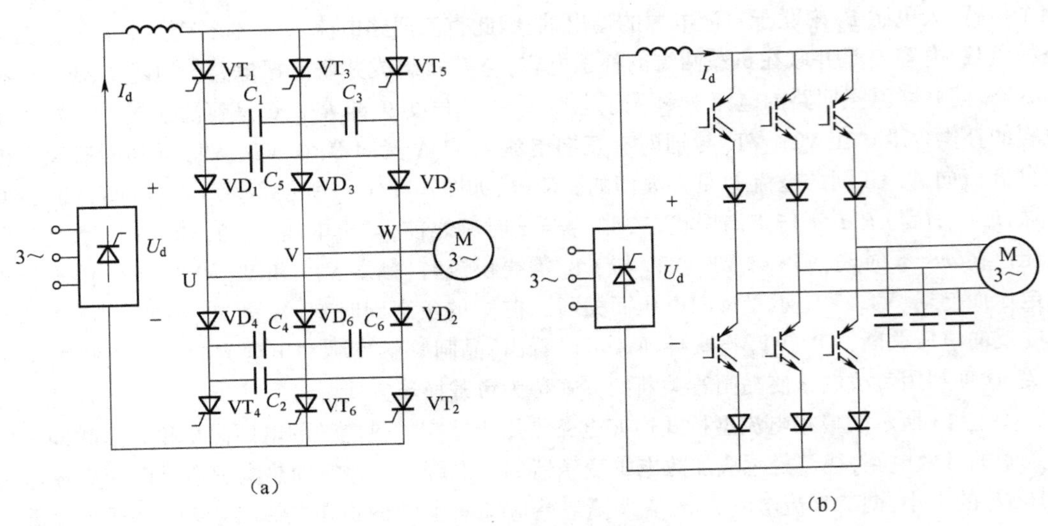

图4-14　三相电流型逆变电路

该电路与120°导通型方波输出三相电压型逆变电路工作原理基本相同，不同之处在于，由于是电流源，当开关器件导通时，流过负载的电流为方波，如图4-15所示。因开关器件采用晶闸管，没有自关断能力，需要并联电容$C_1 \sim C_6$为其提供反向关断电压，$C_1 \sim C_6$称为换流电容。设电路已进入稳定工作状态，在VT_1、VT_6同时导通期间，电流流通路径为$U_d(+) \rightarrow L \rightarrow VT_1 \rightarrow VD_1 \rightarrow$电动机U相绕组→电动机V相绕组$\rightarrow VD_6 \rightarrow VT_6 \rightarrow U_d(-)$；过60°之后，$VT_2$与$VT_6$换流，导通器件为$VT_1$，$VT_2$，电流流通路径为：$U_d(+) \rightarrow L \rightarrow VT_1 \rightarrow VD_1 \rightarrow$电动机U相绕组→电动机W相绕组$\rightarrow VD_2 \rightarrow VT_2 \rightarrow U_d(-)$；再过60°，$VT_3$和$VT_1$换流，导通器件为$VT_2$，$VT_3$，电流流通路径为$U_d(+) \rightarrow L \rightarrow VT_3 \rightarrow VD_3 \rightarrow$电动机V相绕组→电动机W相绕组$\rightarrow VD_2 \rightarrow VT_2 \rightarrow U_d(-)$，依此类推。同一时刻，总有两个晶闸管导通，它们分别属于上桥臂组和下桥臂组，电动机三相电流为交流方波，其频率取决于$VT_1 \sim VT_6$的循环工作周期，电流的大小通过整流电路中晶闸管的触发角来调节。

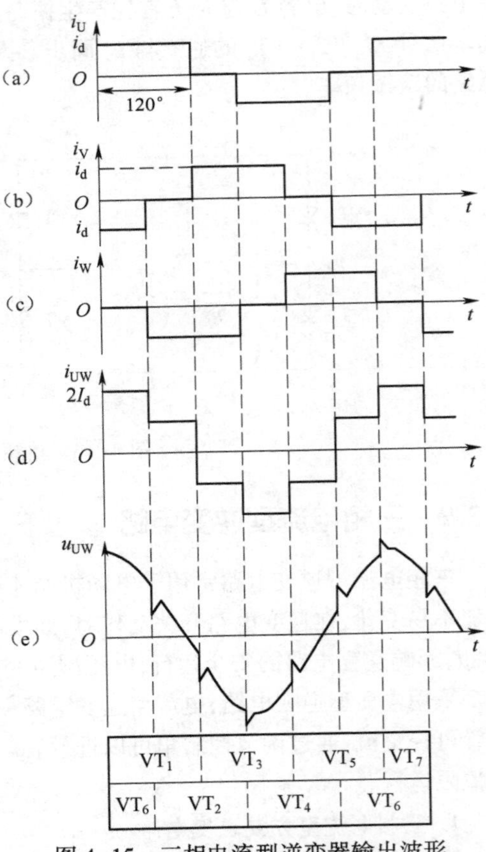

图4-15　三相电流型逆变器输出波形

各桥臂的换流主要利用换流电容$C_1 \sim C_6$组成的辅助电路完成。因晶闸管无自关断能力，靠辅助电路强迫其关断,这种换流方式称为强迫换流。现以 VT_1 和 VT_3 的换流过程加以说明。在 VT_3 导通之前,导通的两个晶闸管为 VT_1 和 VT_2,在 VT_1、VT_3 阴极之间的电容为 C_5 与 C_3 串联后再与 C_1 并联,用 C_{13}表示,C_{13}的极性为左正右负,如图 4-16(a)所示。此时 VT_3 承受正向电压,在忽略 VT_1 管压降的情况下,VT_3 两端电压与 C_{13}两端电压相同。结合图 4-17,在 t_1 时刻,给 VT_3 触发脉冲,则 VT_3 导通,电容 C_{13}两端的电压作用在 VT_1 两端,VT_1 因承受反向电压而关断。电流 I_d 从 VT_1 换到 VT_3 上,流通路径如图 4-16(b)所示。因为电流 I_d 恒定,C_{13}工作于放电状态,故称为恒流放电阶段。在 C_{13}放电结束之前,VT_1 一直承受反向电压,只要承受反向电压时间大于晶闸管的关断时间 t_g,就能保证 VT_1 可靠关断。在 t_2 时刻,C_{13}放电结束,在负载电感的作用下开始反方向充电,当 C_{13}两端电压(左负右正)增加到使 VD_3 正向偏置时,VD_3 导通,此时流过 VD_3 的电流为 i_V,流过 VD_1 的电流 $i_U=I_d-i_V$,两个二极管同时导通,进入二极管换流阶段,如图 4-16(c)所示。

随着 C_{13}充电电压的增高,i_U 逐渐减小,i_V 逐渐增大,到 t_3 时刻 $i_U=0$,$i_V=I_d$,VD_1 关断,完成 U 相与 V 相的换流,进入 VT_2、VT_3 的稳定导通阶段,电流流通路径如图 4-16(d) 所示。其他晶闸管的换流过程与此类似。

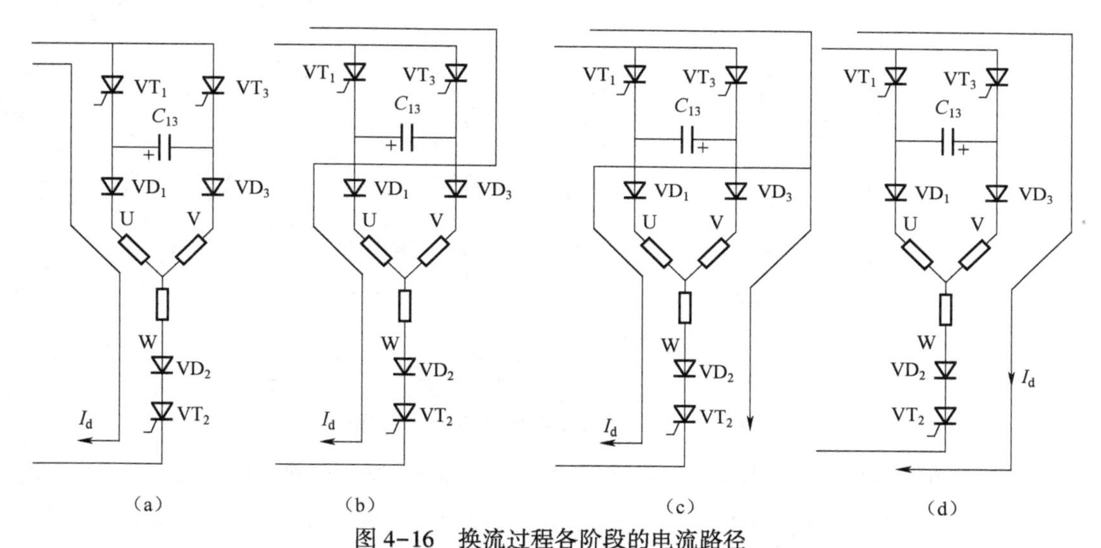

图 4-16 换流过程各阶段的电流路径

当负载为电动机负载时,逆变电路三相输出电压与电动机定子感应电动势相近,波形为正弦波。换流瞬间,受 di/dt 的影响,在电压波形上会出现毛刺和缺口,如图 4-15(e)所示,并且二极管的换流时间会受到定子感应电动势的影响。

2. 三相电流型逆变电路在电气传动方面的应用案例——无换向器电动机调速系统

三相电流型逆变电路主要应用于交流电动机调速。其突出优点有三方面:第一个优点是能量可以回馈电网,系统可以四象限运行。虽然电流型逆变电路直流环节的电流方向不能改变,但整流电压的极性很容易改变(当整流电路工作于有

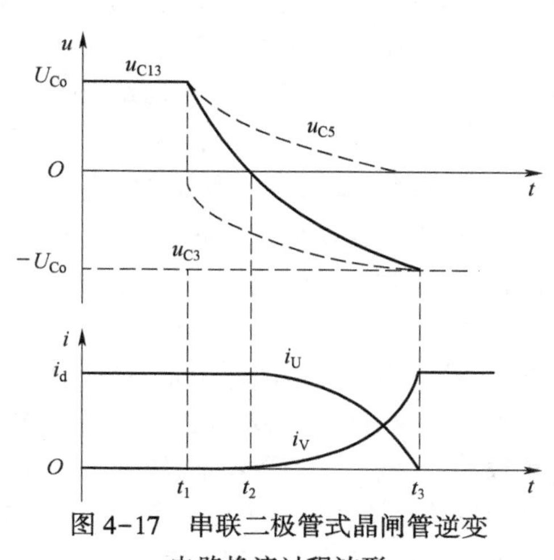

图 4-17 串联二极管式晶闸管逆变电路换流过程波形

源逆变状态时电压极性反向),能量可以方便地回馈电网。第二个优点是整流电路若采取电流PWM控制(下一章介绍),可改善输入电流波形,减少谐波。第三个优点是由于存在大的平波电抗器,过电流保护比较容易。当逆变侧出现短路等故障时,由于平波电抗器的存在,电流不会突变。把三相电流型逆变电路应用于交流同步电动机的变频调速,即组成无换向器电动机调速系统。无换向器电动机调速系统又称负载自然换向电流型交—直—交变频调速系统,是一种适用于大功率(3 000 kW以上)、高速(600 r/min以上)、中压(3~10 kV)场合的同步电动机调速系统,在大型风机、泵、压缩机等设备中得到应用。它有时也用来作为巨型同步电动机(>10 MW)的软起动装置。其缺点是,过载能力低(120%左右),宜拖动平稳负载。

无换向器电动机调速系统主电路如图4-18所示,图中MS为同步电动机,BQ为转子位置检测器,UR为晶闸管可控整流器,UI为晶闸管负载自然换向电流型逆变器。将图4-18改画为图4-19(a)的形式,同时与图4-19(b)相比较,会发现,无换向器电动机可以等效为只有三个换向片的直流电动机。其中,逆变器UI相当于机械换向器;转子位置检测器BQ相当于直流电动机电刷。电枢绕组在定子侧,与直流电动机位置正好相反。

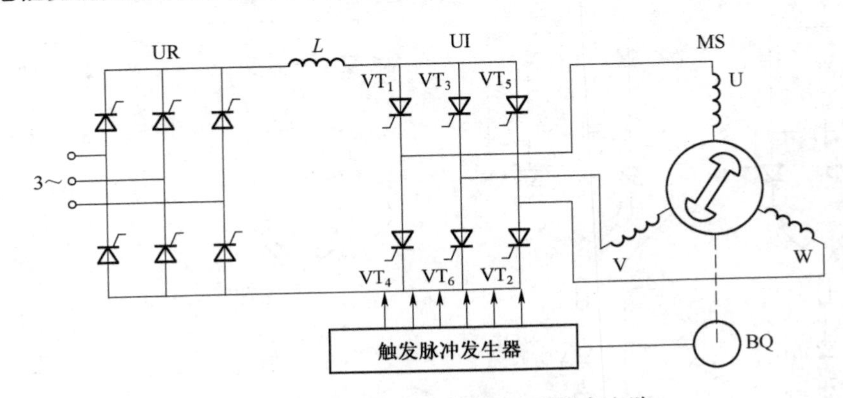

图4-18　无换向器电动机调速系统主电路

从图4-19(b)中可以看到,电动机每转过60°电角度,电枢绕组出现一次换向。在无换向器电动机中,同样是转子每转过60°电角度,电枢绕组进行一次换向。所不同的是,直流电动机的电枢换向是靠机械换向器和电刷完成的,而无换向器电动机是靠转子位置检测信号控制逆变器的开关器件的通断完成的。因无换向器电动机的工作原理、特性与直流电动机类似,但没有电刷和机械换向器,故而得名。下面结合图4-20来分析其工作原理。

若转子位置如图4-20(a)所示,由转子位置检测器发出控制信号使逆变器晶闸管VT_6、VT_1导通,则电流流通路径为直流电源正极→VT_1→U相绕组→V相绕组→VT_6→直流电源负极。此时,定子磁场基波分量F_S和转子正弦→磁场F_r在空间的相对位置如图4-20(a)所示,它们在空间相差120°电角度。因逆变器为电流型,流入定子绕组的电流幅值恒定,所产生的定子磁势基波分量的幅值恒定,而转子是直流励磁的,所产生的磁场在气隙中是按正弦规律分布的,转子磁势幅值同样固定不变。由电机学知识可知,定、转子之间产生的电磁转矩除与二者磁势幅值成正比外,还与二者磁势夹角的正弦成正比,电磁转矩作用的方向始终使其夹角减小。显然,转子转到定、转子磁势夹角为90°时,电动机产生最大的电磁转矩;而后随着电动机的旋转,定、转子磁势不断减小,电磁转矩随之下降。当转子转到如图4-20(b)所示位置时,由转子位置检测器发出控制信号使VT_1、VT_2导通,同时关断VT_6。流过定子绕组的电流由原来的U,V两相绕组切换到U,W两相绕组,电流流通路径为直流电源正极→VT_1→U相绕组→W相绕组→VT_2→直流电源负极。由于定子磁势幅值恒定不变,其空间位置顺时针向前变化了60°电角度,使定、转子空间磁势的夹角又变成120°电角度。之后的情况可类推,如图4-20(c)、(d)、(e)、(f)所示。

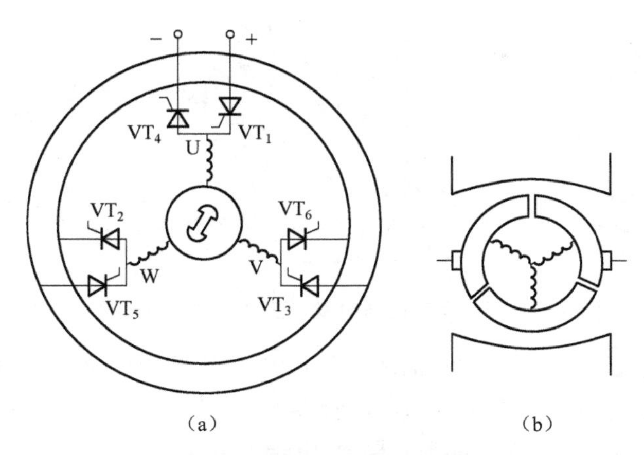

图4-19　无换向器电动机及其等效直流电动机模型

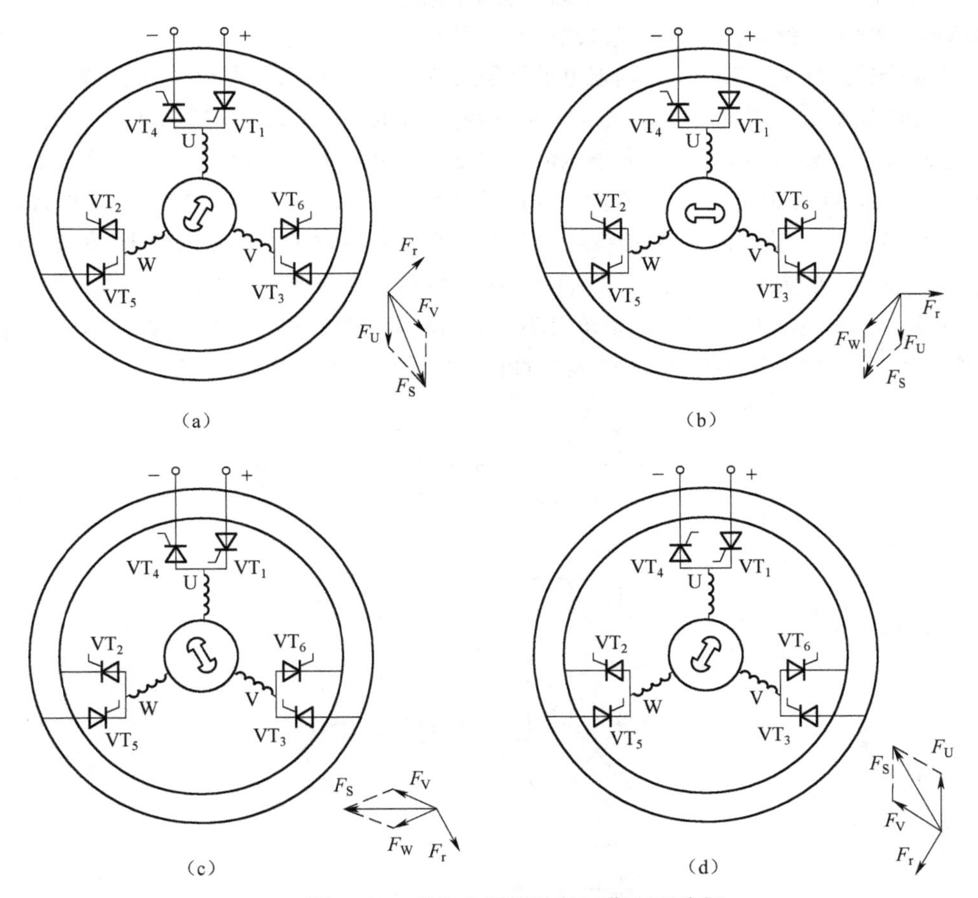

图4-20　无换向器电动机工作原理分析

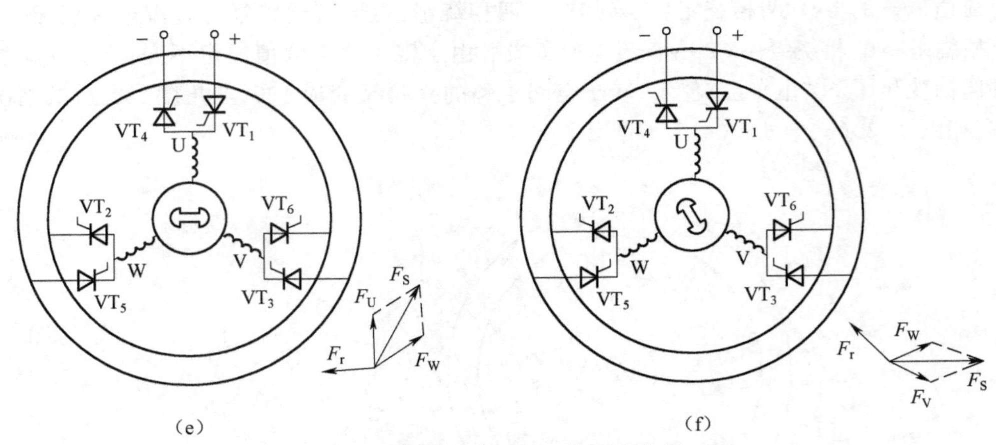

图 4-20　无换向器电动机工作原理分析(续)

从以上分析可以看出,逆变器中晶闸管是 120°导通型,即一个周期内每个晶闸管导通 120°,每隔 60°换流一次,同一时刻有两只晶闸管导通,每新导通一个晶闸管同时关闭上一序号晶闸管。至于任一时刻该由哪两只晶闸管导通,由转子位置检测器发出的信号进行控制。由于晶闸管为半控型器件,一旦触发导通,门极就失去了控制作用。因而换流的两只晶闸管中,当欲导通的晶闸管得到触发信号时,另一只晶闸管必须承受一定时间的反向电压才可关断,换流才可完成,否则会造成换流失败。无换向器电动机采用负载换流方式,在电动机转子(磁场)旋转时,定子三相绕组感应三相电动势 e_U,e_V,e_W,如图 4-21 所示。由于无换向器电动机实质上是同步电动机,其反电动势的相位滞后于定子电流的相位,不需要另设换流电路,可实现逆变器的自然换流。设 ωt_1 时刻,VT_1 与 VT_3 换流,触发 VT_3 后,因 $e_U>e_V$,VT_3 承受正向电压而导通,此时在 (e_U-e_V) 的作用下,在 U 相绕组与 V 相绕组之间产生环流,使流过 VT_1 的电流减小,流过 VT_3 的电流增加,环流的方向为 U 相绕组→VT_1→VT_3→V 相绕组。换流过程必须在 e_U 与 e_V 的交点之前完成,否则会造成换流失败。因此,换流时刻至少比两相电交点提前一定角度 δ,这个角度称为换流提前角,其目的是确保换流过程中应关断的晶闸管可靠关断。

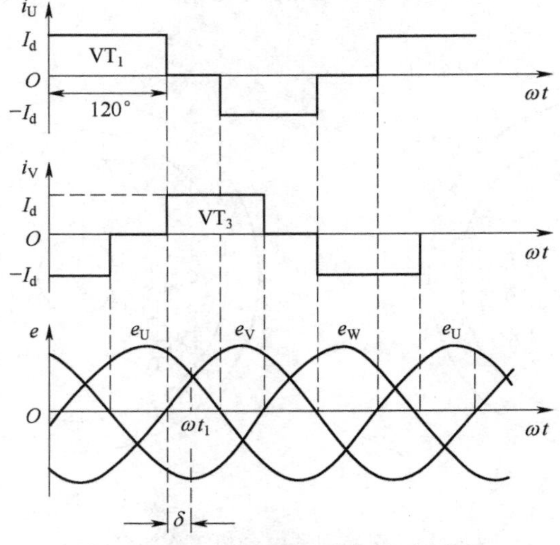

图 4-21　无换向器电动机换流原理

4.4　逆变电路在中高压电气传动方面的应用案例——多电平逆变电路

大功率交流调速系统中广泛应用的是中压(1 ~ 10 kV)交—直—交变频调速器。由于开关器件最高允许电压的限制以及输出波形的要求,采用前面所介绍的逆变电路难以满足要求。前面讨论的逆变电路的相电压只有 $U_d/2$ 和 $-U_d/2$ 两种电平,因而称为二电平逆变电路。该电路结构简单,控制容易,但也有其不足。第一方面的不足来自器件方面的限制。在传统的二电平三相桥式逆变电路中,开关器件在关断过程中所承受的最高电压要高于直流环节的电源电压,而逆变电路的输出线电压峰值正比于 U_d,因此要想提高逆变电路的输出电压就必须提高中间环节电压,这会受到开关器件最高允许电压的限制。常用 IGBT 的最高允许电压一般小于 3 300 V,即使是耐压能力较高的 GTO,一般也不超过 6 000 V。因此,受当前电力电子器件生产和制造技术的限制,二电平逆变电路难以满足中高压逆变器的需要。第二方面的不足来自输出电压波形。二电平逆变电路输出相电压只有两个电平状态,输出电压波形的谐波含量较高,电磁干扰比较严重。如果使逆变电路的输出相电压有三种以上的电平状态,既减小开关器件的电压应力,又减小输出电压谐波含量,则可在中高压变频器中获得广泛应用,这种逆变电路就是多电平逆变电路。多电平逆变电路主要有三类结构:二极管钳位型逆变电路、电容钳位型逆变电路、具有独立直流电源的级联型逆变电路。本节对这三类逆变电路进行分析,分析之前先介绍中高压逆变电路的应用场合及中压电压等级问题。

4.4.1　中高压逆变电路的应用场合及中压电压等级问题

输电系统的电压等级的划分国内与国际上略有区别。国际上,对于交流输电系统有如下电压等级:超高压(extra high voltage,EHV)为 330~750(765)kV;高压(high voltage,HV)为 10 kV 以上(35~220 kV);中压为 1~10 kV;低压为 1 kV 以下。而直流输电系统一般采用高压直流输电(high voltage direct current,HVDC),电压等级为±500 kV。我国输电电压等级:高压电网为 110 kV 和 220 kV;超高压为 330 kV、500 kV、750kV;特高压为 1 000 kV(交流)、±800 kV(直流)。电气传动的电压等级的划分,国外:10 kV 以上为高压;1~ 10 kV 为中压;1 kV 以下为低压。我国称 1~10 kV 变频器为高压变频器。

中高压逆变电路主要应用于大功率电动机的变频调速,比如钢铁企业的轧钢机(功率在 500 kW 以上)、大功率风机、水泵、电动车辆(电力机车、地铁、无轨电车等)、舰船(功率均为兆瓦级)等。大功率电动机均采用中高压供电,一方面可以限制电动机直接起动时的母线压降,另一方面可以减少供电线路损耗。

在我国,一般情况下 200 kW 以上电动机用中压,400 V 以上只采用 10 kV 这一等级的中压,6 kV 的电压等级正在淘汰,使得中压这一范围的电压等级变高,影响了大中功率中压变频器的推广应用。由于电压等级高,使得变频器中器件串联数增多,电流利用率降低,价格升高,可靠性降低。以 630 kW 变频器为例,若电压为 10 kV,电流仅 45 A;H 桥级联变频器需要用 1 700 V、100 A(或 150 A)的 IGBT 桥 10 串,三相共 120 个器件。现在 IGBT 的电流等级已达 2 400 A,采用大电流器件更为合理。如果改用 690 V 电压,变频器仅需 12 个 1 700 V、1 000 A 的 IGBT,器件数大大减少,电路简化。

国外的情况与我国有所不同。在国外，在 400 V 和 10 kV 之间还有如下电压等级：低压 690 V，中压 2.3 kV、3(3.3)kV、4.16 kV、6(6.9)kV；低压电动机(400 V 和 690 V)功率扩展至 1 000 kW，中压电动机的电压等级随功率增加而升高，除特大功率外，不生产 10 kV 变频器。因此，在我国需要把供电和用电的电压等级分开，在中压变频器的输入端配输入变压器，一次侧接 10 kV 电网；二次侧根据功率大小，选择合适的变频器和电动机的电压等级。

电动机采用变频调速后，起动电流减小，低压电动机的功率可以扩展至 800～1 000 kW，500 kW以下用 400 V，500 kW 以上用 690 V。功率大于 800 kW 的场合，宜用 6 kV 或 3(3.3)kV，尽量避免选用 10 kV 的变频器。

4.4.2 二极管钳位型多电平逆变电路

下面以二极管钳位型三电平逆变电路为例进行介绍。二极管钳位型三电平逆变电路(又称中性点钳位变流电路)主电路如图 4-22 所示。从图中可以看出，该电路在传统二电平三相桥式逆变电路六个主开关管(V_{11}～V_{61})的基础上，分别在每个桥臂上增加两个辅助开关管(V_{12}～V_{62})和两个中性点钳位二极管(VD_{01}～VD_{06})。直流侧用两个串联的电容(C_1、C_2)将直流母线电压分为$+U_d/2$、0、$-U_d/2$ 三个电平，钳位二极管(VD_{01}～VD_{06})和内侧开关管(V_{12}、V_{41}、V_{32}、V_{61}、V_{52}、V_{21})并联，其中心抽头和零电平 O 点连接…实现中性点钳位。

下面以 U 相为例说明该电路的工作原理。

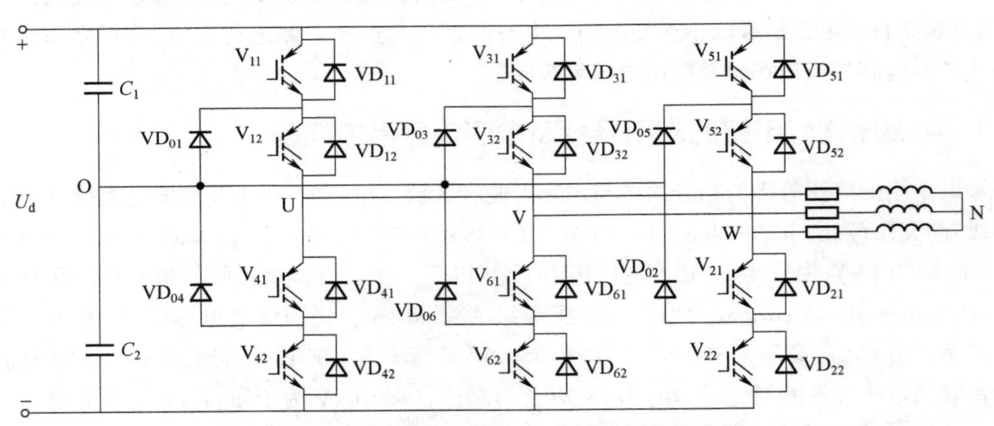

图 4-22 二极管钳位型三电平逆变电路主电路

当逆变电路中 V_{11} 和 V_{12} 导通而 V_{41} 和 V_{42} 关断时，U 相的输出相电压(相对于中间直流环节的中性点 O) $U_{UO}=U_d/2$，此时电流 i_U 的流通路径为 $U_d(+)\rightarrow V_{11}\rightarrow V_{12}\rightarrow U$，$i_U>0$，设该状态为“1”。当逆变电路中 V_{41} 和 V_{42} 导通而 V_{11} 和 V_{12} 关断时，U 相的输出电压 $U_U0=-U_d/2$，电流 i_U 的流通路径为 $U\rightarrow V_{41}\rightarrow V_{42}\rightarrow U_d(-)$，$i_U<0$，设该状态为“-1”。这两种状态与传统的二电平逆变电路无太大区别，只是每半桥臂由两个开关器件相串联。该电路的第三种状态为“0”状态，在这种状态下，使 V_{11}、V_{42} 关断而 V_{12} 或 V_{41} 导通。因负载电流方向的不同，电流在 U 相桥臂内的流通路径也不同。当 $i_U>0$ 时，流通路径为 $O\rightarrow VD_{01}\rightarrow V_{12}\rightarrow U$，$U_{UO}=0$；当 $i_U<0$ 时，流通路径为 $U\rightarrow V_{41}\rightarrow VD_{04}\rightarrow O$，$U_{UO}=0$。可见，不论 i_U 的方向如何，逆变电路输出相电压总为零，从而得到第三种电平。

参照图 4-23 所示的三电平逆变电路输出电压波形，以 $i_U>0$ 时的情况为例，此时三相负载导电回路有两条，第一条导电回路为 C_2 上端（O 端）→VD_{01}→V_{12}→U 相负载→W 相负载→V_{21}→V_{22}→C_2 下端，此时 $U_{UO}=0$，$U_{WO}=-U_d/2$；第二条导电回路为 $U_d(+)$→V_{31}→V_{32}→V 相负载→W 相负载→V_{21}→V_{22}→$U_d(-)$，而 $U_{VO}=U_d/2$。可以看出，通过辅助开关管和钳位二极管的共同作用，可以使逆变电路输出 $U_d/2$、$-U_d/2$、0 三种电平的相电压，线电压则为五电平。与图 4-10 所示的二电平电路输出线电压波形比较后发现，三电平电路输出线电压谐波含量更小，波形更接近正弦波。每当同一桥臂的一个主开关管由导通变为关断后，总是在辅助开关管导通一定时间之后才使同一桥臂的另一主开关管导通，这样可以使开关管在开关过程中的 du/dt 和 di/dt 减小，从而改善逆变电路的电磁兼容性（这个概念在后面的章节中介绍）。三电平逆变电路的另一个突出优点就是每个主开关器件关断时所承受的电压仅为直流侧电压的一半，故可以用低耐压的器件用于高压大功率的场合。

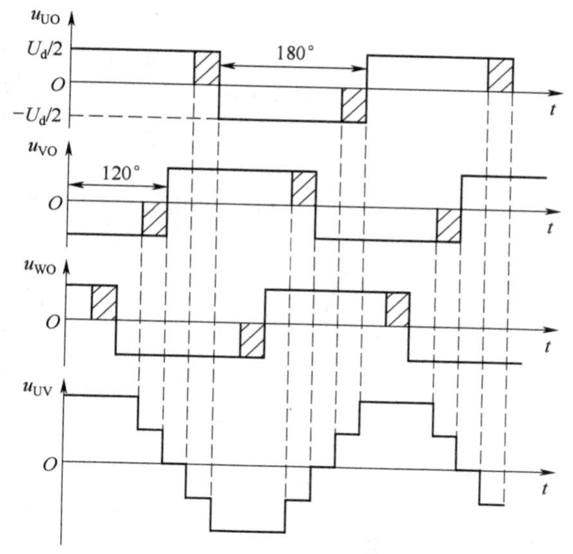

图 4-23　三电平逆变电路输出电压波形

用与三电平逆变电路类似的方法，还可构成五电平、七电平等更多电平的电路。随着大功率可控器件（GTO、IGBT、IGCT 等）容量等级的不断提高，以及智能控制芯片的迅速普及，关于多电平逆变电路的研究和应用有了迅猛的发展，应用领域从最初的 DC/AC 变换（如大功率电动机驱动）拓展到 AC/DC 变换（如电力系统无功补偿）和 DC/DC 变换（如高压直流变换）。电力系统中的无功补偿和高压直流输电以及高压大电动机变频调速是目前多电平逆变电路应用的主要领域。

4.4.3　电容钳位型多电平逆变电路

下面以电容钳位型三电平逆变电路为例进行介绍。电容钳位型三电平逆变电路原理图如图 4-24 所示，它是采用跨接在串联开关器件之间的电容实现钳位功能的。与图 4-22 相比可以看出，该电路中用钳位电容 C_U、C_V、C_W 取代钳位二极管，而直流侧的分压电容不变，工作原理与二极管钳位型三电平逆变电路相似。该电路可以输出 $U_d/2$、$-U_d/2$、0 三个电平。在图 4-24 中，当 V_{11} 和 V_{12} 导通而 V_{41} 和 V_{42} 关断时，逆变电路 U 相的输出相电压 $U_{UO}=U_d/2$；当 V_{43} 和 V_{42} 导通而 V_{11} 和 V_{12} 关断时，逆变电路 U 相的输出相电压 $U_{UO}=-U_d/2$；当 V_{11} 和 V_{41} 导通而 V_{12} 和 V_{42} 关断时，钳位电容 C_U 充电，或者当 V_{11} 和 V_{41} 关断而 V_{12} 和 V_{42} 导通时，钳位电容 C_U 放电，此时逆变电路的输出电压均等于 0。通过选择合适的 0 电平开关状态，可以实现钳位电容的充放电平衡。其输出波形与二极管钳位型三电平逆变电路完全一样（见图 4-23）。

电容钳位型三电平逆变电路与二极管钳位型三电平逆变电路相比，具有如下特点：

（1）电容体积大，占地面积大，成本高。

（2）在电压合成时，开关状态的选择较多，可使电容电压保持平衡。

（3）控制复杂，开关频率增高，开关损耗增大，效率随之降低。

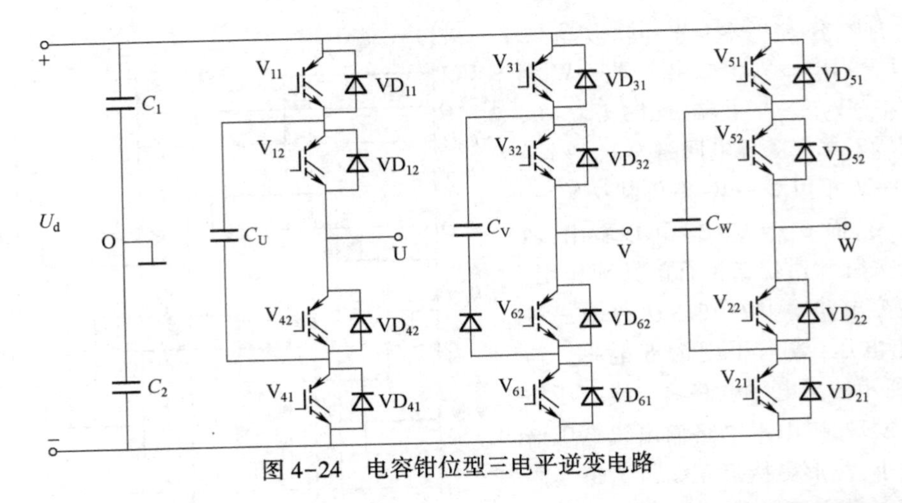

图 4-24　电容钳位型三电平逆变电路

电容钳位型逆变电路还可以构成四电平、五电平及更多电平的逆变电路，这些电路控制复杂，实用性差，应用较少。

4.4.4　具有独立直流电源的级联型多电平逆变电路

具有独立直流电源的级联型多电平逆变电路又称单元串联多电平电压源型逆变电路，是采用若干个低压逆变电路相串联的方式实现直接高压输出的。该方案由美国罗宾康公司发明，取名完美无谐波变频器。该电路所采用的逆变电路单元为全桥式电路结构，而前面介绍的钳位型逆变电路都是半桥式逆变电路结构。图 4-25 是 6 kV 输出电压等级的原理图及逆变电路原理图。

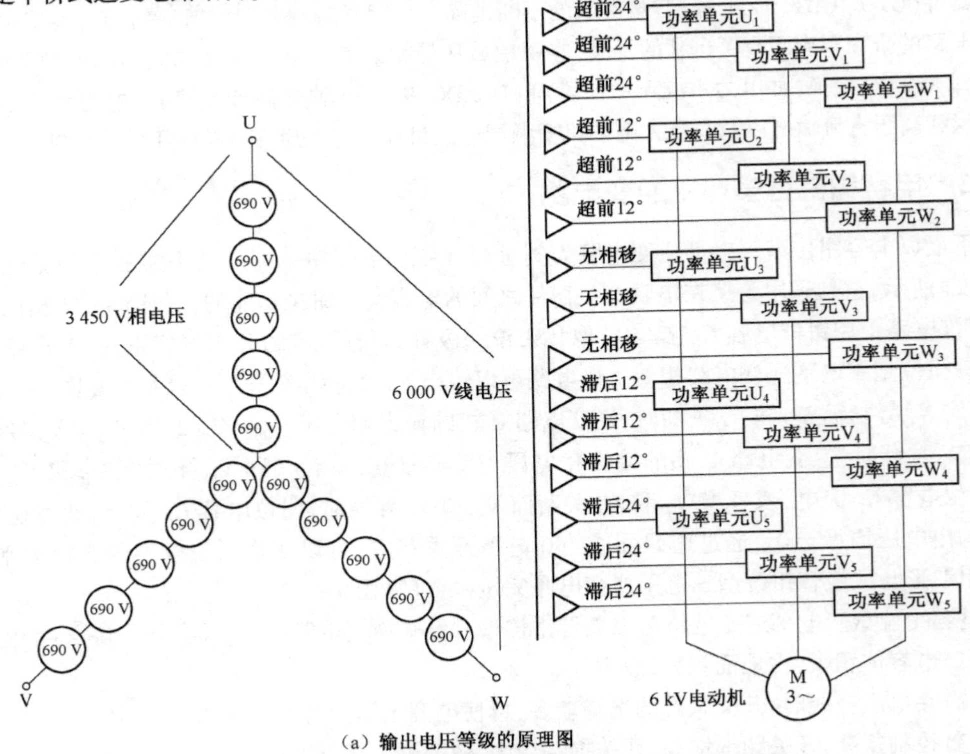

（a）输出电压等级的原理图

图 4-25　6 kV 输出电压等级的原理图及逆变电路原理图

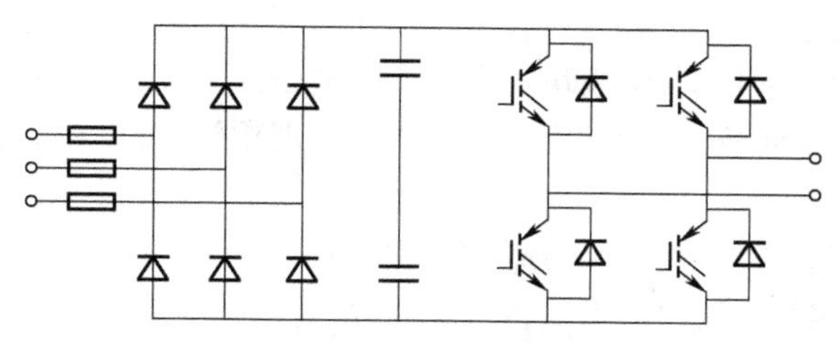

（b）逆变电路原理图

图 4-25　6 kV 输出电压等级的原理图及逆变电路原理图(续)

电网电压经过二次[侧]多重化的隔离变压器降压后,给功率单元为相输入、单相输出的电压型逆变电路,将相邻功率单元的输出端串联起来,形成星形连接结构,每个功率单元分别由输入变压器的一组二次绕组供电,功率单元之间及变压器二次绕组之间相互绝缘。对于额定输出电压为 6 kV 的逆变电路,每相由五个额定电压为 690 V 的功率单元串联而成,输出相电压最高可达 3 450 V,线电压可达 6 kV,每个功率单元承受全部的输出电流,但只提供 1/5 的相电压和 1/15 的输出功率。当需要输出其他电压等级的额定电压时,通过改变功率单元的电压等级和功率单元串联数量来实现,功率单元的额定电流决定逆变电路的输出电流。

图 4-26 为级联式七电平逆变电路原理图及输出电压波形。每个单元逆变电路输出三电平方波电压。当 V_1、V_4 导通时,$U_1=U_d$;当 V_2、V_3 导通时,$U_1=-U_d$;当 V_1、V_3 或 V_2、V_4 导通时,$U_1=0$。逆变电路输出电压 $U_{UO}=U_1+U_2+U_3$,通过控制每个逆变单元的导通区间,可以使输出电压 U_{UO} 近似为正弦波,其谐波含量最小。

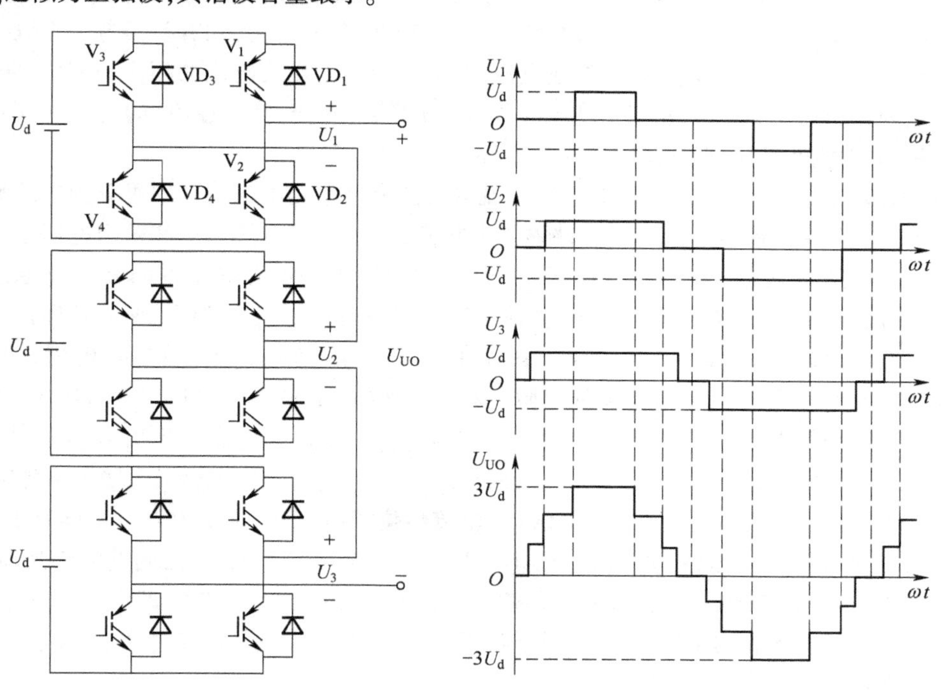

（a）电路原理图　　　　（b）输出电压波形

图 4-26　级联式七电平逆变电路原理图及输出电压波形

从上面的分析可以看出,该电路有以下优点:

(1) 每个逆变单元采用全桥逆变电路，具有独立的直流电源，不需要采取均压措施。

(2) 每个逆变单元构造相同，给模块化设计和制造带来方便。当某一级逆变单元串联数量较多，且开关器件电压裕量足够时，若某一逆变单元出现故障，可以使其旁路，剩余模块可继续工作，提高了电路的可靠性。

(3) 开关器件使用低压器件，易于控制，开关损耗小。

(4) 输出电压电平数多，输出波形更接近正弦波，电压畸变率小。

(5) 每个逆变单元输出电压幅值低，电压波形的每次跳变幅值小，du/dt 小，不存在由谐波引起的电动机附加发热、转矩脉动及噪声，不需要输出滤波器。

(6) 与其他电路相比，若输出相同的电平数，所需开关器件数量最少。

(7) 电路结构简单，易于控制。该电路的缺点是：随着电平数的增加，需要的直流电源数增多；电动机制动时再生能量吸收或回馈困难，不易实现四象限运行。

二极管和电容钳位型逆变电路由于存在均压问题，在无功调节中应用较好；而级联型逆变电路适合于交流电动机的变频调速。

4.5 逆变电路在电力系统中的应用案例——静止同步补偿器

前面曾提到柔性交流输电系统（FACTS）并介绍了晶闸管投切电容、晶闸管控制电抗器、可控串联补偿控制器。本节介绍静止同步补偿器（static synchronous compensator，STATCOM）。

静止同步补偿器有时也称静止无功发生器（static var generator，SVG），早期还称为静止同步调相机（static synchronous condenser，STATCON）是一种并联同步的无功补偿装置。它以变换器技术为基础，等效为一个可调的电压源或电流源，通过控制电压或电流的幅值和相位来改变向电网输送的无功功率的大小，从而达到控制电力系统参数（电压、稳定性等）的目的。STATCOM 具有体积小、响应速度快、调节连续等优点。

STATCOM 的核心组成是变流器，按照直流侧储能元件采用电容或电感可分为电压型和电流型两种，如图 4-27 所示。由于电容储能效率较高，实际应用中基本上都采用电压型变换器（voltage-sourced inverter, VSI）。下面以基于 VSI 的 STATCOM 为例来说明其工作原理。如图 4-27(a) 所示。STATCOM 的主电路包括储能元件电容和电压型变换器，变换器通过连接电抗（或变压器）接入电力系统，其简化工作原理图如图 4-28(a) 所示，电压、电流向量图如图 4-28(b) 所示。理想情况下（忽略线路阻抗和 STATCOM 的损耗），可以将 STATCOM 的输出等效成“可控”电压源 U_1，交流系统视为理想电压源 U_s，二者相位一致。当 $U_1>U_s$ 时，从 STATCOM 流出的电流相位超前 U_1 电压 90°（$U_1-jX_sI=U_s$），STATCOM 工作于容性区，输出无功功率；反之，当 $U_1<U_s$ 时，从交流系统流入 STATCOM 的电流相位滞后 U_1 电压 90°（$U_1+jX_sI=U_s$），STATCOM 工作于感性区，吸收无功功率；当 $U_1=U_s$ 时，交流系统与 STATCOM 之间的电流为零，不交换无功功率。可见，STATCOM 输出无功功率的极性和大小决定于 U_1 和 U_s 的大小，通过控制 U_1 的大小就可以连续调节 STATCOM 发出或吸收无功功率的多少。图 4-28 中的储能电池 E_P，可以提供有功功率，使系统进行有功调节。

实际的 STATCOM 中总是存在一定损耗的，并考虑到各种动态元件的相互作用以及电力电子开关器件的离散操作，其工作过程要比上面介绍的简化工作原理复杂得多。

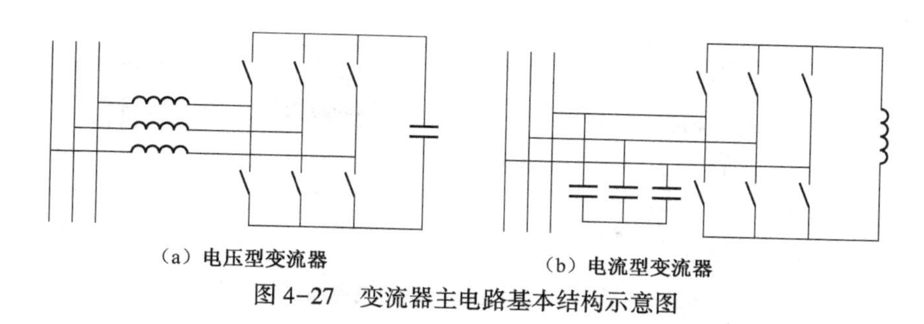

（a）电压型变流器　　（b）电流型变流器

图 4-27　变流器主电路基本结构示意图

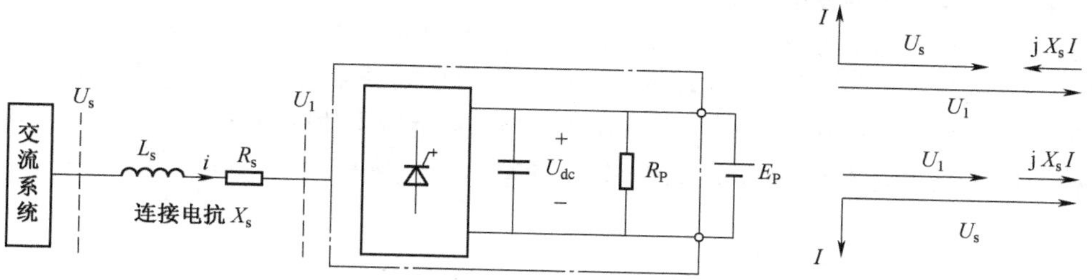

（a）简化工作原理图　　（b）电压、电流向量图

图 4-28　简化工作原理图及电压、电流向量图

4.6　逆变电路在电源技术中的应用案例

4.6.1　感应加热电源

感应加热是利用电磁感应原理把电能传递到工件中并转换为热能。被加热的金属工件放置在感应线圈中，当感应加热电源为感应线圈供电时，感应线圈中有交流电流流通，感应线圈内就产生交变的磁通，使感应线圈中的金属工件受到电磁感应而产生感应电动势并产生感应电流；由于工件本身具有电阻而发热，金属工件因此而被加热。

实际应用中，根据工件的大小和生产工艺的不同，要求感应加热电源输出的交流电频率和功率也不相同。功率范围一般在几千瓦到几万千瓦，频率范围为 50 Hz～几百千赫。感应加热电源一般分为工频感应加热电源（50 Hz）、中频感应加热电源（几百赫～10 kHz）高频感应加热电源（10 kHz～几百千赫）。其中，10 kHz～100 kHz 又称超音频感应加热电源。由于交流电存在集肤效应，发热主要集中在金属表面，不同的频率，加热深度不同。频率越高，加热深度越浅。

除工频感应加热可以采用公共电网交流电能外，其他频率的感应加热电源都需要将电网 50 Hz交流电变换为所需频率的交流电。目前感应加热电源主要由电力电子电路组成。

图 4-29 为并联式逆变电路感应加热电源主电路结构及其波形图。图中，可控整流电路将工频交流电整流成直流 U_d，滤波电感 L_d 将直流电滤波成平滑的直流电流 I_d，单相桥式逆变电路将直流电流 I_d 逆变成频率为 f 的交流方波电流 i_o，并输出到负载电路。电容 C 与负载相并联，形成振荡电路。通过调节整流电路触发角的大小可以调节直流电流 I_d 的大小，从而实现逆变电路输出功率的调节。逆变电路中的开关器件如果采用 IGBT，则可以工作于几十千赫的高频范围。

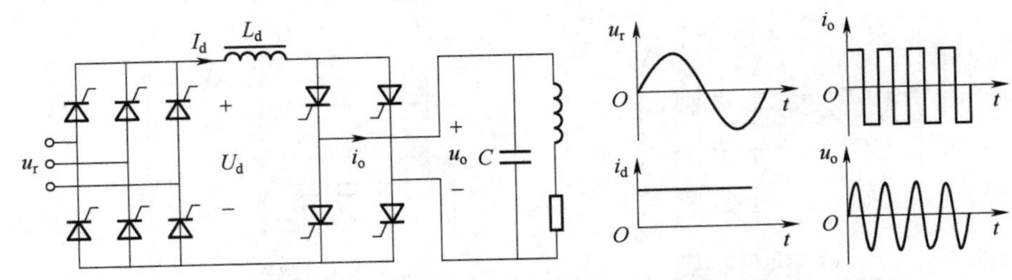

图 4-29 并联式逆变电路感应加热电源主电路结构及其波形图

图 4-30 为串联式逆变电路感应加热电源主电路结构及其波形图。整流电路直流侧滤波电容 C_d 将脉动的直流电压滤波成平滑的直流电压 U_{do}，单相桥式逆变电路将直流电压逆变成交流方波电压，并输出到负载电路，负载与电容相串联形成串联谐振电路，负载电流波形接近正弦波。该电路可以通过改变逆变器的工作频率等参数来调节输出功率，故整流电路一般采用不可控整流电路，不采用调节 U_d 的方法来调节输出功率。

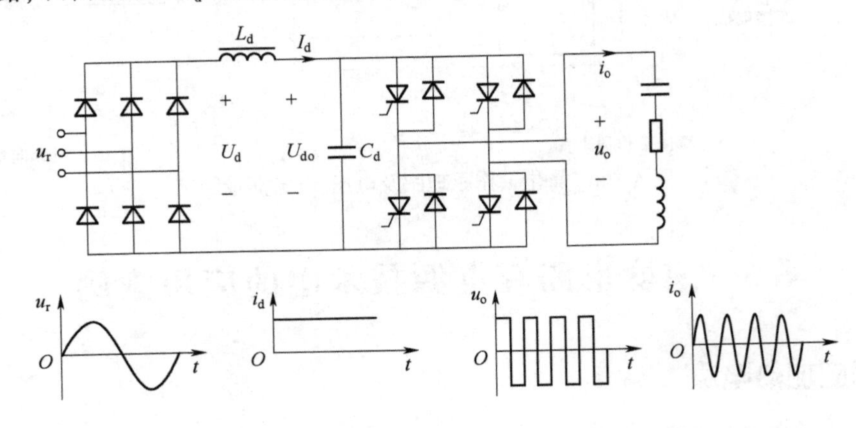

图 4-30 串联式逆变电路感应加热电源主电路结构及其波形图

将上述逆变电路中的晶闸管用 STATCOM 或 IGBT 代替，则可以使电源的工作频率达到 10 kHz以上，从而得到高频感应加热电源。

4.6.2 交流方波电源

交流方波电源将工频正弦交流电经整流、斩波、逆变变换后输出方波交流电。正弦输入和方波输出都可以是三相或单相。图 4-31 所示为三相输入单相输出主电路原理图及输出波形。通过调节电路中开关管的占空比使逆变输出为幅值稳定的交流方波电流，正负电流幅值也可不同。

交流方波电源主要应用于铝及其合金的焊接中。其优点是：原理简单、电流幅值稳定、电流极性的转换速度快，易实现电弧的再引燃，提高了电弧的稳定性，为小电流情况下实现对铝及其合金的焊接创造了条件。

4.6.3 IGBT 逆变式电阻焊机电源

常用的电阻焊机电源主电路有单相交流电阻焊电源、单相二次整流电阻焊电源、逆变式直流电源、三相二次整流点焊电源、脉冲型电阻焊电源，这些电源大多数采用晶闸管作为电源中的开关器件。随着电力电子技术的发展,在很多场合,晶闸管被 IGBT 取代,获得了良好的输出特性。逆变式电阻焊机电源体积和质量小、高效节能。其主电路结构大多采用全桥式逆变电路。电路中的开关器件可以选用晶闸管、GTR、MOSFET、IGBT 等,其中 IGBT 应用较多。以 IGBT 为开关器件组成的全桥逆变式二次整流点焊电源电路如图 4-32 所示。

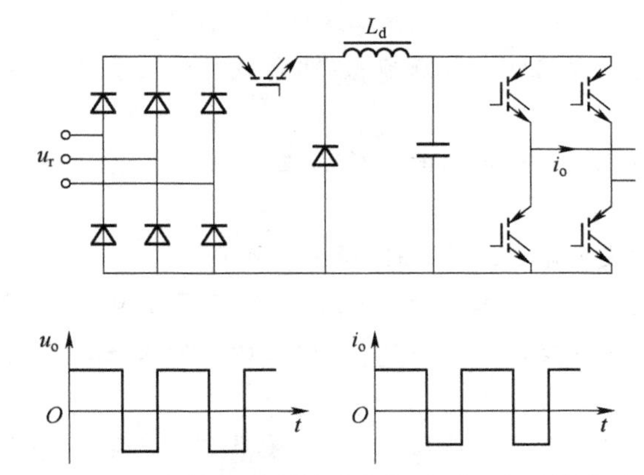

图 4-31　三相输入单相输出主电路原理图及输出波形

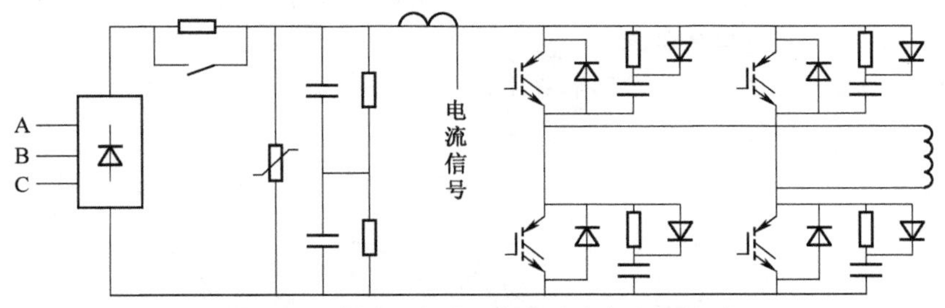

图 4-32　全桥逆变式二次整流点焊电源电路

小　　结

早期的逆变器由于使用晶闸管作为开关器件,当直流电源为电压源时,其逆变电压为方波电压或阶梯波电压,这样的逆变器称为方波逆变器。当直流电源为电流源时,则逆变器输出为方波电流。逆变器的主电路结构可能是半桥、全桥或三相桥结构,这取决于应用要求。随着电力电子器件的发展,逆变器中的开关器件越来越多地采用全控型器件,从而使得逆变器的高频化、小型化得以实现,同时使各种先进的控制技术得以应用。为了提高逆变器的输出功率并改善逆变器输出谐波分布、降低开关器件的开关应力,在中高压场合采用三电平、五电平等多电平逆变电路和级联型逆变电路。

晶闸管是半控型器件,没有自关断能力,工作过程中的换流只能借助外部力量,由电网电压、负载或外加电路使其关断,相应的换流方式为电网换流、负载换流和强迫换流。全控型器件则可通过控制信号实现自关断,相应的换流方式为器件换流。

逆变电路的应用极其广泛。本章在介绍逆变电路工作原理的基础上,对其在电气传动、电力系统、电源技术方面的应用进行了介绍。尽管目前的逆变电路主要采用 PWM 控制技术(下一章介绍),但其电路构成不变,基本工作原理相同。

习　题

1. 工频、中频、高频的频率范围是怎样划分的？

2. 如何得到电压源？如何得到电流源？二者各有什么特点？

3. 分析单相半桥式逆变电路的工作原理，说明负载电流与负载电压极性相反时电流的流通路径。

4. 分析单相全桥式电压型逆变电路的工作原理，比较固定脉冲控制方式与移相控制方式的区别及二者的优缺点。

5. 分析推挽式单相逆变电路的工作原理，画出工作波形。

6. 分析三相电压型逆变电路的工作原理，比较180°导通型和120°导通型各自的优缺点。

7. 分析单相电流型逆变电路的工作原理，其输出频率的决定因素是什么？说明其主要应用场合。

8. 三相电流型逆变器主要应用于什么场合？与电压型逆变器相比较有何特点？

9. 电压等级是如何划分的？调速系统的电压等级的选择需要考虑哪些因素？

10. 分析二极管钳位型和电容钳位型多电平逆变电路，比较二者各自的特点。

11. 简述级联型逆变电路的特点。

12. 为什么要设置死区？死区时间取决于什么？

第 5 章 斩波电路

学习目标：

(1)掌握直流斩波电路的基本概念；

(2)掌握直流降压电路的工作原理；

(3)掌握直流升压电路的工作原理；

(4)掌握直流斩波电路的仿真实现方法。

5.1 概　　述

直流/直流变换电路(DC/DC converter)是指能够直接实现将某一幅值的直流电变换成另一幅值直流电的电路，一般包括直接直流变流电路和间接直流变流电路，即非隔离型直流斩波电路和隔离型直流斩波电路两类。

直接直流变流电路，又称直流斩波电路(DC/DC chopper)或非隔离型直流斩波电路，其具有将一直流电变换为另一固定或可调电压直流电的功能。直流斩波电路的工作原理是利用电力电子器件的高速开关性能，将直流电首先变换成脉冲序列，然后经滤波电路得到满足负载要求的直流电，所以又称直流斩波器。习惯上，直流斩波电路更多地指直接直流变流电路。

间接直流变流电路，又称直/交/直电路或隔离型直流斩波电路，是指在直流变流过程中利用交流环节完成直流电压或电流变换的电路。间接直流变流电路通常通过变压器来实现。

从 20 世纪 40 年代开始，直流斩波电路就被广泛用于无轨电车、地铁列车、蓄电池供电的机动车辆以及电动汽车的控制中。例如，汽车电源适配器将汽车蓄电池上获得的 24 V 直流电转换为 12 V 直流电，为其他电器使用。目前，随着交流调速技术的发展，直流斩波电路被更多地应用于通信、计算机、自动化设备、仪器仪表、军事、航天等各个国民经济相关领域。例如，各种直流电源适配器、弱电控制器。采用直流斩波电路代替变阻器调速可节约电能 20% ~ 30%，此外，直流斩波电路不仅可以实现调压，还能起到抑制网侧谐波电流的作用。

根据功能和电路结构形式，非隔离型直流斩波电路又分为降压型、升压型、升降型和 Cuk 型等；而隔离型直流斩波电路可分为正激型、反激型、全桥型和推挽型等。

非隔离型直流斩波电路结构简单、成本低，主要应用于输出与输入不需要电气隔离和输出电压与输入电压相差不大的场合。

隔离型直流斩波电路相对于非隔离型直流斩波电路来讲，结构较复杂、体积较大，主要应用于输出与输入需要电气隔离、输出电压与输入电压相差较大和需要多组输出的场合。

在直流斩波电路中，即使输入电压与负载有变动，但变换器的直流输出电压可控制为所期望的电压。如果变换器的输入直流电压给定，则可以通过控制开关的通断时间来控制直流输出电压。直流斩波电路的波形如图 5-1 所示。如果开关导通时间设为 t_{on}，关断时间设为 t_{off}，从波形图中可以看出，输出的平均电压 U_o 大小取决于开关的通断时间 t_{on} 和 t_{off}。

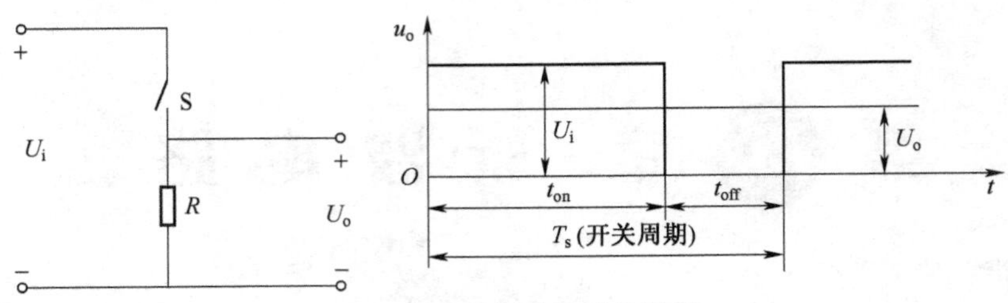

图 5-1　直流斩波电路的波形

控制输出电压基本上有以下三种方法：

(1)定频调宽控制。这种控制方式是保持开关的工作频率不变(即开关周期 T_s 保持恒定)，只改变开关的导通时间 t_{on}。通常把这种控制方式称为脉冲宽度调制型(简称“脉宽调制型”)，即 PWM 型。

(2)定宽调频控制。这种控制方式是保持开关的导通时间 t_{on} 不变，而改变开关的工作频率。通常把这种控制方式称为脉冲频率调制型。

(3)调频调宽混合控制。这种控制方式不但改变开关的工作频率，而且也改变开关的导通时间。在固定开关工作频率的脉宽调制方法中，开关通、断控制信号由比较器产生，通过将控制电压 u_c 与某一周期波形比较后发出开关控制信号，控制电压 u_c 是由误差放大器对实际输出电压 U_{o1} 与定值电压 U_o 间的误差放大后产生的。脉宽调制方式的控制过程框图和通断波形关系如图 5-2(a)和图 5-2(b)所示，从图中可以看到，某一恒定幅值、周期波形的频率[如图 5-2(b)所示的锯齿波 u_t]决定了变换器的开关频率 $f_s=\dfrac{1}{T_s}$。在 PWM 控制方式中，该频率保持不变，根据开关的类型和实际需要，通常该频率在几千赫至几百千赫范围内。

相对开关工作频率而言，被放大的误差信号的变化是缓慢的，在较短的一段时间内可近似为直流。当该信号电平大于锯齿波瞬时值时，开关控制信号变为高电平使开关导通；反之，使开关关断。

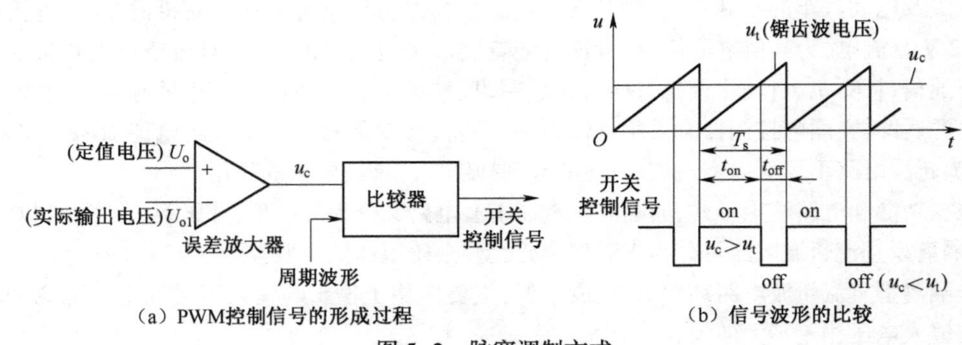

(a) PWM控制信号的形成过程　　(b) 信号波形的比较

图 5-2　脉宽调制方式

在分析直流斩波电路时，要用到下面两个基本原理：

(1)稳态条件下电感两端电压在一个开关周期内的平均值为零。

(2)稳态条件下电容电流在一个开关周期内的平均值为零。

六种基本斩波电路有:降压斩波电路、升压斩波电路、升降压斩波电路、Cuk 斩波电路、Sepic 斩波电路和 Zeta 斩波电路,其中前两种是最基本的斩波电路。利用不同的斩波电路进行组合,可构成复合斩波电路,如电流可逆斩波电路、桥式可逆斩波电路。利用相同结构的基本斩波电路进行组合,可构成多重多相斩波电路。

5.2　基本斩波电路

本节主要介绍常用的 6 种斩波电路,其中除了基本降压斩波电路和升压斩波电路外,均为复合型斩波电路。

5.2.1　降压斩波电路

降压斩波电路的功能是降低直流电源的电压,使负载侧电压低于电源电压。其电路原理图及其工作波形如图 5-3 所示。斩波电路的典型用途之一是拖动直流电动机,也可带蓄电池负载,两种情况下负载中均会出现反电动势,如图 5-3(a)所示,该电路使用一个全控型器件 V,图中在 V 关断时给负载中的电感电流提供通道,设置了续流二极管 VD。

在 $t=0$ 时,给 V 的栅-射极之间加一个正向电压 u_{GE},此时 V 导通,电源 E 向负载供电,负载电压 $u_o=E$,i_o 按指数曲线上升。在 $t=t_1$ 时 V 关断,i_o 经 VD 续流,u_o 近似为零,i_o 按指数曲线下降,为使 i_o 连续且脉动小,通常使 L 值较大。至一个周期 T 结束。

1. 电流连续工作模式

负载电压平均值为

$$U_o = \frac{t_{on}}{t_{on} + t_{off}} E = \frac{t_{on}}{T} E = \alpha E \tag{5-1}$$

$$\frac{U_o}{E} = \frac{t_{on}}{T} = \alpha \tag{5-2}$$

式中,t_{on} 为 V 处于导通状态的时间;t_{off} 为 V 处于关断状态的时间;α 为导通占空比,简称占空比或导通比。由式(5-1)可知,通过调整占空比 α 的大小可改变 U_o 的大小。由 $0<\alpha<1$ 可知,U_o 小于或等于 E,因此将该电路称为降压斩波电路,又称 Buck 变换器。

负载电流平均值为

$$I_o = \frac{U_o - E_m}{R} \tag{5-3}$$

若负载中 L 值较小,则在 V 关断后,负载电流提前衰减到零,因此会出现负载电流断续的情况,U_o 平均值会被抬高,但是一般不希望出现电流断续的情况。

2. 电流断续工作模式

当电流断续时,该电路在一个开关周期内经历三个工作状态,如图 5-4 所示。电路工作时的电压波形如图 5-5 所示。

电流断续时电路的工作过程如下:

工作状态 1($t_0 \sim t_1$ 时段):开关 S 于 t_0 时刻接通,并保持通态直到 t_1 时刻,在这一阶段,由

于 $U_i > U_o$，故电感 L 的电流不断增长，二极管 VD 处于断态。

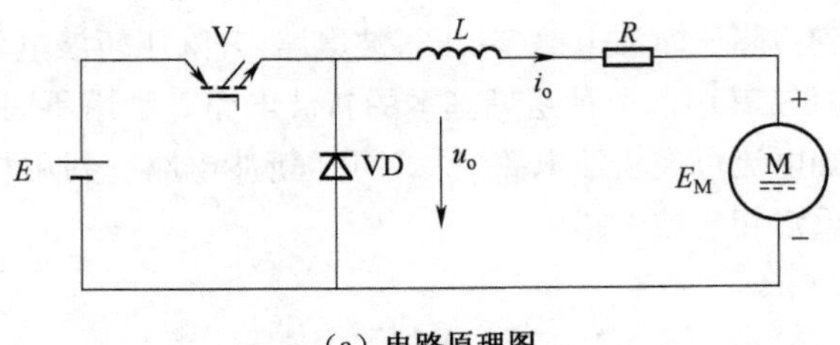

（a）电路原理图

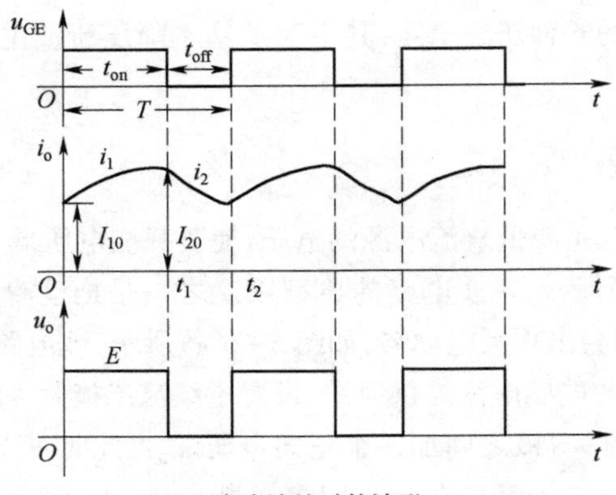

（b）电流连续时的波形

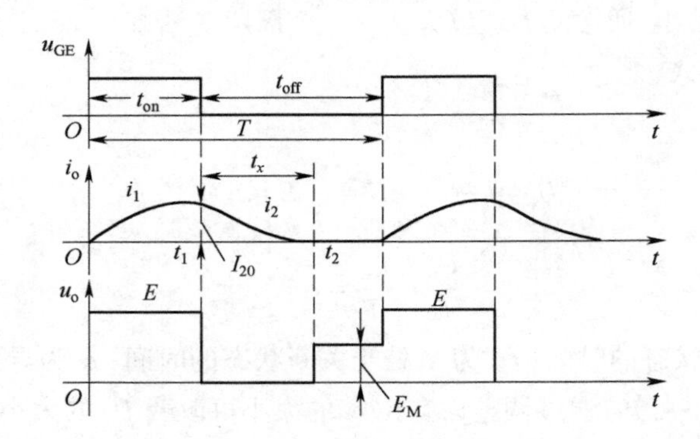

（c）电流断续时的波形

图 5-3　降压斩波电路原理图及其工作波形

工作状态 2（$t_1 \sim t_2$ 时段）：开关 S 于 t_1 时刻断开，二极管 VD 导通，电感通过 VD 续流，电感电流不断减小。

工作状态 3（$t_2 \sim t_3$ 时段）：t_2 时刻电感电流减小到零，二极管 VD 关断，电感电流保持零值，并且电感两端的电压也为零，直到 t_3 时刻开关 S 再次接通，下一个开关周期开始。

降压斩波电路的电感电流处于连续与断续的临界状态时，在每个开关周期开始和结束的时刻，电感电流正好为零，如图 5-6 所示。

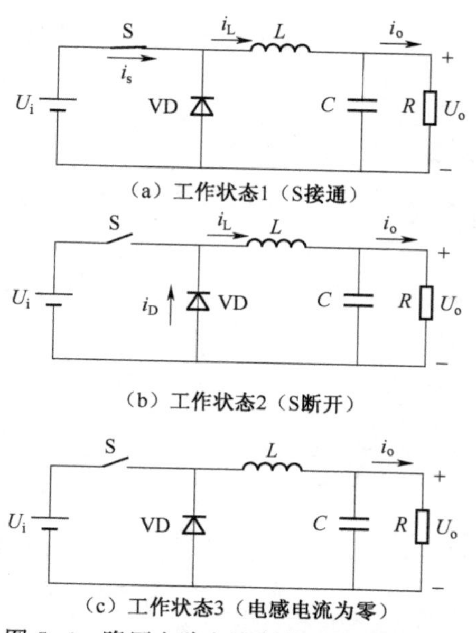

(a) 工作状态1（S接通）

(b) 工作状态2（S断开）

(c) 工作状态3（电感电流为零）

图 5-4　降压电路电流断续时的工作状态

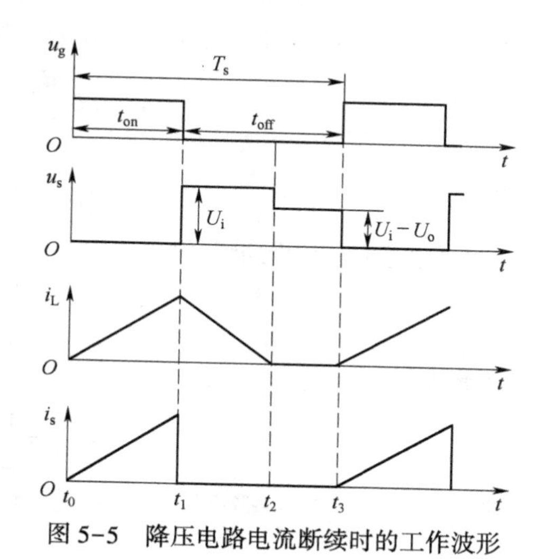

图 5-5　降压电路电流断续时的工作波形

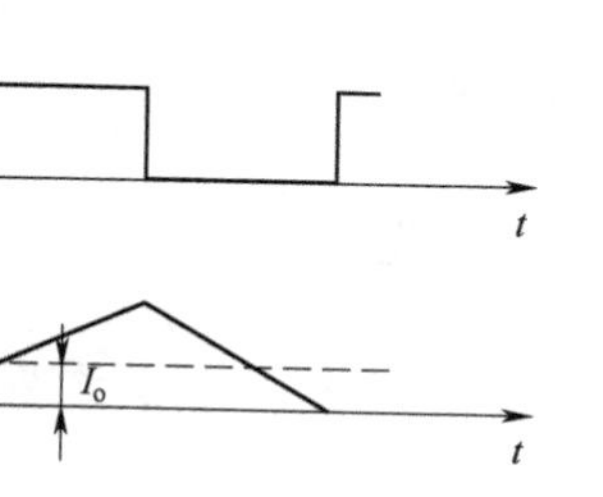
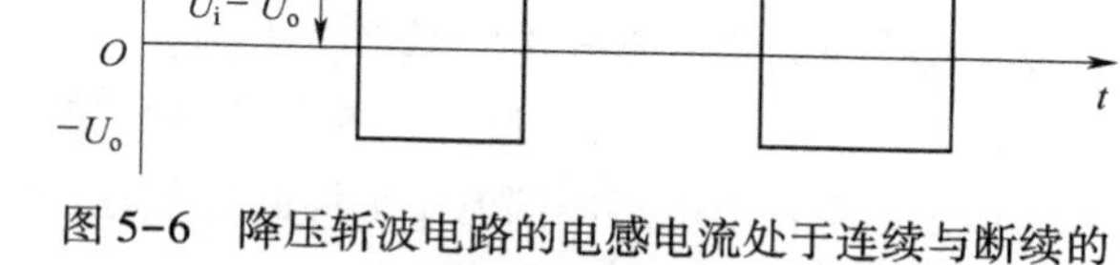

图 5-6　降压斩波电路的电感电流处于连续与断续的临界状态时的工作波形

稳态条件下，由于电容 C 在开关周期的平均电流为零，因此电感电流 i_L 在一个开关周期内的平均值等于负载电流 I_o。负载电流为

$$I_o=\frac{U_o}{R} \tag{5-4}$$

电感电流 i_L 在一个开关周期内的平均值采用下面的方法计算：

根据图 5-6，电感电流在一个开关周期内的波形正好是一个三角形，它的高是 I_{LM}，底边长为 T_s，面积为

$$A=\frac{1}{2}I_{LM}T_s \tag{5-5}$$

在几何意义上，电感电流在一个开关周期内的平均值等于与该三角形同底的矩形的高，因此，电感电流在一个开关周期内的平均值等于三角形面积除以 T_s，即

$$I_L = \frac{1}{2} I_{LM} \tag{5-6}$$

而 I_{LM} 的计算方法如下：

电感电流从零时刻开始线性上升，在 DT_s 时刻达到 I_{LM}，上升的斜率为

$$L\frac{\mathrm{d}i_L}{\mathrm{d}t} = U_i - U_o \tag{5-7}$$

有

$$I_{LM} = \frac{U_i - U_o}{L} DT_s \tag{5-8}$$

此时，电感电流认为连续，故有

$$\frac{U_o}{U_i} = D \tag{5-9}$$

将其带入式(5-8)，有

$$I_{LM} = \frac{1-D}{L} U_o T_s \tag{5-10}$$

则可得电感电流在一个开关周期内的平均值为

$$I_L = \frac{1-D}{2L} U_o T_s \tag{5-11}$$

电感电流连续的临界条件为

$$I_o \geqslant I_L \tag{5-12}$$

将式(5-4)和式(5-11)代入式(5-12)有

$$\frac{U_o}{R} \geqslant \frac{1-D}{2L} U_o T_s \tag{5-13}$$

整理得

$$\frac{L}{RT_s} \geqslant \frac{1-D}{2} \tag{5-14}$$

这就是用于判断降压斩波电路的电感电流连续与否的临界条件。

电感电流断续工作时的波形如图 5-5 所示，如设开关 S 断开后电感的续流时间为 αT_s，其中，$0 \leqslant \alpha \leqslant (1-D)$，则根据稳态条件下电感两端电压平均值为零的原理，有

$$(U_i - U_o) DT_s = U_o \alpha T_s \tag{5-15}$$

5.2.2 升压斩波电路

1. 升压斩波电路的原理

图 5-7 所示为升压斩波电路的电路原理图及其工作波形。

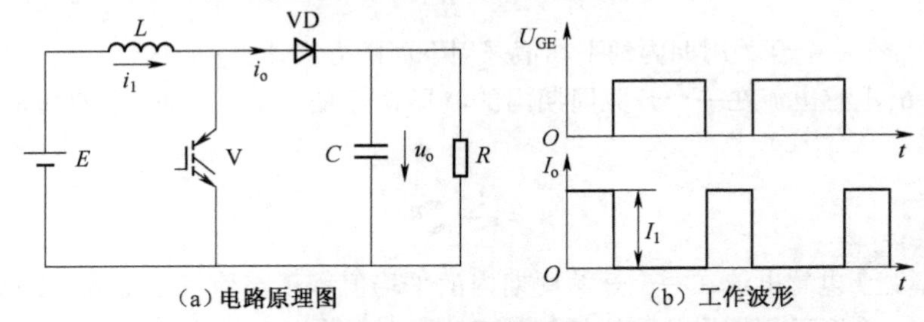

(a) 电路原理图　(b) 工作波形

图 5-7　升压斩波电路的电路原理图及其工作波形

假设电感 L 和电容 C 值极大,当 V 处于通态时,电源 E 向电感 L 充电电流恒定为 i_1,同时电容 C 上的电压向负载 R 供电。由于 C 值极大,基本保持输出电压 U_o 为恒值。当 V 处于断态时,电源 E 和电感 L 同时向电容 C 充电并向负载提供能量。

电压升高的原因:

(1)电感 L 储能使电压泵升的作用。

(2)电容 C 可将输出电压保持住。设 V 处于开通的时间为 t_{on},处于关断的时间为 t_{off}。当电路工作稳定时,电感电压 U_L 稳定,电流连续时,输入/输出电压关系为

$$(E - U_o)t_{off} + Et_{on} = 0 \tag{5-16}$$

$$\frac{U_o}{E} = \frac{t_{on} + t_{off}}{t_{off}} = \frac{1}{1 - R} \tag{5-17}$$

将升压比的倒数记作 β,即 $\beta = \frac{t_{off}}{T}$,则 β 和占空比 α 有如下关系:

$$\alpha + \beta = 1 \tag{5-18}$$

$$U_o = \frac{1}{\beta}E = \frac{1}{1 - \alpha}E \tag{5-19}$$

如果忽略电路中的损耗,则由电源提供的能量仅由负载 R 消耗,即

$$EI_1 = U_oI_o \tag{5-20}$$

式(5-20)表明,升压斩波电路可看作直流变压器。

根据电路结构并结合式(5-19),可得输出电流的平均值

$$I_o = \frac{U_o}{R} = \frac{1}{\beta}\frac{E}{R} \tag{5-21}$$

由式(5-20)即可得出电源电流为

$$I_1 = \frac{U_o}{E}I_o = \frac{1}{\beta^2}\frac{E}{R} \tag{5-22}$$

2. 当电感电流断续时

当处于断续工作方式时,升压斩波电路在一个开关周期内经历三个工作状态,如图 5-8 所示。电路工作时的波形如图 5-9(a)所示。

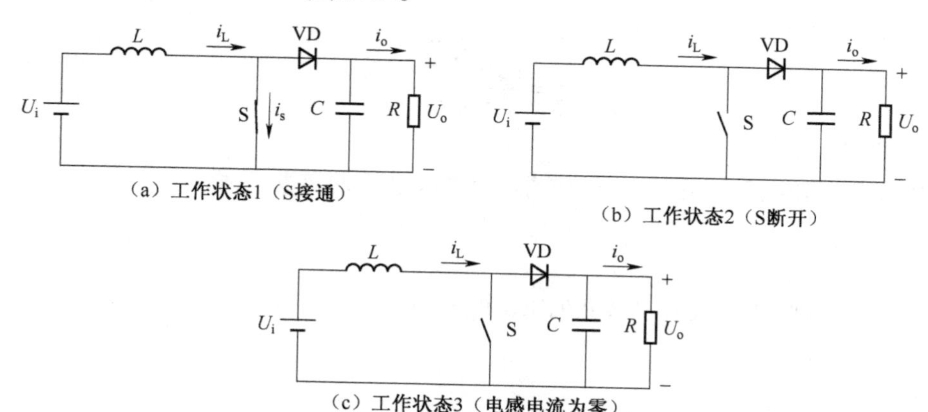

图 5-8 升压斩波电路电感电流断续时的工作状态

电感电流断续时电路的工作过程如下:

工作状态 1($t_0 \sim t_1$ 时段):开关 S 于 t_0 时刻接通,并保持通态直到 t_1 时刻,在这一阶段,电感 L 两端的电压为 u_i ,电感电流不断增长,二极管 VD 处于断态。

工作状态 2($t_1 \sim t_2$ 时段):开关 S 于 t_1 时刻断开,二极管 VD 导通,电感通过 VD 向电容释放磁能,电感电流不断减小,电感 L 两端电压 $U_L = U_o - U_i$ 。

工作状态 3($t_2 \sim t_3$ 时段): t_2 时刻电感电流减少到零,二极管 VD 关断,电感电流保持零值,并且电感两端的电压也为零,直到 t_3 时刻开关 S 再次接通,下一个开关周期开始。

当电路处于连续与断续的临界状态时,每个开关周期的开始或结束的时刻,电感电流正好为零,电路工作时的波形如图 5-9(b)所示。

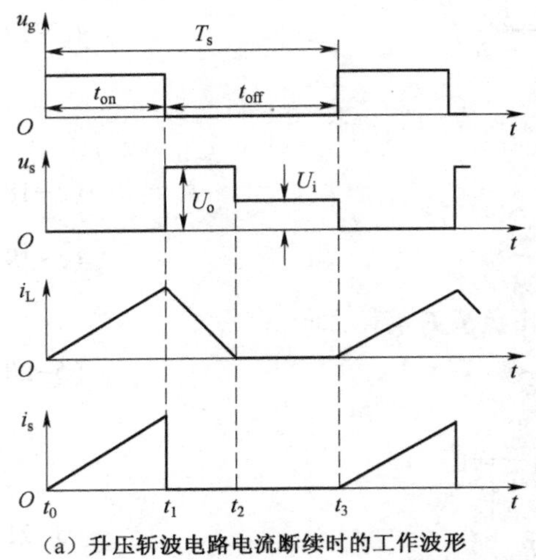

(a) 升压斩波电路电流断续时的工作波形

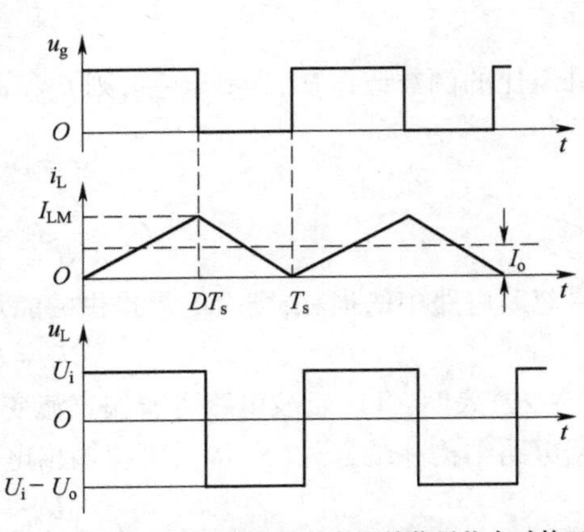

(b) 升压斩波电路电感电流连续与断续临界状态时的工作波形

图 5-9　电路工作时的波形

与降压斩波电路有所不同,在稳态条件下的升压斩波电路中,二极管 VD 的电流在一个开关周期内的平均值等于负载电流 I_o 。

负载电流为

$$I_o = \frac{U_o}{R} \tag{5-23}$$

图 5-8(b)中电感电流峰值为

$$I_{LM} = \frac{U_o D(1 - D) T_s}{L} \tag{5-24}$$

式中, D 为导通占空比。

利用电感两端电压 U_L 在一个开关周期的平均值为零的规律,可得

$$U_L = \frac{U_i t_{on} - (U_o - U_i) t_{off}}{T_s} = 0$$

式中, U_i 和 U_o 分别为电源电压和负载电压。将 $T_s = t_{on} + t_{off}$ 代入可得

$$\frac{U_o}{U_i} = \frac{1}{1 - D}$$

而二极管 VD 的电流在一个开关周期内的平均值为

$$I_D = \frac{1}{2} I_{LM}(1 - D) = \frac{U_o D (1 - D)^2 T_s}{2L} \tag{5-25}$$

电感电流连续的临界条件为

$$I_o \geqslant I_D \tag{5-26}$$

将式(5-24)和式(5-25)代入式(5-26)中,有

$$\frac{U_o}{R} \geqslant \frac{U_o D(1-D)^2 T_s}{2L} \tag{5-27}$$

整理得

$$\frac{L}{RT_s} \geqslant \frac{D(1-D)^2}{2} \tag{5-28}$$

这就是用于判断升压斩波电路电感电流连续与否的临界条件。

电感电流断续时的工作波形如图 5-10 所示,如设开关 S 断开后电感的续流时间为 αT_s,其中 $0 \leqslant \alpha \leqslant (1-D)$,根据稳定条件下电感两端电压平均值为零的原理,有

$$U_i DT_s = (U_o - U_i)\alpha T_s \tag{5-29}$$

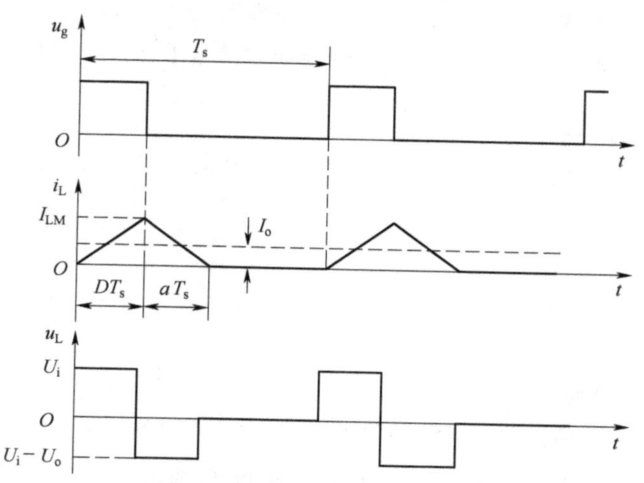

图 5-10　升压斩波电路电感电流断续时的工作波形

二极管 VD 的电流在一个开关周期内的平均值为

$$I_D = \frac{1}{2} I_{LM}\alpha \tag{5-30}$$

而负载电流为

$$I_o = \frac{U_o}{R} \tag{5-31}$$

稳态条件下,一个开关周期内电容 C 的平均电流为零,故二极管电流在一个开关周期内的平均值等于负载电流,即

$$\frac{1}{2} I_{LM}\alpha = \frac{U_o}{R} \tag{5-32}$$

由式(5-29)解出 α,并与式(5-24)以 U_i 形式求解后一起代入式(5-32)得

$$\frac{1}{2} \cdot \frac{U_i DT_s}{L} \cdot \frac{U_i}{U_o - U_i} D = \frac{U_o}{R} \tag{5-33}$$

整理得

$$\frac{U_i^2}{U_o^2 - U_i U_o} = \frac{2L}{D^2 T_s R} \tag{5-34}$$

令
$$k = \frac{2L}{D^2 T_s R} \tag{5-35}$$

解方程，并略去负根，得

$$\frac{U_0}{U_i} = \frac{1 + \sqrt{1 + \frac{4}{k}}}{2} \tag{5-36}$$

升压型直流/直流变换器常用于将较低的直流电压变换成为较高的直流电压，如电池供电设备中的升压电路、液晶背光电源等。

5.2.3 升降压斩波电路和 Cuk 斩波电路

1. 升降压斩波电路

升降压斩波电路(Buck-Boost chopper)的电路原理图如图 5-11(a)所示。设电路中电感 L 值很大，电容 C 值也很大。电感电流 i_L 和电容电压即负载电压 u_o 基本为恒值。

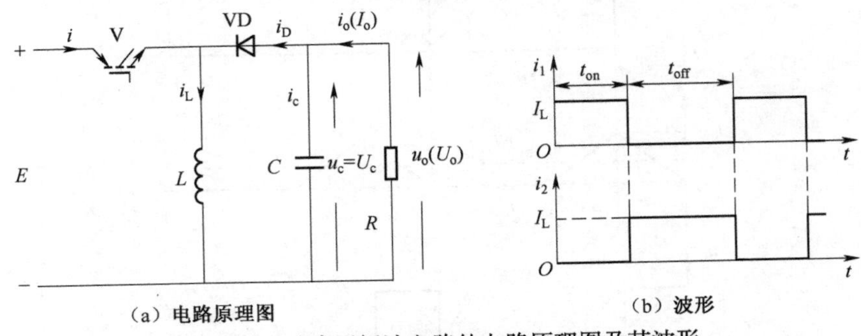

（a）电路原理图　（b）波形

图 5-11　升降压斩波电路的电路原理图及其波形

当 V 导通时，电源 E 经 VT 向电感 L 充电使其储能，此时电流为 i，如图 5-11(a)所示。同时，C 维持输出电压平衡并向负载 R 供电。

当 V 关断时，电感 L 得到能量向负载释放，电流为 i_D。负载电压极性为上负下正，与电源电压极性相反，该电路又称反极性斩波电路。

稳态时，一个周期 T 内电感 L 两端电压 u_L 对时间的积分为零，即

$$\int_0^T u_L \mathrm{d}t = 0 \tag{5-37}$$

当 V 处于通态期间，$u_L = E$；而当 V 处于断态期间，$u_L = -u_o$。于是

$$Et_{on} = U_o t_{off} \tag{5-38}$$

所以，输出电压为

$$U_o = \frac{t_{on}}{t_{off}} E = \frac{t_{on}}{T - t_{on}} E = \frac{\alpha}{1 - \alpha} E \tag{5-39}$$

改变 α，输出电压既可以比电源电压高，也可以比电源电压低。当 $0 < \alpha < \frac{1}{2}$ 时为降压，当 $\frac{1}{2} < \alpha < 1$ 时为升压，因此称为升降压斩波电路或称为 Buck-Boost 变换器。

1）电感电流连续时输入/输出电流关系

$$I_o = \frac{t_{off}}{t_{on}} I_1 = \frac{1-\alpha}{\alpha} I_1 \tag{5-40}$$

图 5-11(b)所示为电流 i_1 和负载电流 i_2 的波形,设两者的平均值分别为 I_1 和 I_2,当电流脉动足够小时,有

$$\frac{I_1}{I_2} = \frac{t_{on}}{t_{off}} \tag{5-41}$$

如果 V、VD 为没有损耗的理想开关时,则

$$EI_1 = U_o I_2 \tag{5-42}$$

其输出功率和输入功率相等,可看作直流变压器。

(1)电感电流(连续)脉动:

$$\Delta I_L = \frac{\alpha E}{f_L} \tag{5-43}$$

(2)电感电流连续时电容电压纹波

$$\Delta U_C = \frac{I_o}{\alpha f_C} \tag{5-44}$$

2)电感电流断续时的工作情况

图 5-12(a)所示为电感电流临界连续的情况下 U_L 和 i_L 的波形。

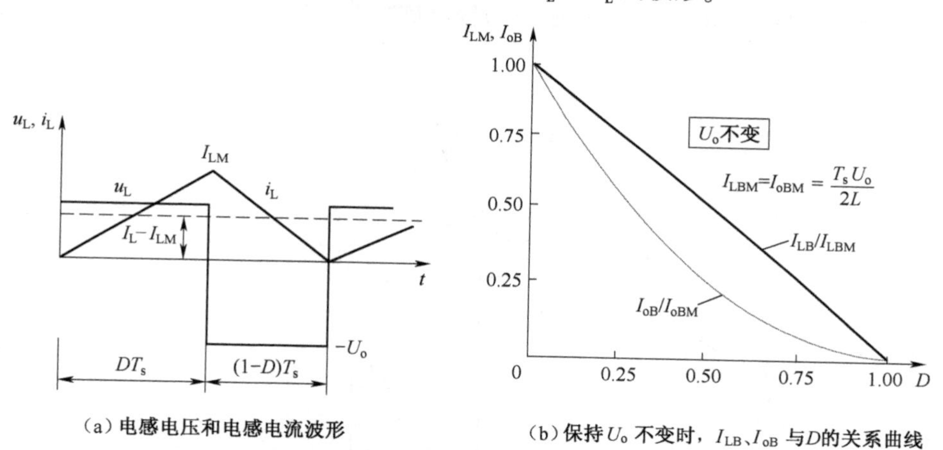

(a) 电感电压和电感电流波形

(b) 保持 U_o 不变时, I_{LB}、I_{oB} 与D的关系曲线

图 5-12 电感电流断续时的工作情况

在临界连续的情况下,在断开间隔结束时电感电流 i_L 降为 0,有

$$I_{LB} = \frac{1}{2} I_{LM} = \frac{T_s U_d}{2L} D \tag{5-45}$$

由图 5-12 可知,电容的平均电流是 0,有

$$i_o = i_L - i_D \tag{5-46}$$

由式(5-46)可以得出,在电路临界连续情况下的电感电流平均值和输出电流平均值为

$$I_{LB} = \frac{T_s U_o}{2L}(1-D) \tag{5-47}$$

$$I_{oB} = \frac{T_s U_o}{2L}(1-D)^2 \tag{5-48}$$

升降压斩波电路应用的大多数场合都要求输出电压 U_o 不变。也就是说，当输入电压 U_d 变化时，通过改变占空比 D 使输入电压 U_o 保持不变。由式(5-47)和式(5-48)可以得出，在占空比 $D=0$ 时，I_{LB} 和 I_{oB} 达到最大值，即

$$I_{LBM}=\frac{T_sU_o}{2L} \tag{5-49}$$

$$I_{oBM}=\frac{T_sU_o}{2L} \tag{5-50}$$

由式(5-47)至式(5-50)可得

$$I_{LB}=I_{LBM}(1-D) \tag{5-51}$$

$$I_{oB}=I_{OBM}(1-D)^2 \tag{5-52}$$

图 5-12(b)给出了当输出电压 U_o 不变时，I_{LB} 和 I_{oB} 与占空比 D 之间的函数关系曲线。该图表明，对于给定的占空比，当输出电压不变时，若负载电流平均值低于 I_{oB}，则电路工作在电感电流断续模式。

图 5-13 所示为升降压斩波电路在电感电流断续时的工作波形。

$$I_L=\frac{U_d}{2L}DT_s(D+\Delta_1) \tag{5-53}$$

由式(5-53)可知，U_o 不变时，占空比 D 与输出负载电流在不同电压变换率 $\frac{U_o}{U_d}$ 的函数关系，即

$$D=\frac{U_o}{U_d}\sqrt{\frac{I_o}{I_{OBM}}} \tag{5-54}$$

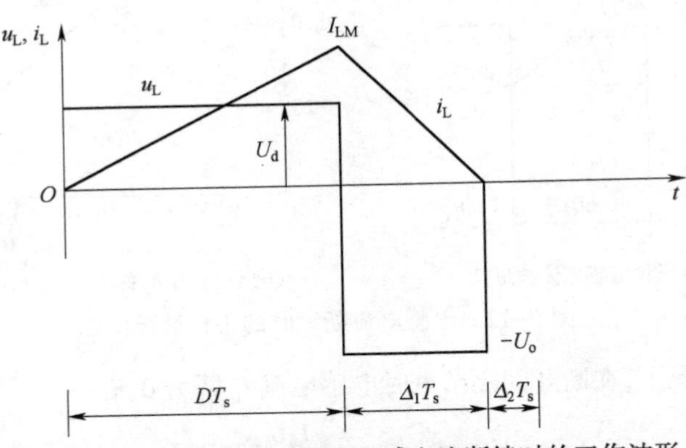

图 5-13　升降压斩波电路在电感电流断续时的工作波形

电感电压在一个周期内的积分等于 0，则

$$U_dDT_s+(-U_o)\Delta_1T_s=0 \tag{5-55}$$

$$\frac{U_o}{U_d}=\frac{D}{\Delta_1} \tag{5-56}$$

由前面推导和图 5-13 可得

$$\frac{I_o}{I_d}=\frac{\Delta_1}{D} \tag{5-57}$$

2. Cuk 斩波电路

图 5-14 所示为 Cuk 斩波电路的原理图及其等效电路。

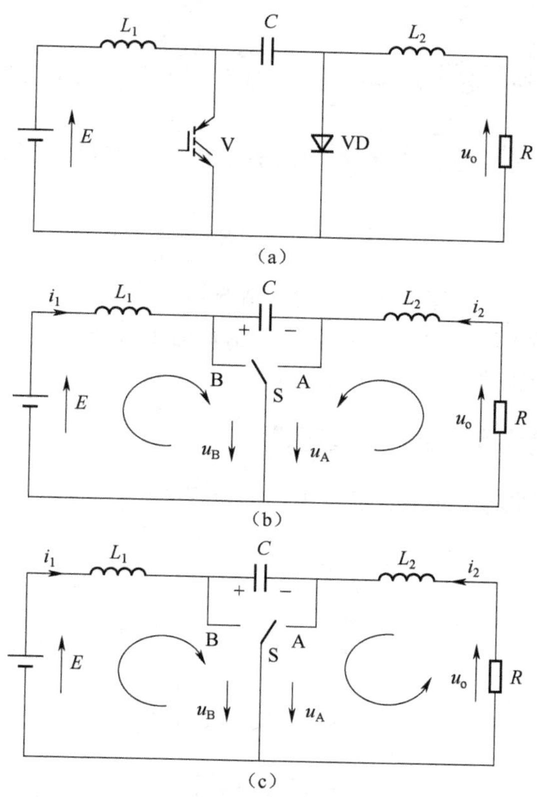

图 5-14 Cuk 斩波电路的原理图及其等效电路

当 V 处于通态时，E—L_1—V 回路和 R—L_2—C—V 回路分别流过电流；当 V 处于断态时，E—L_1—C—VD 回路和 R—L_2—VD 回路分别流过电流，输出电压的极性与电源电压极性相反，等效电路如图 5-14(b)所示，相当于开关 S 在 A、B 两点之间交替切换。

稳态时，电容 C 的电流在一周期内的平均值应为零，也就是其对时间的积分为零，即

$$\int_0^T i_C \mathrm{d}t = 0 \tag{5-58}$$

在图 5-14(b)所示的等效电路中，开关 S 合向 B 点的时间即 V 处于通态的时间 t_{on}，则电容电流和时间的乘积为 $I_2 t_{on}$；开关 S 合向 A 点的时间即 V 处于断态的时间 t_{off}，则电容电流和时间的乘积为 $I_1 t_{off}$。由此可得

$$I_2 t_{on} = I_1 t_{off} \tag{5-59}$$

从而可得

$$\frac{I_2}{I_1} = \frac{t_{off}}{t_{on}} = \frac{T - t_{on}}{t_{on}} = \frac{1 - \alpha}{\alpha} \tag{5-60}$$

当电容 C 很大使电容电压 U_C 的脉动足够小时，输出电压 U_o 与输入电压 E 的关系可用以下方法求出：

当开关 S 合到 B 点时，B 点电压 $U_B = 0$，A 点电压 $U_A = -U_C$；当开关 S 合到 A 点时，$U_B =$

U_C，$U_A=0$，因此，B点电压 U_B 的平均值为 U_C（U_C 为电容电压 u_C 的平均值），又因电感 L_1 的电压平均值为零，所以 $E=U_B=\frac{t_{off}}{T}U_C$。

另一方面，A点电压平均值为 $U_A=-\frac{t_{on}}{T}U_C$，且 L_2 的电压平均值为零，按图5-14(b)所示输出电压 U_o 的极性，有 $U_o=\frac{t_{on}}{T}U_C$。于是，可得出输出电压 U_o 与电源电压 E 的关系：

$$U_o=\frac{t_{on}}{t_{off}}E=\frac{t_{on}}{T-t_{on}}E=\frac{1-\alpha}{\alpha}E \tag{5-61}$$

这一输入/输出关系与升降压斩波电路时的情况相同。

优点（与升降压斩波电路相比）：输入电源电流和输出负载电流都是连续的，且脉动很小，有利于对输入、输出进行滤波。

5.2.4 Sepic 斩波电路和 Zeta 斩波电路

图5-15为Sepic斩波电路和Zeta斩波电路的原理图。

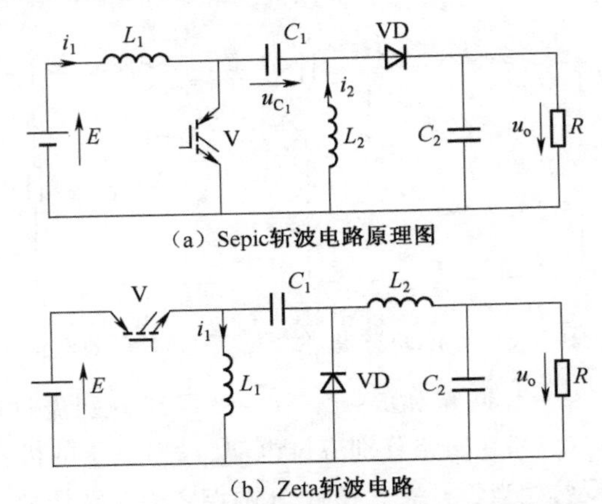

图5-15　Sepic斩波电路和Zeta斩波电路的原理图

Sepic斩波电路的基本工作原理是：当V处于通态时，E—L_1—V回路和 C_1—V—L_2 回路同时导通，L_1 和 L_2 储能；当V处于断态时，E—L_1—C_1—VD—负载（C_2 和 R）回路及 L_2—VD—负载回路同时导通，此阶段 E 和 L_1 既向负载供电，同时也向 C_1 充电，C_1 储存的能量在V处于通态时向 L_2 转移。

Sepic斩波电路的输入/输出关系为

$$U_o=\frac{t_{on}}{t_{off}}E=\frac{t_{on}}{T-t_{on}}E=\frac{\alpha}{1-\alpha}E \tag{5-62}$$

Zeta斩波电路又称双Sepic斩波电路，其基本工作原理是：在V处于通态期间，电源 E 经开关V向电感 L_1 储能，同时，E 和 C_1 共同向负载 R 供电，并向 C_2 充电；待V关断后，L_1 经VD向 C_1 充电，其储存的能量转移至 C_1。同时，C_2 向负载供电，L_2 的电流则经VD续流。

Zeta斩波电路的输入/输出关系为

$$U_o=\frac{\alpha}{1-\alpha}E \tag{5-63}$$

两种电路相比，具有相同的输入/输出关系。Sepic 电路中，电源电流和负载电流均连续，有利于输入、输出滤波；Zeta 电路的输入、输出电流均是断续的。

5.3 复合斩波电路和多相多重斩波电路

复合斩波电路：由降压斩波电路和升压斩波电路组成。

多相多重斩波电路：由相同结构的基本斩波电路组成。

5.3.1 电流可逆斩波电路

斩波电路用于拖动直流电动机时，常要使电动机既可电动运行，又可再生制动，将能量回馈电源。从电动状态到再生制动的切换可通过改变电路连接方式来实现，但在要求快速响应时，就需通过对电路本身的控制来实现。在前文介绍的降压斩波电路拖动直流电动机时，电动机工作在第Ⅰ象限；在升压斩波电路中，电动机则工作在第Ⅱ象限。两种情况下，电动机的电枢电流的方向不同，但均只能单方向流动。本节介绍的电流可逆斩波电路是由降压斩波电路和升压斩波电路组合在一起的。此电路电动机的电枢电流可正可负，但电压只能是一种极性，故其可工作于第Ⅰ象限和第Ⅱ象限。图 5-16 所示为电流可逆斩波电路的电路原理图及工作波形。

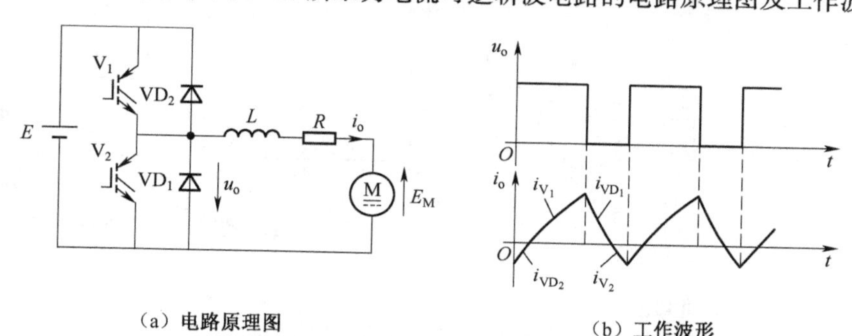

(a) 电路原理图　　(b) 工作波形

图 5-16　电流可逆斩波电路的电路原理图及工作波形

在该电路原理图中，V_1 和 VD_1 构成降压斩波电路，由电源向直流电动机供电，电动机为电动运行，工作于第Ⅰ象限；V_2 和 VD_2 构成升压斩波电路，把直流电动机的动能转变为电能反馈到电源，使电动机做再生制动运行，工作于第Ⅱ象限。在工作中必须防止 V_1 和 V_2 同时导通而导致电源短路：

(1) 只做降压斩波电路运行时，V_2 和 VD_2 总处于断态。

(2) 只做升压斩波电路运行时，V_1 和 VD_1 总处于断态。

(3) 第三种工作方式：一个周期内交替地作为降压斩波电路和升压斩波电路工作。

(4) 当降压斩波电路或升压斩波电路断续而为零时，使另一个斩波电路工作，让电流反方向流过，这样电动机电枢电流总有电流流过。

(5) 在一个周期内，电枢电流沿正、负两个方向流通，电流不断，所以响应很快。

5.3.2 桥式可逆斩波电路

电流可逆斩波电路虽然可使电动机的电枢电流可逆，实现电动机的两象限运行，但其所提供的电压极性是单向的。当需要电动机进行正、反转以及可电动又可制动的场合，就必须将两个电流可逆斩波电路组合起来，分别向电动机提供正向电压和反向电压，即成为桥式可逆斩波电路，如图5-17所示。

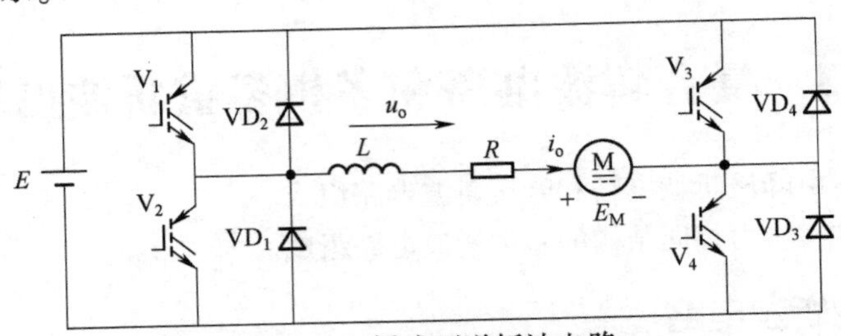

图5-17 桥式可逆斩波电路

桥式可逆斩波电路有双极性、单极性和受限单极性之分。当使 V_4 保持通态时，电流可逆斩波电路向电动机提供正向电压，可使电动机工作于第Ⅰ、Ⅱ象限，即正转电动和正转再生制动状态。当使 V_2 保持通态时，V_3、VD_3 和 V_4、VD_4 等效为又一组电流可逆斩波电路，向电动机提供负向电压，可使电动机工作于第Ⅲ、Ⅳ象限。桥式可逆斩波电路有如下几种工作方式：

双极性工作方式：V_1 和 V_4 同时通断，V_2 和 V_3 同时通断。V_1 和 V_2 通断互补，V_3 和 V_4 通断互补。输出电压波形中电压有正有负，故称为双极性，如图5-18所示。

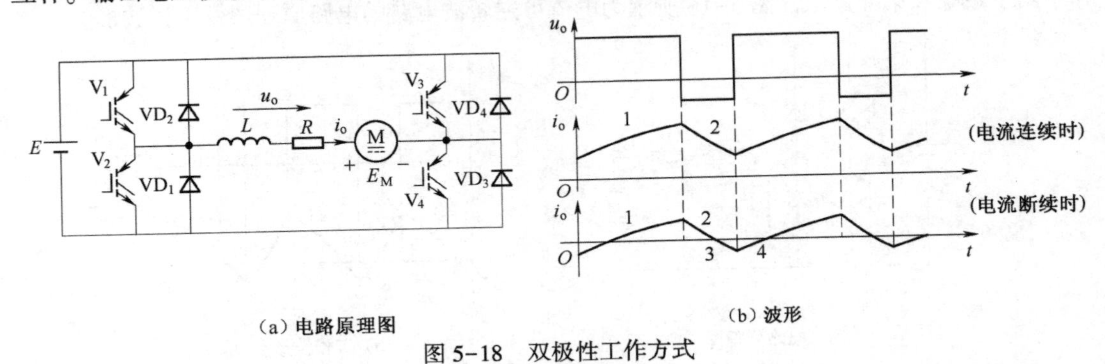

图5-18 双极性工作方式

单极性工作方式：V_1 和 V_2 不断调制，V_3 和 V_4 全通或全断。V_1 和 V_2 通断互补，V_3 和 V_4 通断互补。输出电压波形中电压只有正或只有负，故称为单极性，如图5-19所示。

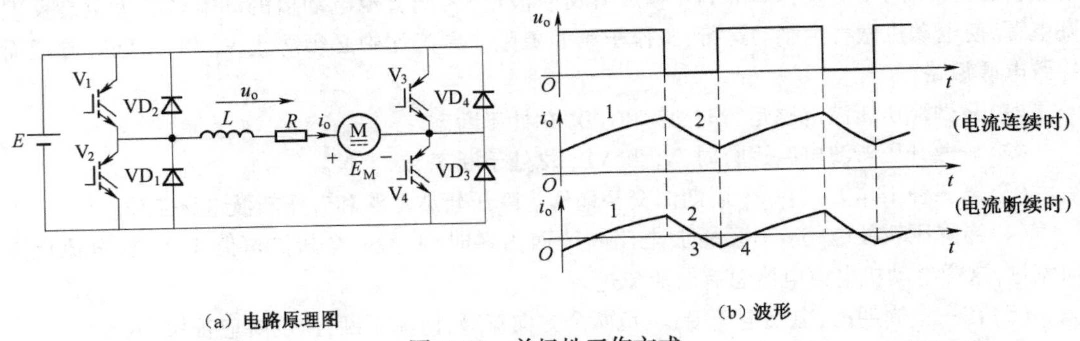

图5-19 单极性工作方式

受限单极性工作方式：V_1 不断调制、V_4 全通、V_3 与 V_2 全断，或 V_2 不断调制、V_3 全通、V_1 和 V_4 全断。输出电压波形中电压只有正或只有负，且轻载时电流也断续，故称受限单极性，如图5-20所示。

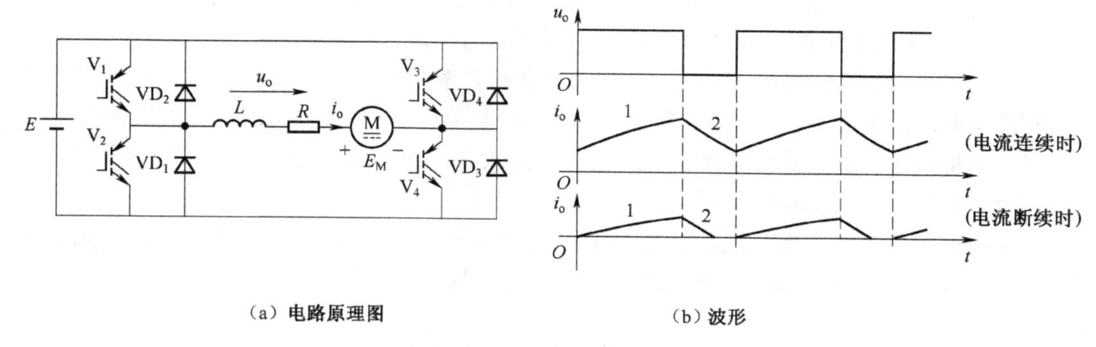

（a）电路原理图

（b）波形

图 5-20　受限单极性工作方式

5.3.3　多相多重斩波电路

多相多重斩波电路是另一种复合概念的斩波器。前面介绍的两种复合斩波电路是由不同的基本斩波电路组合而成的。与此不同，多相多重斩波电路是在电源和负载之间接入多个结构相同的基本斩波电路而构成的。一个控制周期中电源侧的电流脉波数称为斩波电路的相数，负载侧的电流脉波数称为斩波电路的重。多相多重斩波电路中的相数是指一个控制周期中电源侧的电流脉波数；重数是指负载电流脉波数。当上述电路电源共用而负载为多个独立负载时，则为多相一重斩波电路；而当电源为多个独立电源，向一个负载供电时，则为一相多重斩波电路。多相多重斩波电路还具有备用功能，各斩波电路单元可互为备用。图 5-21 所示为三相三重降压斩波电路原理图及工作波形。

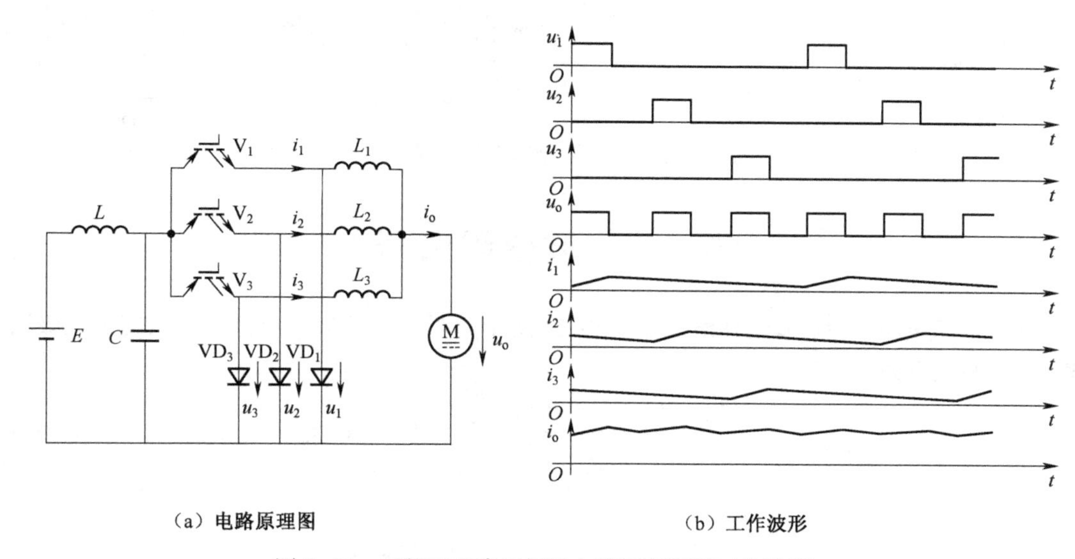

（a）电路原理图

（b）工作波形

图 5-21　三相三重降压斩波电路原理图及工作波形

该电路相当于由三个降压斩波电路单元并联而成，V_1、V_2、V_3 依次导通，相位相差 1/3 周期，波形相同，总输出电流为三个斩波电路单元输出电流之和，其平均值为斩波电路单元输出电流平均值的三倍，脉动频率也为三倍。而由于三个斩波电路单元电流的脉动幅值互相抵消，使总的输出电流脉动幅值变得很小。多相多重斩波电路的总输出电流最大脉动率（即电流脉动幅值与电流平均值之比）与相数的二次方成反比地减小，且输出电流脉动频率提高，因此和单相斩波电路相比，设输出电流最大脉动率一定时，所需平波电抗器的总质量大为减轻。

此时，电源电流为各可控开关的电流之和，其脉动频率为单个斩波电路的三倍，谐波分量比单个斩波电路时显著减小，且电源电流的最大脉动率与单个斩波电路时相比，也是与相数的二次方成反比地减小。这使得由电源电流引起的干扰大大减小。若需滤波，只需接上简单的 LC 滤波器就可起到良好的滤波效果。

多相多重斩波电路还具有备用功能，各斩波电路单元可互为备用，万一某一斩波单元发生故障，其余各斩波单元可以继续运行，使总体的可靠性提高。

5.4 晶闸管斩波器

强制换流电路帮助晶闸管关断，如图 5-22 所示。改变 VT_2 的触发导通时刻，也就改变了输出电压的脉宽。

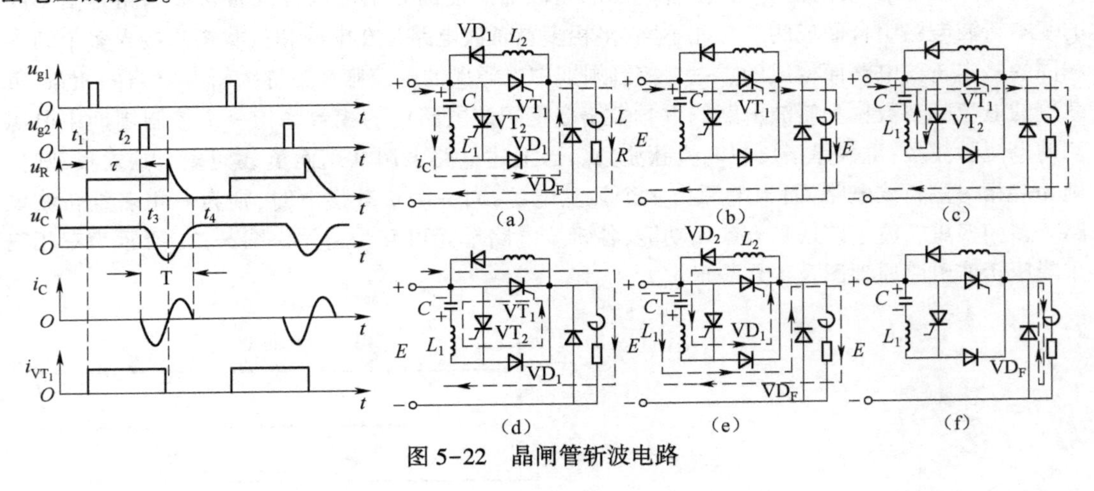

图 5-22 晶闸管斩波电路

5.5 斩波变阻电路

斩波变阻电路原理图及工作波形如图 5-23 所示。调节开通角 α 可以实现电动机无级调速。电动机的等效内阻为

$$R^* = \frac{(R_d + R_{ex})t_{off} + R_d t_{on}}{T} = R_d + (1-\alpha)R_{ex} \tag{5-64}$$

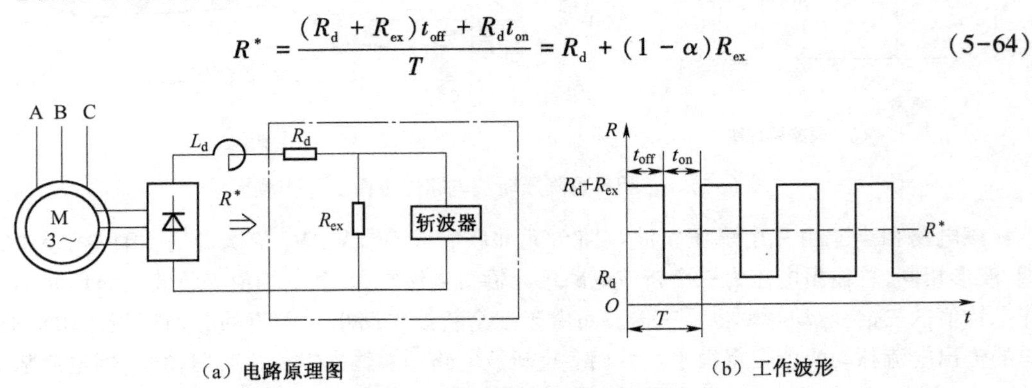

（a）电路原理图　　（b）工作波形

图 5-23 斩波变阻电路原理图及工作波形

其中
$$\alpha = \frac{t_{on}}{T} \tag{5-65}$$

5.6 带隔离的直流/直流变流电路

带隔离的直流/直流变流电路同直流斩波电路相比,直流变流电路中增加了交流环节,因此又称为直/交/直电路。带隔离的直流/直流变流电路结构一般为:直流电通过逆变器变成交流电,交流电再通过变压器输出交流,再通过整流电路,通过整流电路出来的脉动直流通过滤波器滤波输出直流电。整个过程中变压器起着变压和隔离的作用。采用这种结构较为复杂的电路来完成直流/直流的变换有以下几点原因:

(1)输出端与输入端需要隔离。

(2)某些应用中需要相互隔离的多路输出。

(3)输出电压与输入电压的比例远小于1或远大于1。

(4)交流环节采用较高的工作频率,可以减小变压器和滤波电感、滤波电容的体积和质量。通常,工作频率应高于20 kHz这一人耳的听觉极限,以免变压器和电感产生刺耳的噪声。随着电力半导体器件和磁性材料的技术进步,电路的工作频率已达几百千赫至几兆赫,进一步缩小了体积和质量。

带隔离的直流/直流变流电路分为单端和双端电路两大类。在单端电路中,变压器中流过的是直流脉动电流;而在双端电路中,变压器中的电流为正负对称的交流电流。下面将要介绍的电路中,正激电路和反激电路属于单端电路,半桥电路和全桥电路属于双端电路。

5.6.1 正激电路

正激电路包括多种不同的拓扑结构,典型的单开关正激电路原理图及工作波形如图5-24所示。

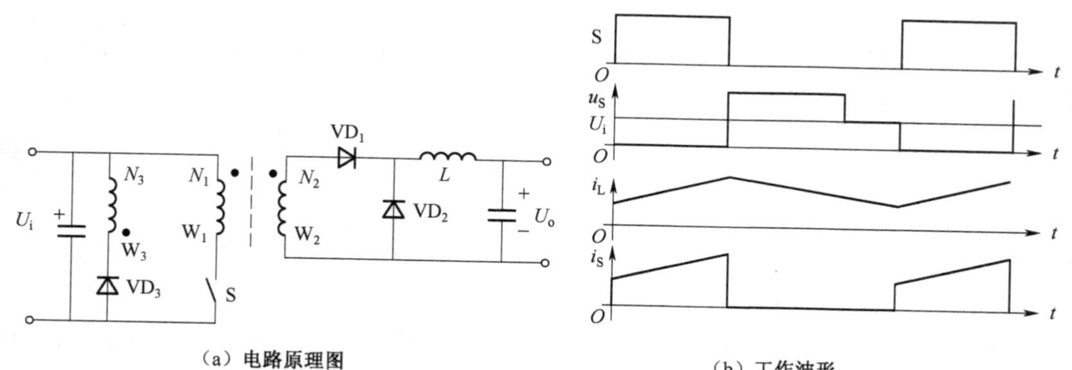

(a) 电路原理图　(b) 工作波形

图5-24　典型的单开关正激电路原理图及工作波形

电路的工作过程:开关S接通后,变压器绕组W_1两端的电压为上正下负,与其耦合的绕组W_2两端的电压也是上正下负。因此,VD_1处于通态,VD_2为断态,电感L的电流逐渐增加;开关S断开后变压器的励磁电流经绕组W_3和VD_3流回电源,所以S断开后承受的电压为$u_s = \left(1 + \frac{N_1}{N_2}\right)U_i$,$N$为绕组匝数。

开关 S 接通后,变压器的励磁电流由零开始,随着时间的增加而线性地增加,直到 S 断开。S 断开后到下一次再接通的一段时间内,必须设法使励磁电流降回零,否则下一个开关周期中,励磁电流将在本周期结束时的剩余值基础上继续增加,并在以后的开关周期中依次累积,变得越来越大,从而导致变压器的励磁电感饱和。励磁电感饱和后,励磁电流会更加迅速地增加,最终损坏电路中的开关元件。因此,在 S 断开后使励磁电流降回零是非常重要的,这一过程称为变压器的磁芯复位。磁芯复位过程物理量的变化如图 5-25 所示。

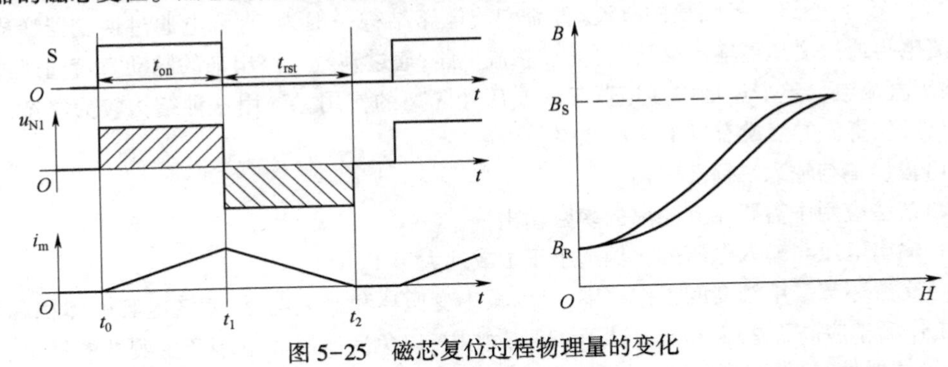

图 5-25　磁芯复位过程物理量的变化

开关 S 断开后,变压器励磁电流通过绕组 W_3 和 VD_3 流回电源,并逐渐线性地下降为零。从 S 断开到绕组 W_3 的电流下降到零所需的时间为 t_{rst}。S 处于断态的时间必须大于 t_{rst},以保证 S 下次接通前励磁电流能够降为零,使变压器磁芯可靠复位。

$$t_{rst} = \frac{N_3}{N_1} t_{on} \tag{5-66}$$

在输出滤波电感电流连续的情况下,即 S 接通时电感 L 的电流不为零,输出电压与输入电压的比为

$$\frac{U_o}{U_i} = \frac{N_2}{N_1}\frac{t_{on}}{T} \tag{5-67}$$

如果输出电感电流不连续,输出电压 U_o 将高于式(5-67)的计算值,并随负载减小而升高,在负载为零的极限情况下

$$U_o = \frac{N_2}{N_1} U_i \tag{5-68}$$

5.6.2　反激电路

反激电路原理图及工作波形如图 5-26 所示。

S 接通后,VD 处于断态,绕组 W_1 的电流线性增长,电感储能增加;S 断开后,绕组 W_1 的电流被切断,变压器中的磁场能量通过绕组 W_2 和 VD 向输出端释放。S 断开后的电压为

$$u_S = U_i + \frac{N_1}{N_2} U_o \tag{5-69}$$

反激电路可以工作在电路断续和电流连续两种模式:

(1) 如果 S 接通时,绕组 W_2 中的电流尚未下降到零,则称电路工作于电流连续模式。

(2) 如果 S 接通前,绕组 W_2 中的电流已经下降到零,则称电路工作于电流断续模式。

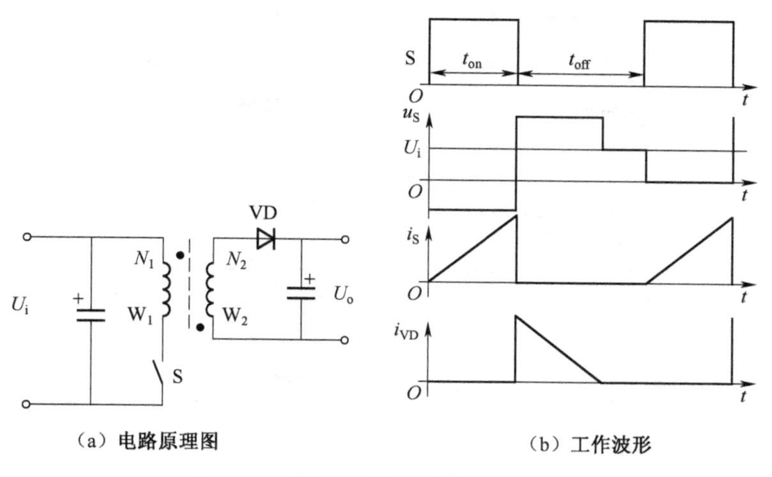

(a) 电路原理图　　(b) 工作波形

图 5-26　反激电路原理图及工作波形

5.6.3 半桥电路

半桥电路原理图如图 5-27 所示,工作波形如图 5-28 所示。

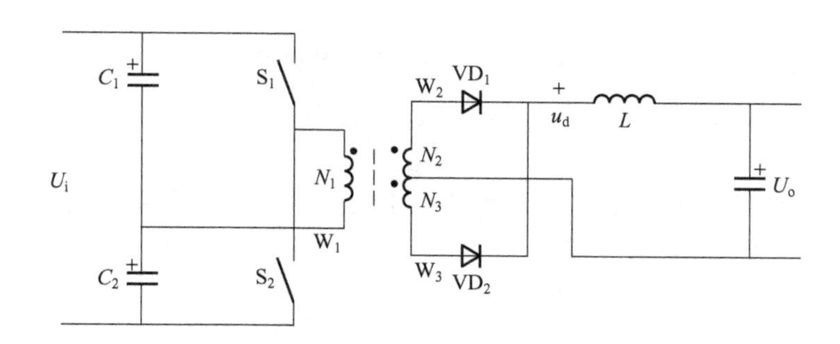

图 5-27　半桥电路原理图

在半桥电路中,变压器一次侧的两端分别连接在电容 C_1、C_2 的中点和开关 S_1、S_2 的中点。电容 C_1、C_2 的中点电压为 $U_i/2$。S_1 与 S_2 交替接通,使变压器一次侧形成幅值为 $U_i/2$ 的交流电压。改变开关的占空比,就可以改变二次侧整流电压 u_d 的平均值,也就改变了输出电压 U。

S_1 接通时,二极管 VD_1 处于通态;S_2 接通时,二极管 VD_2 处于通态,当两个开关都断开时,变压器绕组 W_1 中的电流为零,根据变压器的磁动势平衡方程,绕组 W_2 和 W_3 中的电流大小相等、方向相反。VD_1 和 VD_2 都处于通态,各分担一半的电流。S_1 或 S_2 接通时,电感 L 的电流逐渐上升;两个开关都断开时,电感 L 的电流逐渐下降,S_1 和 S_2 断态时承受的峰值电压均为 U_i。

由于电容的隔直作用,半桥电路对由于两个开关接通时间不对称而造成的变压器一次电压的直流分量有自动平衡作用,因此不容易发生变压器的偏磁和直流磁饱和。

为了避免上下两个开关在换流的过程中发生短暂的同时接通现象而造成短路损坏开关,每个开关各自的占空比不能超过 50%,并应留有裕量。

当滤波电感 L 的电流连续时

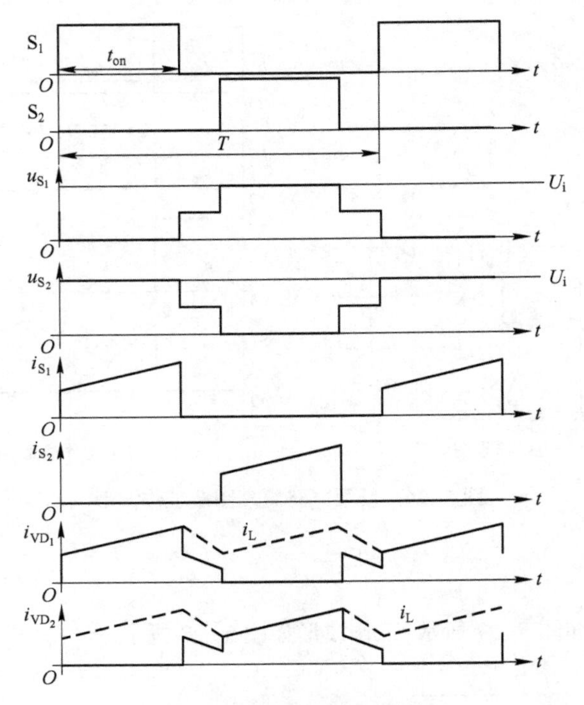

图 5-28　半桥电路的工作波形

$$\frac{U_o}{U_i}=\frac{N_2}{N_1}\frac{t_{on}}{T} \tag{5-70}$$

如果输出电感电流不连续，输出电压 U_o 将高于式(5-70)的计算值，并随负载减小而升高，在负载为零的极限情况下，$U_o=\dfrac{N_2}{N_1}\dfrac{U_i}{2}$。

5.6.4　推挽电路

推挽电路原理图如图 5-29 所示，工作波形如图 5-30 所示。

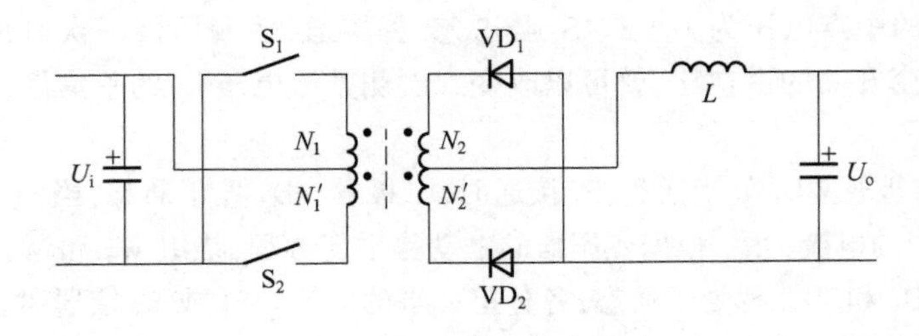

图 5-29　推挽电路原理图

推挽电路中两个开关 S_1 和 S_2 交替接通，在绕组 N_1 和 N_1' 两端分别形成相位相反的交流电压。S_1 接通时，二极管 VD_1 处于通态；S_2 接通时，二极管 VD_2 处于通态；当两个开关都断开时，VD_1 和 VD_2 都处于通态，各分担一半的电流。S_1 或 S_2 接通时电感 L 的电流逐渐上升；两个开关都断开时，电感 L 的电流逐渐下降。S_1 和 S_2 断态时承受的峰值电压均为 U_i。

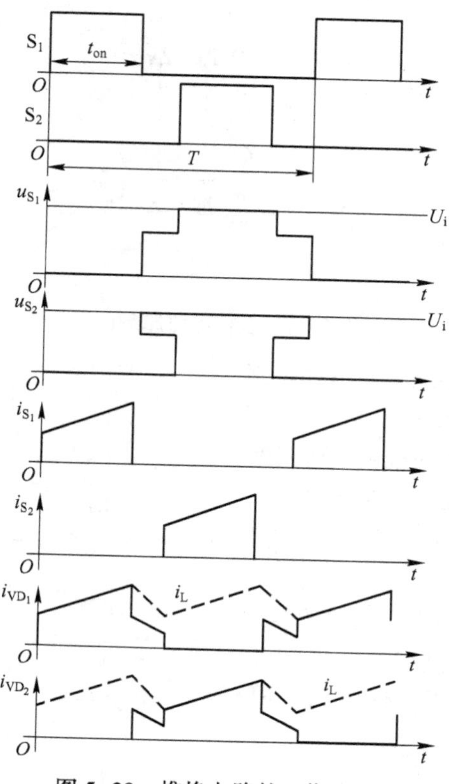

图 5-30　推挽电路的工作波形

如果 S_1 和 S_2 同时接通时，就相当于变压器一次绕组短路，因此应避免两个开关同时接通，每个开关各自的占空比不能超过 50%，还要留有死区。

当滤波电感 L 的电流连续时

$$\frac{U_o}{U_i}=\frac{N_2}{N_1}\frac{2t_{on}}{T} \tag{5-71}$$

如果输出电感电流不连续，输出电压 U_o 将高于式(5-71)的计算值，并随负载减小而升高，在负载为零的极限情况下

$$U_o=\frac{N_2}{N_1}U_i \tag{5-72}$$

5.6.5　全桥电路

全桥电路原理图和工作波形分别如图 5-31 和图 5-32 所示。

全桥电路中的逆变电路由四个开关组成，互为对角的两个开关同时导通，而同侧半桥上下两个开关交替导通，将直流电压逆变成幅值为 U_i 的交流电压，加在变压器一次[侧]。改变开关的占空比，就可以改变整流电压 U_d 的平均值，也就改变了输出电压 U_o。

当 S_1 与 S_4 接通后，二极管 VD_1 和 VD_4 处于通态，电感 L 的电流逐渐上升；当 S_2 与 S_3 接通后，二极管 VD_2 和 VD_3 处于通态，电感 L 的电流也上升。当四个开关都断开时，四个二极管都处于通态，各分担一半的电感电流，电感 L 的电流逐渐下降。S_1 和 S_2 断态时承受的峰值电压均为 U_i。

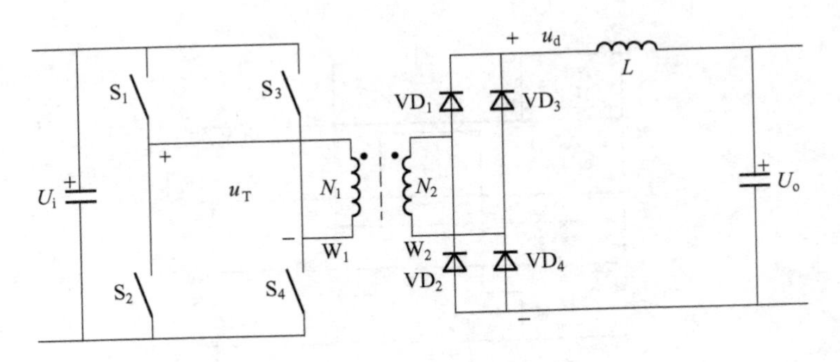

图 5-31 全桥电路原理图

如果 S_1、S_4 与 S_2、S_3 的导通时间不对称，则交流电压 U_T 中将含有直流分量，会在变压器一次电流中产生很大的直流分量，并可能造成磁路饱和。因此，全桥电路应注意避免电压直流分量的产生。也可以在一次回路串联一个电容，以阻断直流电流。

为了避免同一侧半桥中上下两个开关在换流的过程中发生短暂的同时接通而损坏开关，每个开关各自的占空比不能超过 50%，并应留有裕量。

当滤波电感电流连续时，有

$$\frac{U_o}{U_i}=\frac{N_2}{N_1}\frac{2t_{on}}{T} \tag{5-73}$$

如果输出电感电流不连续，输出电压 U_o 将高于式(5-73)的计算值，并随负载减小而升高，在负载为零的极限情况下，有

$$U_o=\frac{N_2}{N_1}U_i \tag{5-74}$$

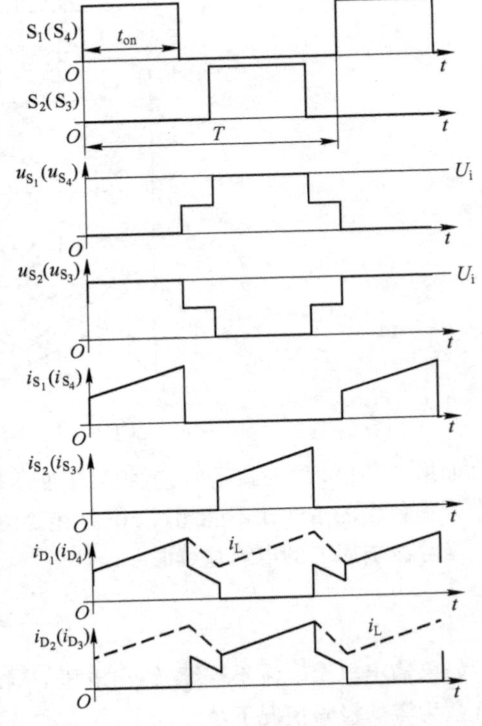

图 5-32 全桥电路的工作波形

小 结

直流/直流变流电路(DC/DC Converter)包括直接直流变流电路和间接直流变流电路。直流斩波电路一般是指直接将直流电变为另一电压不同的直流电，这种情况下输入与输出之间不隔离。间接直流变流电路是在直流变流电路中增加了交流环节，在交流环节中通常采用变压器实现输入/输出间的隔离，因此也称为直/交/直电路。习惯上，DC/DC 变换器包括以上两种情况，且更多地指后一种情况。

由基本斩波电路、复合斩波电路、多相多重斩波电路、晶闸管斩波器电路、斩波变阻电路、带隔离的直流/直流变流电路的工作情况分析，可以得出电路具体的工作过程和输出电

压。其中,Buck 电路和 Boost 电路最基本。在此基础上可以进行组合和扩展,得到其他四种既可以升压,又能够降压的电路。Buck-Boost 电路和 Cuk 斩波电路的输出电压和输入电压极性相反,而 Sepic 斩波电路和 Zeta 斩波电路的输出电压和输入电压极性相同。Cuk 斩波电路和 Zeta 斩波电路的输入电流和输出电流都是连续的,脉动很小,有利于滤波。

带隔离的直流斩波电路目前广泛用于各种电子设备的直流开关电源及变频调速器中,是电力电子领域的一大热点。常见的带隔离的直流/直流变换电路可以分为单端和双端电路两大类。单端电路变压器的励磁电流是单方向的,而双端电路变压器的励磁电流是两个方向的。单端电路包括正激和反激两类;双端电路包括全桥、半桥两类。每一类电路都可能有多种不同的拓扑形式或控制方法,本章仅介绍了其中最具代表性的拓扑形式和控制方法。

习　　题

1. Cuk 斩波电路中包括哪些元件?简述各元件的作用。

2. 根据对输出电压平均值进行控制的方法不同,直流斩波电路有哪三种控制方式?简述其控制原理。

3. 试比较升降压斩波电路和 Cuk 斩波电路的异同点。

4. 在图 5-33 所示的降压斩波电路中,已知 $E=200$ V,$R=10\ \Omega$,L 值极大,$E_M=30$ V。采用脉宽调制控制方式,当 $T=50\ \mu s$,$t_{on}=20\ \mu s$ 时,计算输出电压平均值 U_o、输出电流平均值 I_o。

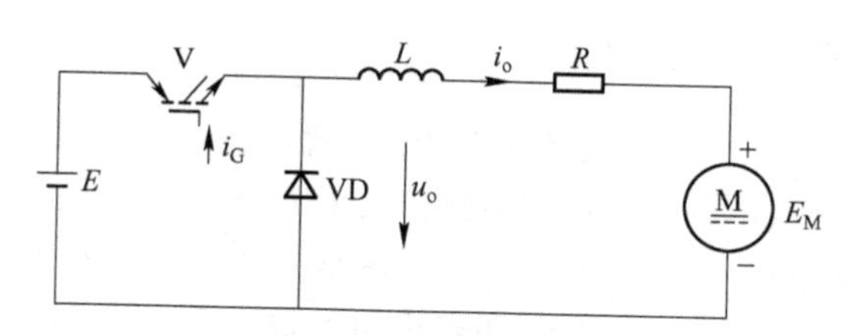

图 5-33　题 4 图

5. 在图 5-34 所示的升压斩波电路中,已知 $E=50$ V,L 值和 C 值极大,$R=20\ \Omega$,采用脉宽调制控制方式,当 $T=50\ \mu s$,$t_{on}=25\ \mu s$ 时,计算输出电压平均值 U_o,输出电流平均值 I_o。

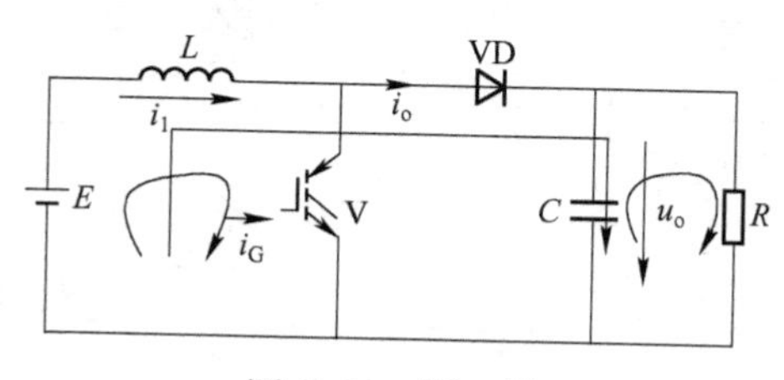

图 5-34　题 5 图

第 6 章　交流调压和变频电路

学习目标：

(1)掌握交流/交流变换技术的基本概念；

(2)掌握间接交流/交流变换电路的工作原理；

(3)掌握直接交流/交流变换电路的工作原理；

(4)掌握交流调压电路的工作原理。

6.1　间接交流/交流变换电路

不管容量大小，间接交流/交流变换电路是应用最普遍的交流/交流变换电路。间接交流/交流变换电路由两级构成：第一级 AC/DC 变换电路将工频 50 Hz 的交流电变换成直流，第二级 DC/AC 变换电路将直流变换为所需幅值和频率的交流输出。

6.1.1　电流型交流/交流变换电路

将三相桥式整流电路和三相逆变电路级联起来，就构成了一个间接交流/交流变换电路，如图 6-1 所示。三相桥式整流电路的直流输出侧串联了一个较大电感值的电抗器，这样输出电流的脉动很小，可以近似看作是电流源，通常称为电流型三相桥式整流电路。当然三相桥式整流电路输出直流电流值仍然受触发角 α 控制和直流侧负载大小影响。图 6-1 中三相逆变电路的直流侧输入近似看作是电流源，通常称为电流型逆变电路。这样由电流型三相桥式整流电路和电流型逆变电路构成的间接交流/交流变换电路称为电流型交流/交流变换电路。

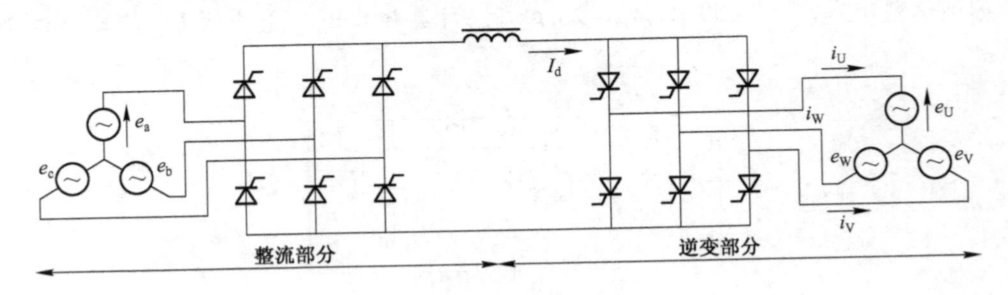

图 6-1　电流型交流/交流变换电路

电流型交流/交流变换电路由于采用晶闸管作为开关元件，适合于大容量应用场合。由于晶闸管没有自关断能力，需要采用电网电压换流或负载电压换流。三相桥式整流电路的触发角

α 的变化范围为 0~90°，三相逆变电路的触发引前角 $\delta = 180° - \alpha$ 要满足条件：$\gamma + \omega t_q < \delta < 90°$，其中 γ 为换流重叠角，t_q 为晶闸管的关断时间。

电流型交流/交流变换电路可应用于直流输电系统及大容量电动机调速装置。它输入的有功功率为

$$P = \sqrt{3}EI\cos\alpha \tag{6-1}$$

式中，E 为输入交流线电压的有效值；I 为输入交流电流的有效值。

它输入的无功功率为

$$Q = \sqrt{3}EI\sin\alpha \tag{6-2}$$

将上述有功功率和无功功率与触发角 α 的关系表示在图 6-2 中。从图中可以看出：无论三相变流器工作在整流或逆变状态，均要从交流侧吸收无功功率。电流型交流/交流变换电路存在无功功率的问题。因此，实际应用时在电流型交流/交流变换电路的输入和输出两侧需要安装补偿电容，以补偿无功功率，一般无功功率补偿装置兼有高次谐波的滤波功能。

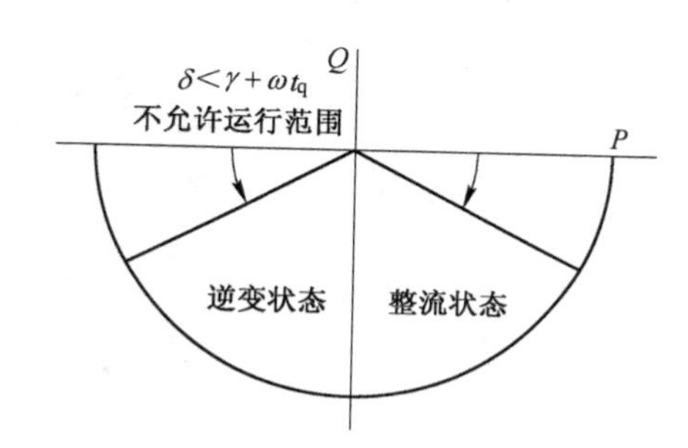

图 6-2　电流型交流/交流变换电路的有功功率与无功功率的功率特性

感应式电动机只能吸收无功功率而不能发出无功功率，电流型交流/交流变换电路要从输出侧吸收无功功率，因此它不能驱动感应式电动机，一般用于驱动同步电动机。电流型交流/交流变换电路的输入或输出电流均是台阶型的，由它与同步电动机构成的调速系统具有直流电动机的性能，因此称为无换相器（直流）电动机。

6.1.2　电压型交流/交流变换电路

图 6-3 所示为电压型交流/交流变换电路，中间直流滤波环节是一个大容量的电容，直流侧电压脉动较小，可视为恒压源，因此称为电压型交流/交流变换电路。若电压型交流/交流变换电路工作在变压、变频方式，则广泛应用于电动机变频调速装置；若电压型交流/交流变换电路工作在恒压、恒频方式，则广泛应用于逆变电源、UPS 等。

整流器部分采用直流侧电容滤波的二极管整流电路，由于成本低，目前用得较多，但存在交流侧谐波和电磁兼容问题。为缓解该问题，一般在交流输入侧插入滤波电抗器。该电路广泛应用在小功率电动机调速装置中。

电压型交流/交流变换电路中，整流器采用三相 PWM 整流电路时，输入电流近似为正弦波，而且功率因数接近 1，具有较高的电磁兼容性能。整流器部分采用具有功率因数校正功能的单相整流电路的电压型交流/交流变换电路，一般适合于小功率的应用场合，如空调电动机的控制、电冰箱等。

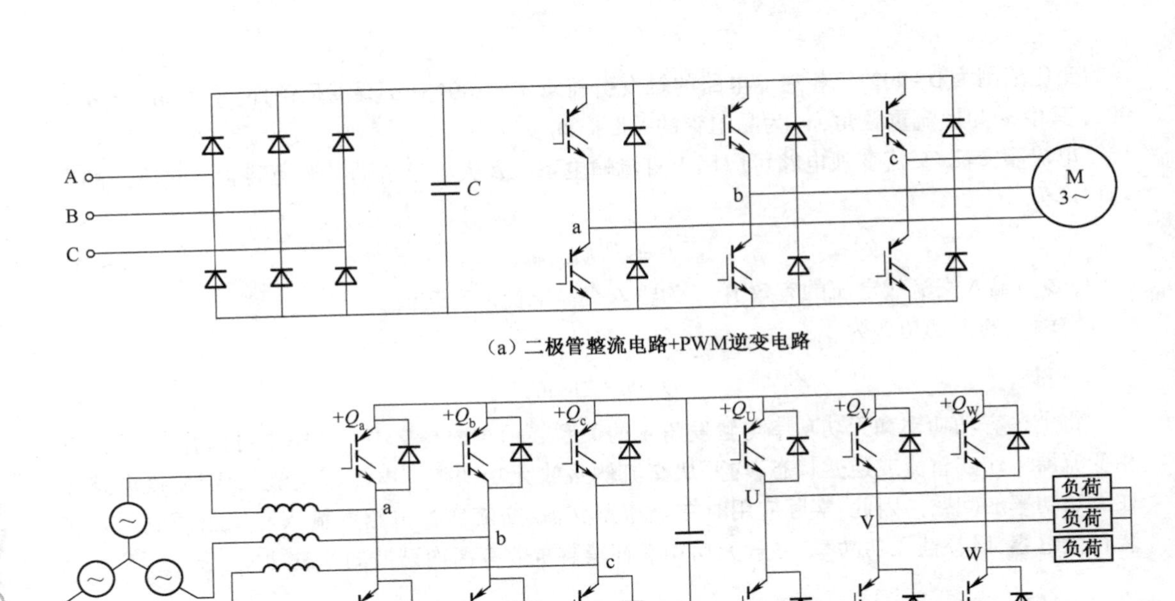

（a）二极管整流电路+PWM逆变电路

（b）双PWM变流器

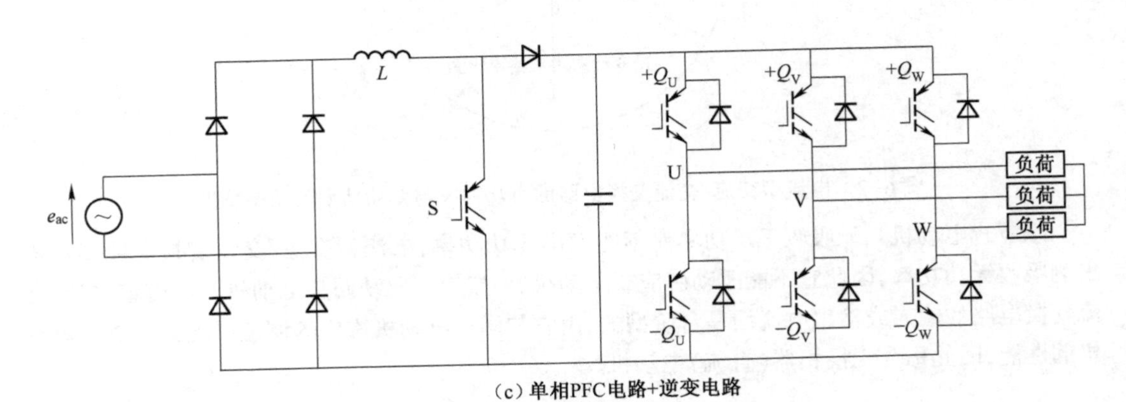

（c）单相PFC电路+逆变电路

图 6-3　电压型交流/交流变换电路

6.2　直接交流/交流变换电路

不通过中间直流环节，实现交流/交流变换功能的电路称为直接交流/交流变换电路。直接交流/交流变换电路主要有两种：一种为周波变换器，另一种为矩阵变换器。周波变换器一般采用晶闸管作为功率开关器件，适合于大功率电动机调速的应用场合；矩阵变换器需要采用 MOSFET、IGBT、GTO 等自关断能力的功率器件，适合于有能量回馈要求的电动机调速应用场合。

6.2.1　周波变换器

图 6-4 所示为三相交流/单相交流直接变换的周波变换器电路，它由两个三相桥式整流器反并联构成，输出为单相交流，可以实现输出电压、电流的四象限运行。其中，输出正电流的三

相桥式整流器记为P-CONV，输出负电流的三相桥式整流器记为N-CONV。由于P-CONV输出电流的极性总为正，因此P-CONV的输出位于电压、电流平面的第Ⅰ、Ⅱ象限；由于N-CONV输出电流的极性总为负，因此N-CONV的输出位于电压、电流平面的第Ⅲ、Ⅳ象限。

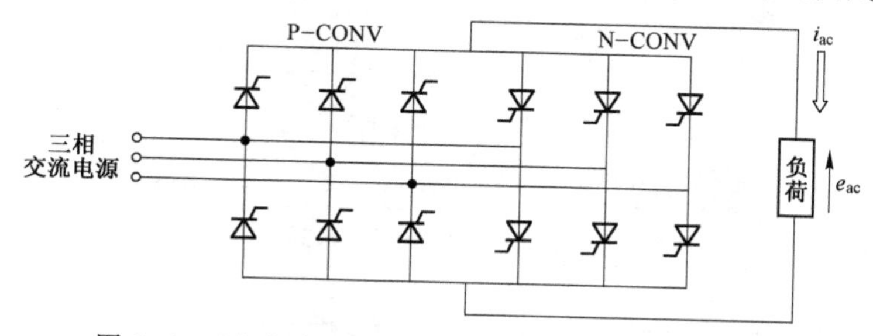

图6-4　三相交流/单相交流直接变换的周波变换器电路

图6-5给出了周波变换器输出电压、电流的波形，还给出了两个反并联的三相桥式整流器P-CONV与N-CONV在输出波形的一个周期中工作状态的切换过程，以及在输出波形的一个周期中触发角α的变换过程，这里忽略输出电压、电流的谐波。这样输出电压是频率为ω_0的正弦波，输出电流也是频率为ω_0的正弦波，但输出电流滞后于输出电压相位角θ。三相桥式整流器的输出电压$U_d = \frac{3\sqrt{6}}{\pi} U_s \cos\alpha$，通过调节触发角$\alpha$，可以改变三相桥式整流器的输出电压，周波变换器输出最大电压幅值为$\frac{3\sqrt{6}}{\pi} U_s$，其中$U_s$为输入交流相电压的有效值。假定周波变换器输出电压为$u_o = U_m \sin(\omega_0 t + \theta)$，其中$U_m$是周波变换器输出正弦波电压的幅值，令$u_o = U_d$，也即

$$U_m \sin(\omega_0 t + \theta) = \frac{3\sqrt{6}}{\pi} U_s \cos\alpha \tag{6-3}$$

由式(6-3)，求出周波变换器触发角

$$\alpha = \arccos[k\sin(\omega_0 t + \theta)] \tag{6-4}$$

式中，幅值系数$k = \frac{\pi}{3\sqrt{6}} \frac{U_m}{U_s}$。

如图6-5所示，当周波变换器的输出电流从正极性变为负极性时，输出电流也由P-CONV切换到N-CONV，即输出电流的过零点是P-CONV与N-CONV工作的切换时刻。在周波变换器的输出电压过零以后的一段时间里，输出电压与输出电流极性相反，在这段时间里，周波变换器中当前工作的三相桥式整流器处于逆变状态。因此，当周波变换器的输出电压从正极性变为负极性时，当前工作的三相桥式整流器由整流状态切换到逆变状态，即周波变换器输出电压的过零点是整流状态切换到逆变状态的切换时刻。

图6-6所示为周波变换器输出幅值系数$k = 0.9$、输出频率为12.5 Hz时的输出波形情况。为了在输出电流的过零点实现P-CONV到N-CONV的切换，需要检测输出电流，一旦检测到输出电流为零，同时封锁P-CONV和N-CONV的触发信号，直到先前导通的晶闸管电流过零并关断后，使能与退出工作的变换器反并联的变换器的触发信号。在输出过零点时刻附近，封锁P-CONV和N-CONV触发信号，并使P-CONV和N-CONV均休息一小段时间，休息时间要大于晶闸管的关断时间t_q，否则会发生P-CONV和N-CONV同时导通，输入交流电源被短路的故障。

大容量晶闸管的关断时间 t_q 为数百微秒，死区时间会对周波变换器输出性能产生影响。这种工作方式的周波变换器称为无环流周波变换器。

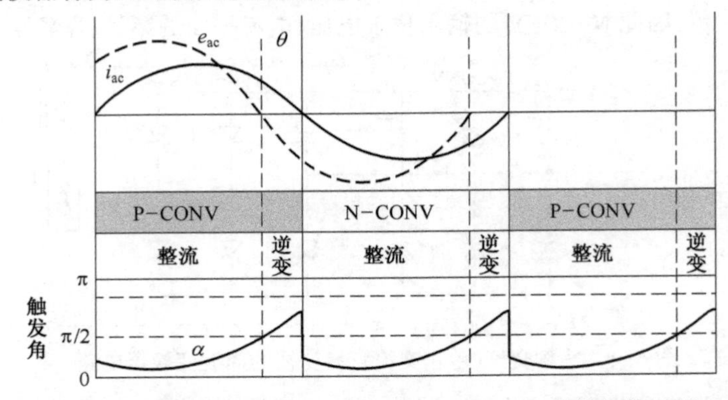

图 6-5　周波变换器中 P-CONV 与 N-CONV 工作的切换过程

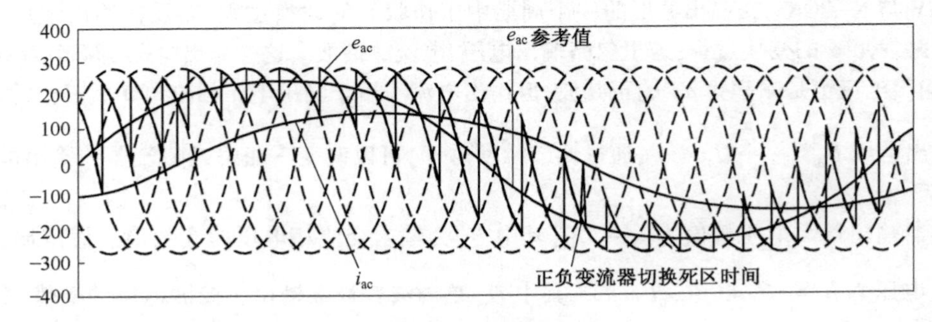

图 6-6　周波变换器输出波形

在高输出波形质量要求的应用场合，使周波变换器工作在有环流方式。如图 6-7 所示，P-CONV 和 N-CONV 的输入端要有变压器隔离，在 P-CONV 和 N-CONV 的输出端之间插入中心抽头电抗器。在环流方式周波变换器中，P-CONV 和 N-CONV 均处于工作状态，并使 P-CONV 和 N-CONV 的输出保持适当的电压差，以维持两个变换器输出间的环流。这样避免了周波变换器工作的死区时间，可以实现连续的输出。插入中心抽头电抗器的主要作用是限制两变换器输出间的环流。环流方式周波变换器的输出电压等于 P-CONV 和 N-CONV 输出电压的平均值。

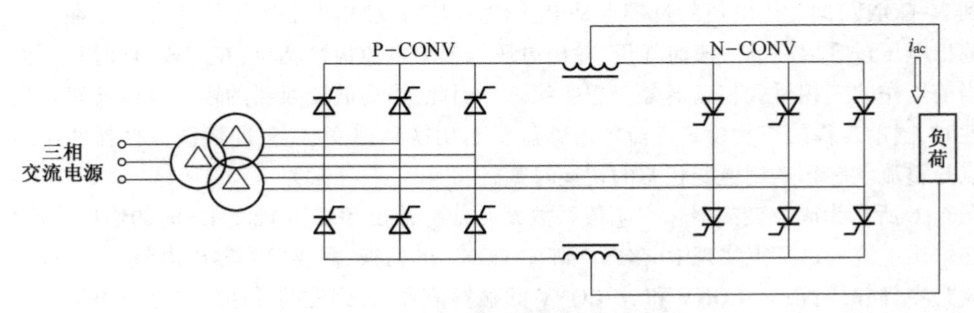

图 6-7　环流方式周波变换器

如图 6-6 所示，周波变换器的输出电压是输入三相交流电压的各时间区间的电压波形片段的拼接，去近似一个正弦波。因此，周波变换器输出电压的频率受到限制。输出电压的频率上限实际上受到输入电网的谐波和输出负荷的谐波含量的限制。一般认为,环流方式周波变换器的输出频率上限为输入电源频率的1/2,无环流方式周波变换器的输出频率上限为输入电源频率的1/3。

周波变换器存在输入电流谐波严重和功率因数低的缺点。周波变换器成功地应用于数千千瓦轧钢机的传动控制,而不需要输出很高的频率。图6-8所示为三相交流输出的周波变换器电路,可用于3 000 V以上电动机的驱动。由于周波变换器采用网侧电压换流,因此它可以用于驱动感应电动机。

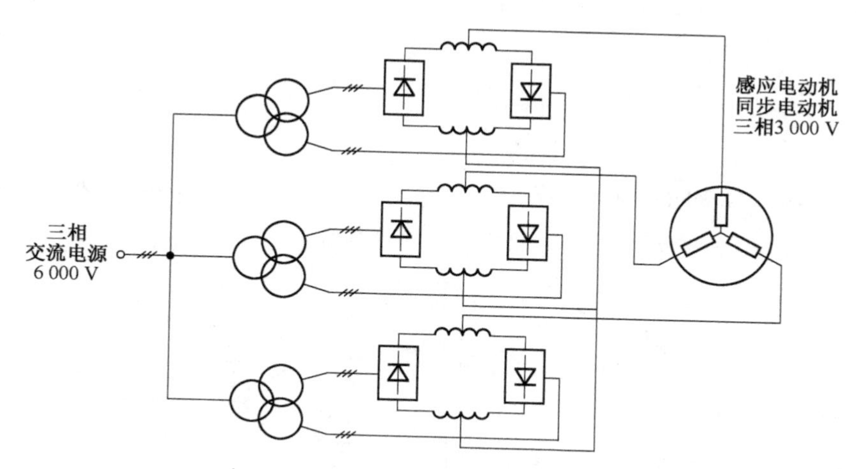

图6-8　三相交流输出的周波变换器电路

6.2.2　矩阵变换器

矩阵变换器是另一种直接交流/交流变换电路。它的电路拓扑与周波变换器相同。但是,矩阵变换器不采用晶闸管,而采用具有自关断能力的半导体功率器件。周波变换器由于采用移相控制,因此输出电压的频率总是低于输入电压频率。而矩阵变换器采用PWM控制,可以产生任意频率的正弦波输出。图6-9(a)所示为三相输入三相输出的矩阵变换器的电路。这里S_{ua}~S_{wc}为双向开关,它一般由两个功率器件组合构成,如将两个已反并联二极管的IGBT,再反向串联起来,或者将两个逆阻型IGBT反并联起来。图中输入侧的$L_f C_f$滤波器用于抑制开关频率的电流谐波流入输入电源。图6-9(a)中的开关部分可以表示成图6-9(b)所示的九个开关元件构成的3×3矩阵形式,这就是矩阵变换器名称的由来。

矩阵变换器具有如下优点:

(1)由于不存在中间直流环节,因此省去了笨重的直流滤波电抗器或寿命较短的直流滤波电解电容。

(2)具有高的功率因数。矩阵变换器采用PWM控制,不仅可以输出正弦波,还可以控制输入的功率因数。

(3)能量可双向流动,可以实现四象限运行。

(4)不通过中间直流环节而直接实现变换,电流回路通过输入与输出之间串联的开关器件的数目减少,提高了功率变换的效率。如图6-10(a)所示,对于交/直/交变换装置,整流电路中电流通过的串联的开关器件是两个,逆变电路中电流通过的串联的开关器件也是两个,因此交/直/交变换装置中输入与输出之间电流要通过四个串联的功率器件,如图6-10(b)所示,对于矩阵变换器,则输入与输出之间电流只通过两个串联的功率器件。

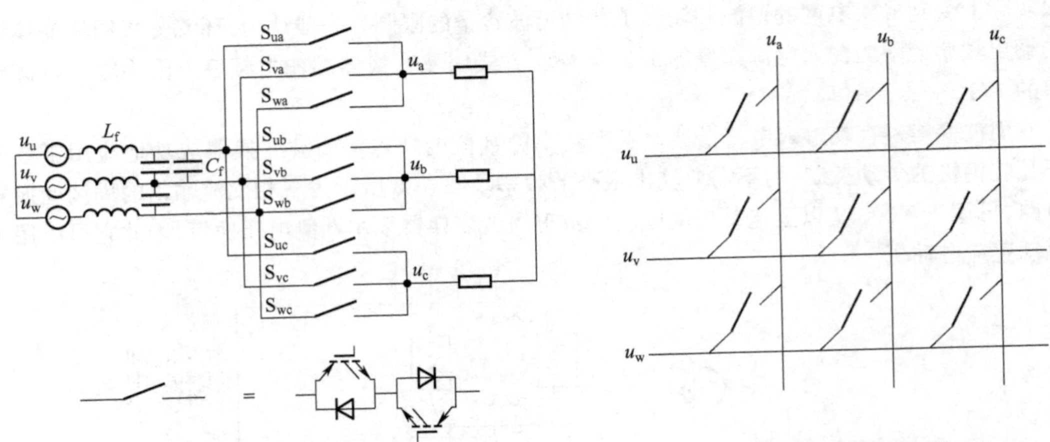

（a）三相输入三相输出的矩阵变换器的电路

（b）表示成3×3的开关矩阵形式

图 6-9 矩阵变换器

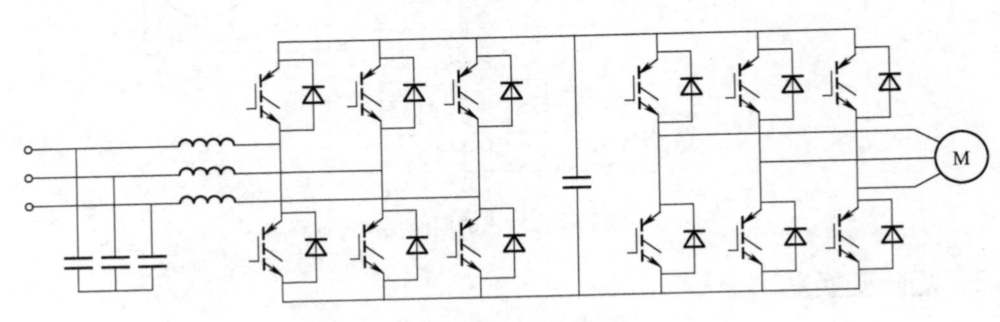

（a）间接交流/交流变换器

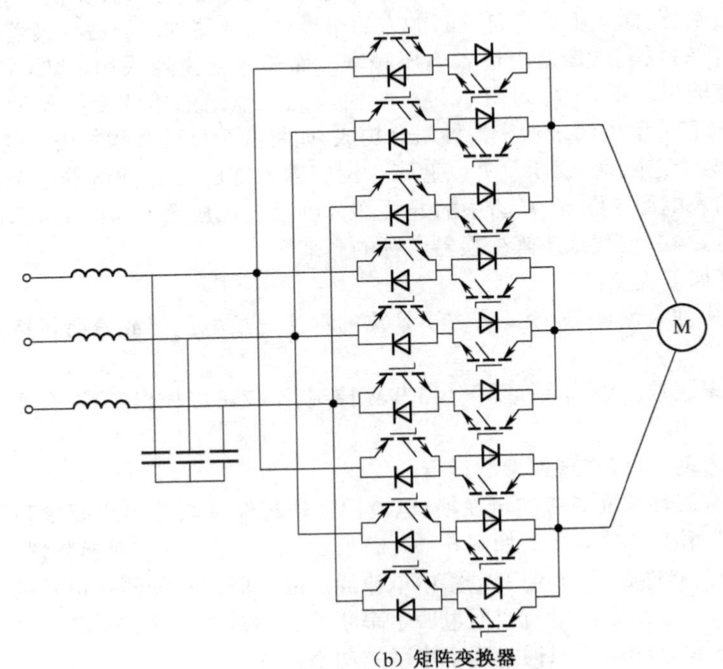

（b）矩阵变换器

图 6-10 矩阵变换器

1. 矩阵变换器的控制原理

矩阵变换器由 3×3 的开关矩阵构成。依据三相输出的电压的指令值和输入三相电压的瞬时相位,对开关矩阵中的九个双向开关进行 PWM 控制。假定 PWM 控制的开关频率比输入交流和输出交流的频率高得多,那么可以近似认为输出电压在一个开关周期 T_s 里保持不变。M. Venturini 提出如下控制方案:

$$\begin{bmatrix} u_a \\ u_b \\ u_c \end{bmatrix} = \frac{1}{T_s}\begin{bmatrix} u_u & u_v & u_w \\ u_v & u_w & u_u \\ u_w & u_u & u_v \end{bmatrix}\begin{bmatrix} t_1 \\ t_2 \\ t_3 \end{bmatrix} \tag{6-5}$$

式中,u_a、u_b、u_c 为矩阵变换器的输出电压;t_1 为双向开关S_{ua}、S_{vb}、S_{wc}在一个开关周期 T_s 中的接通时间;t_2 为双向开关 S_{va}、S_{wb}、S_{uc} 在一个开关周期 T_s 中的接通时间;t_3 为双向开关 S_{wa}、S_{ub}、S_{vc} 在一个开关周期 T_s 中的接通时间。连接 u_a 相输出的三个开关 S_{ua}、S_{va}、S_{wa} 在一个开关周期 T_s 中的接通时间分别为 t_1、t_2、t_3,这样需要防止三个开关中有两个或两个以上的开关接通而造成输入短路的情况。连接 u_b 相输出的三个开关以及连接 u_c 相输出的三个开关接通情况类似。因此 t_1、t_2、t_3 满足

$$t_1 + t_2 + t_3 = T_s \tag{6-6}$$

如果希望输出电压为三相对称正弦波,结合式(6-5),有

$$\begin{aligned} u_a &= U_o\sin(\omega_0 t) = \frac{1}{T_s}(u_u t_1 + u_v t_2 + u_w t_3) \\ u_b &= U_o\sin\left(\omega_0 t - \frac{2\pi}{3}\right) = \frac{1}{T_s}(u_v t_1 + u_w t_2 + u_u t_3) \\ u_c &= U_o\sin\left(\omega_0 t + \frac{2\pi}{3}\right) = \frac{1}{T_s}(u_w t_1 + u_u t_2 + u_v t_3) \end{aligned} \tag{6-7}$$

另外,假定输入电压为

$$\begin{aligned} u_u &= U_i\sin(\omega_i t) \\ u_v &= U_i\sin\left(\omega_i t - \frac{2\pi}{3}\right) \\ u_w &= U_i\sin\left(\omega_i t + \frac{2\pi}{3}\right) \end{aligned} \tag{6-8}$$

由式(6-6)可得

$$t_1 = T_s - t_2 - t_3 \tag{6-9}$$

将式(6-9)代入式(6-7),可得

$$\begin{aligned} (u_v - u_u)t_2 + (u_w - u_u)t_3 &= (u_a - u_u)T_s \\ (u_w - u_v)t_2 + (u_u - u_v)t_3 &= (u_b - u_v)T_s \\ (u_u - u_w)t_2 + (u_v - u_w)t_3 &= (u_c - u_w)T_s \end{aligned} \tag{6-10}$$

由式(6-7)、式(6-8)和式(6-10),可以解得

$$\begin{aligned} t_1 &= \left[\frac{1}{3} + \frac{2}{3}q\sin(\omega_0 - \omega_i)t\right]T_s \\ t_2 &= \left\{\frac{1}{3} + \frac{2}{3}q\sin\left[(\omega_0 - \omega_i)t + \frac{2\pi}{3}\right]\right\}T_s \end{aligned} \tag{6-11}$$

$$t_3=\left\{\frac{1}{3}+\frac{2}{3}q\sin\left[(\omega_0-\omega_i)t-\frac{2\pi}{3}\right]\right\}T_s$$

式中，$q=\dfrac{u_o}{u_i}$。

可以写出输入电流和输出电流之间的关系如下：

$$\begin{bmatrix} i_u \\ i_v \\ i_w \end{bmatrix}=\frac{1}{T_s}\begin{bmatrix} i_a & i_c & i_b \\ i_b & i_a & i_c \\ i_c & i_b & i_a \end{bmatrix}\begin{bmatrix} t_1 \\ t_2 \\ t_3 \end{bmatrix} \tag{6-12}$$

若三相输出电流为

$$\begin{aligned} i_a &= I_0\sin(\omega_0 t-\varphi_0) \\ i_b &= I_0\sin\left(\omega_0 t-\varphi_0-\frac{2\pi}{3}\right) \\ i_c &= I_0\sin\left(\omega_0 t-\varphi_0+\frac{2\pi}{3}\right) \end{aligned} \tag{6-13}$$

将式(6-13)、式(6-11)代入式(6-12)，可得

$$\begin{aligned} i_u &= qI_0\sin(\omega_i t-\varphi_0) \\ i_v &= qI_0\sin\left(\omega_i t-\varphi_0-\frac{2\pi}{3}\right) \\ i_w &= qI_0\sin\left(\omega_i t-\varphi_0+\frac{2\pi}{3}\right) \end{aligned} \tag{6-14}$$

式(6-14)表明：对于 M. Venturini 的 PWM 控制方案，当矩阵变换器的输出电流为正弦波时，矩阵变换器的输入电流也是正弦波，而且输入功率因数等于输出负载的功率因数。

2. 矩阵变换器的输入电压利用率的改进

如图 6-11(a)所示，M. Venturini 的 PWM 控制方案用第一行的三个开关S_{ua}、S_{va}和S_{wa}共同作用来构造 a 相的输出电压 u_a，可以利用三相相电压包络线内的部分。理论上所构造的输出电压 u_a 的频率可以任意，但如果输出 u_a 必须为正弦波，其最大幅值受到三相相电压包络线的谷点幅值的限制，则输出 u_a 最大幅值仅为输入相电压 u_u 幅值的 1/2。可见 M. Venturini 的 PWM 控制

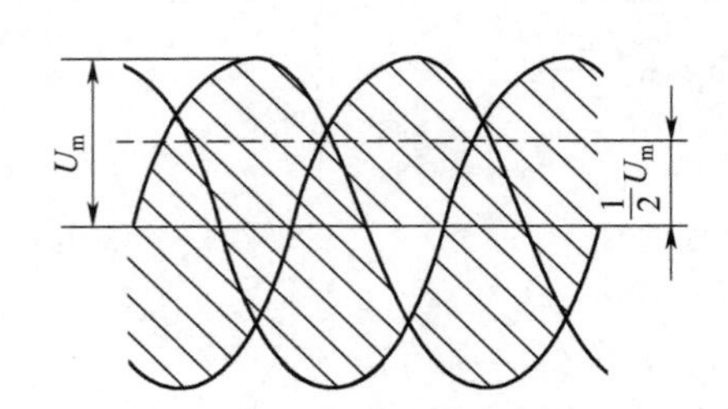

（a）M.Venturini的PWM控制方案输入电压的可利用部分

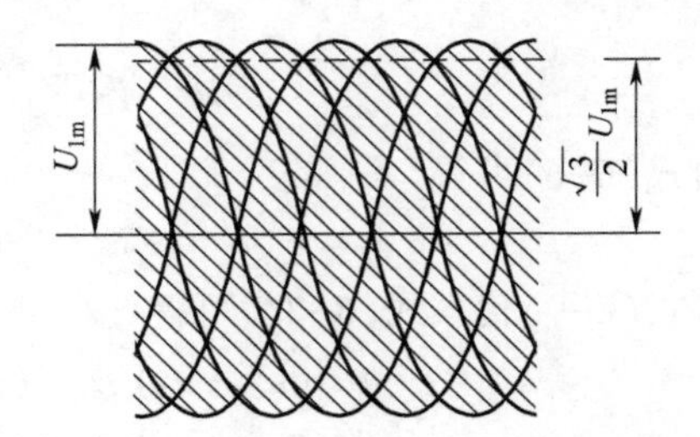

（b）改进的控制方案输入电压的可利用部分

图 6-11　矩阵变换器的输入电压利用率的改进

方案的输入电压的利用率较低，不适合于电动机驱动场合的应用。如果利用输入线电压来构造输出线电压，例如，用图 6-9(a)中连接输出 a 相和输出 b 相的六个开关共同作用构造输出线电压 u_{ab}，可以利用三相线电压包络线内的部分。这样，当输出线电压 u_{ab} 必须为正弦波，线电压输

出 u_{ab} 最大幅值受到三相输入线电压包络线的谷点幅值的限制，则线电压输出 u_{ab} 最大幅值为输入线电压 u_{uv} 幅值的 0.866 倍，也即输出相电压 u_a 最大幅值增加为输入相电压 u_u 幅值的 0.866 倍，输入电压的利用率得到了提高。

6.3 交流调压电路

把两个晶闸管反并联后串联在交流电路中，在每半个周波内通过对晶闸管开通相位的控制，方便地调节输出电压的有效值，即通过对晶闸管的触发角的控制实现交流电力调节，这种电路称为交流调压电路。交流调压电路不改变交流电的频率。交流调压电路广泛用于灯光控制及异步电动机的软起动；它还可以应用在供用电系统中，实现对无功功率的连续调节。交流调压电路可分为单相交流调压电路和三相交流调压电路。

6.3.1 单相交流调压电路

交流调压电路的工作状态与负载性质密切相关，下面予以介绍。

1. 电阻性负载

图 6-12 所示为电阻性负载单相交流调压电路图及工作波形。图中反并联晶闸管 VT_1 和 VT_2 也可以用一个双向晶闸管代替。在交流电源 u_i 的正半周和负半周，分别对 VT_1 和 VT_2 的触发角 α 进行控制就可以调节输出电压 u_o。正、负半周触发角 α 的起始时刻，均为电压过零时刻。在稳态时，应使正、负半周的触发角 α 相等，这样交流调压电路的输出为奇对称的，有利于减少输出谐波。可以看出，负载电压波形是电源电压波形的一部分，负载电流和负载电压的波形相同。

从图 6-12(b)可以看出，触发角 α 的移相范围为 $0 \leqslant \alpha \leqslant \pi$。当 $\alpha = 0$ 时，晶闸管始终导通，输出电压等于输入电压，达到最大值。随着触发角 α 的增大，输出电压的有效值逐渐降低。当 $\alpha=\pi$ 时，输出电压为零。除 $\alpha=0$ 外，随着触发角 α 的增大，输入电流滞后于电压且发生畸变。

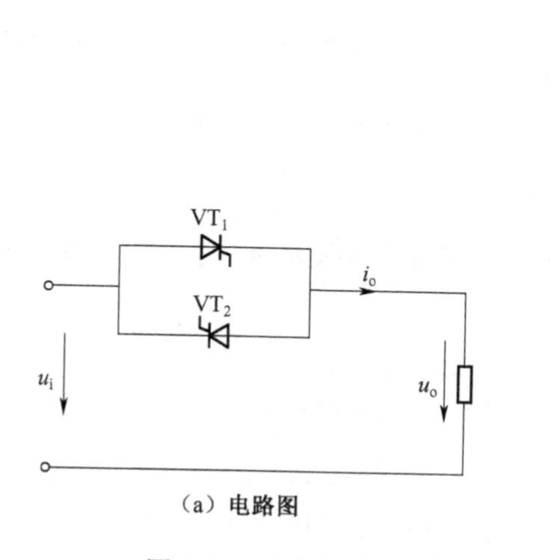

(a) 电路图

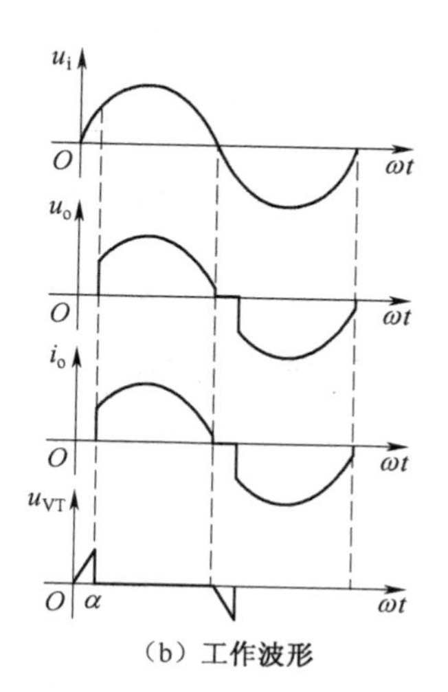

(b) 工作波形

图 6-12 电阻性负载单相交流调压电路图及工作波形

2. **感性负载**

感性负载单相交流调压电路图及工作波形如图 6-13 所示。负载的阻抗角为

$$\varphi = \arctan\left(\frac{\omega L}{R}\right) \tag{6-15}$$

如果在工频周期中晶闸管始终导通，稳态时负载电流应是正弦波，其相位滞后于电源输入电压 u_i 的角度为 φ。在用晶闸管进行控制时，实际上只能进行滞后控制，使负载电流更为滞后，而无法使其超前。感性负载下稳态时触发角 α 的移相范围应为 $\varphi \leqslant \alpha \leqslant \pi$。

VT_2 导通时，情况与上面完全相同，只是负载电流 i_o 的极性相反，且相位滞后 180°。

设在正半周，触发角 α 时刻开通晶闸管 VT_1，负载电流 i_o 应满足如下微分方程：

$$L\frac{\mathrm{d}i_o}{\mathrm{d}t} + Ri_o = u_i \tag{6-16}$$

式中，$u_i = \sqrt{2}U_m\sin\omega t$。负载电流 i_o 的初始条件为

$$i_o(\alpha) = 0 \tag{6-17}$$

解微分方程得

$$i_o(\omega t) = \frac{\sqrt{2}U_m}{Z}\left[\sin(\omega t - \varphi) - \sin(\alpha - \varphi)\mathrm{e}^{\frac{\alpha - \omega t}{\tan\varphi}}\right] \tag{6-18}$$

$$\alpha \leqslant \omega t \leqslant \alpha + \theta$$

式中，$Z = \sqrt{R^2 + (\omega L)^2}$；$\theta$ 为晶闸管导通角。

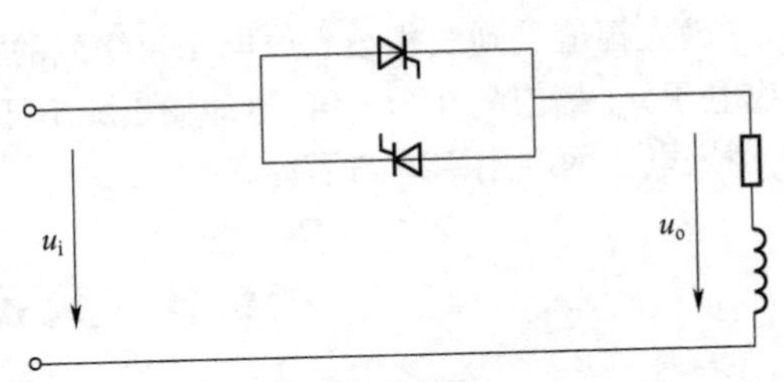

(a) 电路图

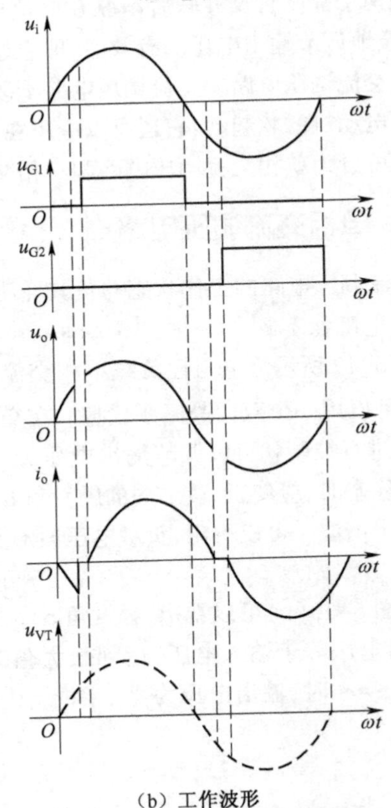

(b) 工作波形

图 6-13　感性负载单相交流调压电路图及工作波形图

利用边界条件 $\omega t = \alpha + \theta$ 时，$i_o(\alpha + \theta) = 0$，可求得晶闸管导通角 θ 为

$$\sin(\alpha + \theta - \varphi) = \sin(\alpha - \varphi)\mathrm{e}^{\frac{-\theta}{\tan\varphi}} \tag{6-19}$$

以负载的阻抗角 φ 为参变量，触发角 α 和晶闸管导通角 θ 的关系可用一簇曲线来表示，如图 6-14 所示。可以解出输出电压的有效值为

$$U_o = \sqrt{\frac{1}{\pi}\int_{\alpha}^{\alpha+\theta}(\sqrt{2}U_m\sin\omega t)^2\mathrm{d}(\omega t)}$$
$$= U_m\sqrt{\frac{\theta}{\pi} + \frac{1}{\pi}[\sin 2\alpha - \sin(2\alpha + 2\theta)]} \tag{6-20}$$

输出电流的有效值为

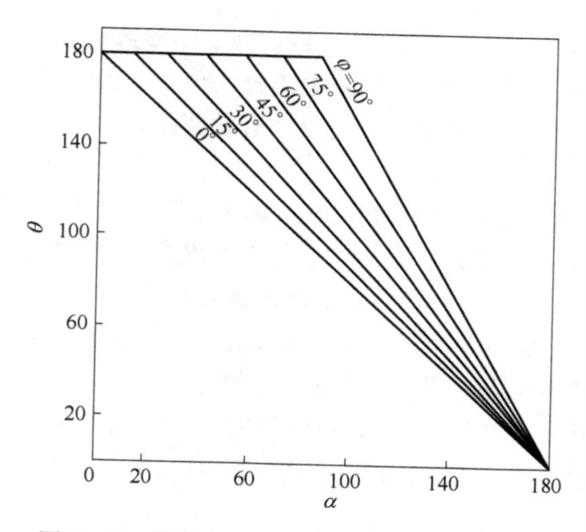

图 6-14　触发角 α 和晶闸管导通角 θ 的关系

$$I_o = \sqrt{\frac{1}{\pi}\int_{\alpha}^{\alpha+\theta}\left\{\frac{\sqrt{2}U_m}{Z}\left[\sin(\omega t-\varphi)-\sin(\alpha-\varphi)e^{\frac{\alpha-\omega t}{\tan\varphi}}\right]\right\}^2 d(\omega t)}$$
$$= \frac{\sqrt{2}U_m}{\pi Z}\sqrt{\theta-\frac{\sin\theta\cos(2\alpha+\varphi+\theta)}{\cos\varphi}} \tag{6-21}$$

如上所述,阻感负载时的移相范围为 $\varphi \leqslant \alpha \leqslant \pi$,但是当 $\alpha < \varphi$ 时,并非电路不能工作。当 $\varphi \leqslant \alpha \leqslant \pi$ 时,VT_1 和 VT_2 的导通角 θ 小于 π。α 越小,导通角 θ 越大。当 $\alpha < \varphi$ 时,负载电流 i_o 不存在断流,其电流波形与在工频周期中晶闸管始终导通的情况一样,此时,触发角 α 失去对输出电压、电流的控制。因此,为实现对输出的控制,触发角 α 的工作范围为 $\varphi \leqslant \alpha \leqslant \pi$ 。

6.3.2　三相交流调压电路

根据三相联结形式的不同,三相交流调压电路具有多种形式,如图 6-15 所示。

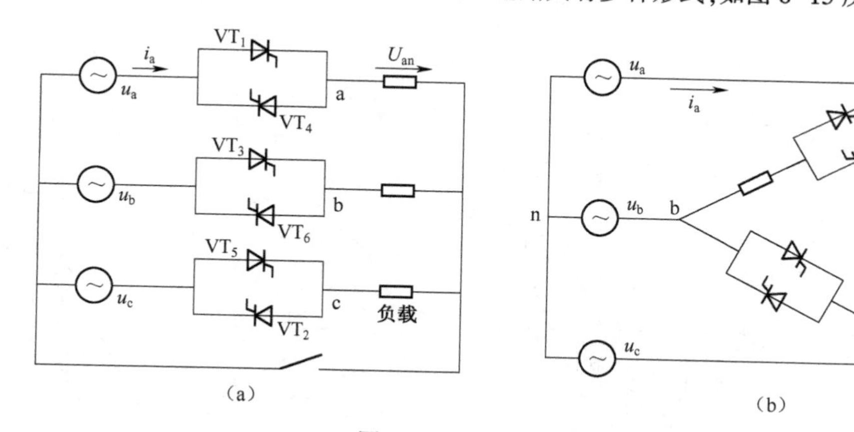

图 6-15　三相交流调压电路

如图 6-15(a)所示,星形联结电路又可分为三相三线和三相四线两种情况。

三相四线时,相当于三个单相交流调压电路的组合,三相互相错开 120°工作。在单相交流调压电路中,电流中含有基波和各奇次谐波。如果三相电源和负载都对称,基波和 3 的整数倍次以外的谐波分别互差 120°，因此不流过中性线。而 3 的整数倍次谐波是同相位的，全部流过中性线，并且叠加，因此中性线中的三次谐波电流及其他 3 的整数倍次的谐波电流是各相的 3 倍。当 $\alpha = 90°$ 时，中性线电流甚至和各相电流的有效值接近。在选择中性线线径和变压器时必须注意这一问题。

下面分析电阻性负载三相三线星形联结交流调压电路。三相的触发脉冲依次相差 120°，同一相的两个反并联晶闸管触发脉冲相差 180°。与三相桥式全控整流电路类似，三相交流调压电路任一相在导通时必须和另一相构成回路，电流流通路径中有两个晶闸管，所以应采用宽脉冲触发或双脉冲触发。因此，触发脉冲顺序与三相桥式全控整流电路十分类似，六路触发脉冲顺序依次相差 60°。一般把相电压过零点定为触发角的起点。

在任一时刻，可能是三相中各有一个晶闸管导通，这时如果三相电源和负载都对称，负载相电压就是电源相电压；也可能两相中各有一个晶闸管导通，另一相不导通，这时导通相的负载电压是电源线电压的一半。

在一个工作周期中各晶闸管的导通角与触发角、负载性质等有关，理论分析较困难，一般通过 PSPICE 等电力电子仿真软件进行分析。图 6-16 所示为电阻性负载时负载上电压波形。

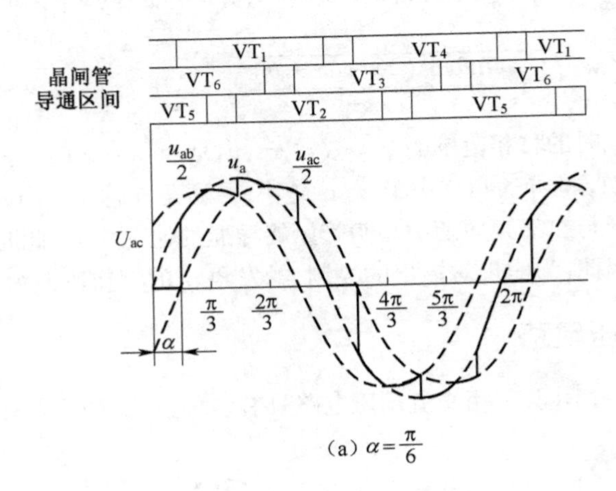

(a) $\alpha=\frac{\pi}{6}$

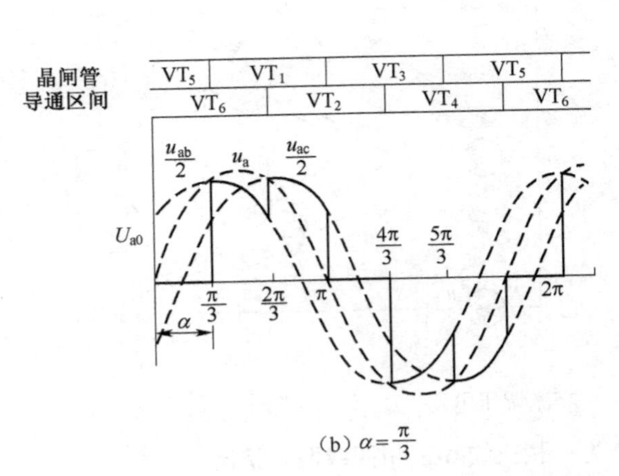

(b) $\alpha=\frac{\pi}{3}$

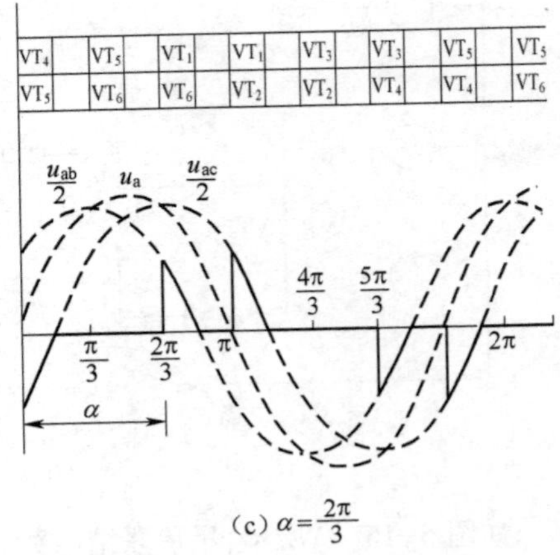

(c) $\alpha=\frac{2\pi}{3}$

图 6-16 电阻性负载时负载上电压波形

如图 6-15(b)所示，支路控制三角形联结电路由三个单相交流调压电路组成，三个单相交流调压电路分别在不同线电压的作用下单独工作。因此,单相交流调压电路的分析方法和结论完全适用于支路控制三角形联结三相交流调压电路。

如果三相对称,负载电流中3的整数倍次谐波的相位和大小都相同,所以在负载构成的三角形回路中流动,而不出现在线电流中。因此,与三相三线星形联结交流调压电路相同,线电流也没有3的整数倍次谐波。

支路控制三角形联结方式的一个典型应用是晶闸管控制电抗器(TCR),如图6-17所示。触发角移相范围为90°~180°。通过对触发角的控制,可以连续调节流过电抗器的电流,从而调节电路从电网中吸收的无功功率。如配以固定电容,就可以在从容性到感性的范围内连续调节无功功率,这种由TCR和电容组合构成的装置称为静止无功补偿装置(SVC)。静止无功补偿装置广泛应用于电力系统中,实现对无功功率的动态补偿,以抑制负荷变化或电弧炉等冲击负荷对电网造成的电压波动或闪变。

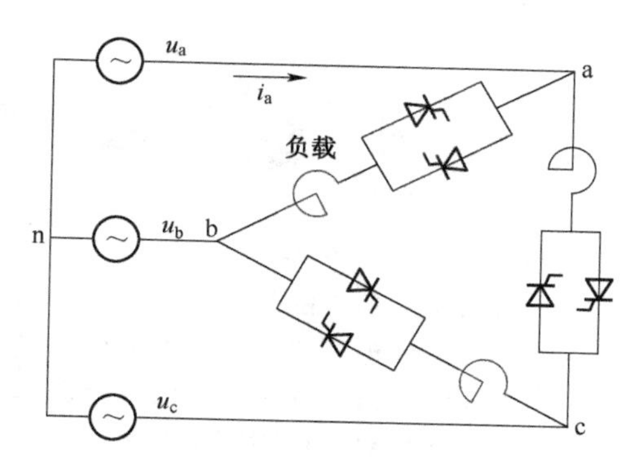

图6-17　晶闸管控制电抗器(TCR)

小　　结

本章所介绍的各种电路都属于交流/交流变流电路。交流/交流变换器分为直接交流/交流变换器和间接交流/交流变换器。交流/直流/交流变频器和交流/交流变频器电路,改变频率。交流调压电路是只改变电压、电流值或对电路的通断进行控制,不改变频率。

在间接交流/交流变换电路中,主要介绍了电流型与电压型两种交流/交流变换电路;在直接交流/交流变换电路中,主要介绍了周波变换器和矩阵变换器;而在交流调压电路中,主要介绍了单相交流调压电路与三相交流调压电路。

习　　题

1. 间接交流/交流变换电路与直接交流/交流变换电路有什么主要区别?它们各自的特点是什么?

2. 为什么间接电压型交流/交流变换电路比电流型交流/交流变换电路的应用广泛?请分析原因。

3. 循环变流器的输出频率的上限是多少?它受什么制约?

4. 矩阵变换器的优点有哪些?

5. 影响矩阵变换器应用的主要原因有哪些?

6. 你认为在哪些应用场合,矩阵变换器会首先获得应用?

7. 单相交流调压器,输入电源为工频正弦波,电压有效值为220 V,带感性负载,其中$R=0.5\ \Omega$,$L=2\ \text{mH}$,试求:(1)触发角α的变化范围;(2)负载电流的最大有效值;(3)当$\alpha=2\pi/3$时,晶闸管电流有效值、晶闸管的导通角和输入功率因数。

第 7 章 PWM 控制技术

学习目标：

(1)掌握 PWM 控制的基本原理、控制方式与 PWM 波形的生成方法；

(2)了解 PWM 逆变电路的谐波分析方法；

(3)了解跟踪型 PWM 逆变电路的原理和设计方法；

(4)了解 PWM 整流电路的工作原理。

7.1 PWM 控制的基本原理

PWM(pulse width modulation)是利用微处理器的数字输出来对模拟电路进行控制的一种技术,其实质就是对脉冲的宽度进行调制的技术。即通过对一系列脉冲的宽度进行调制,来等效地获得所需要的波形(含形状和幅值)的方法。

PWM 控制的基本原理很早就已经提出,但是受电力电子器件发展水平的制约,在 20 世纪 80 年代以前一直未能实现。直到进入 20 世纪 80 年代,随着全控型电力电子器件的出现和迅速发展,PWM 控制技术才真正得到应用。目前,由于电力电子技术、微电子技术和自动控制技术的进一步发展,以及各种新的控制思想和理论方法的应用,PWM 控制技术更是获得了空前的发展。

在采样控制理论中有一个重要的结论:冲量相等而形状不同的窄脉冲加在具有惯性的环节上时,其输出响应波形基本相同。冲量即窄脉冲的面积。如果把各输出波形用傅里叶变换分析,其低频段非常接近,仅在高频段略有差异。

做如下实验:分别将图 7-1 所示的电压窄脉冲加在图 7-2(a)所示的一阶惯性环节(*RL* 电路)上,其中 $e(t)$ 为电路的输入。输出电流 $i(t)$ 对不同窄脉冲的响应波形如图 7-2(b)所示。分析波形可得,在 $i(t)$ 的上升段,不同形状的脉冲得到的 $i(t)$ 形状也略有不同,但在下降段却几乎完全相同。脉冲越窄,这些得到的 $i(t)$ 响应波形间的差异越小。若周期性地施加图 7-1 中的脉冲,则 $i(t)$ 的响应波形也是周期性的。利用傅里叶级数将其分解后便可看出,各 $i(t)$ 在低频段的特性非常接近,仅在高频段有所不同。这即为 PWM 控制技术的面积等效原理。

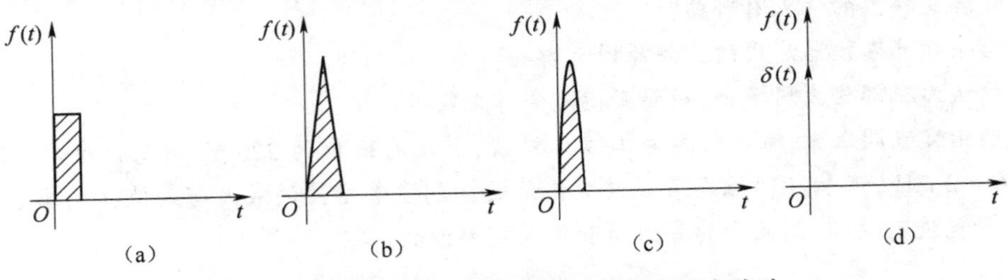

图 7-1 形状不同而冲量相同的各种电压窄脉冲

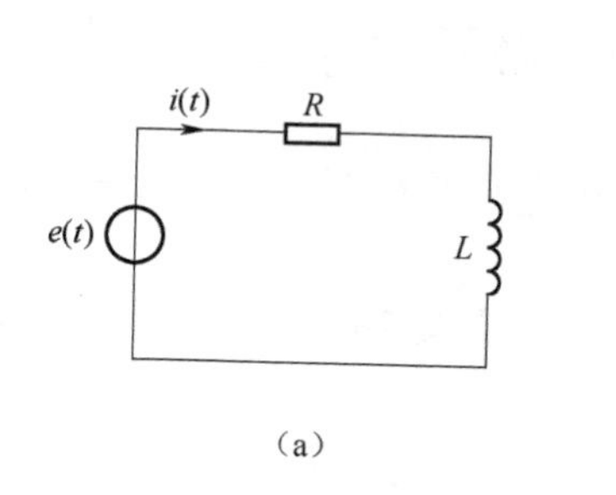

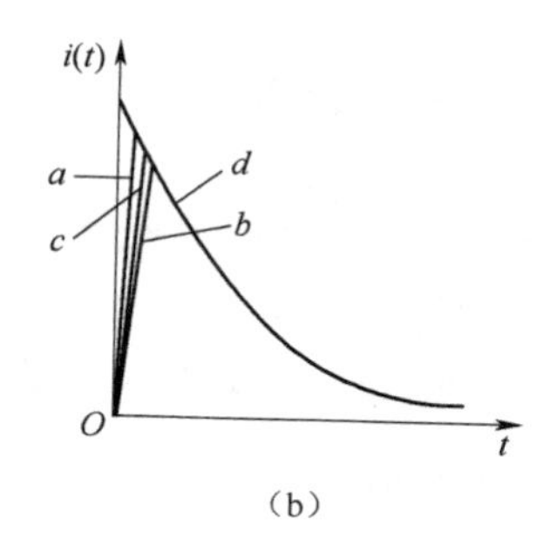

图 7-2　冲量相同的各种窄脉冲的响应波形

再做如下实验:若把图 7-3(a)所示的正弦半波分成 N 等份,即可将正弦半波看成由 N 个彼此相连的脉冲序列组成的波形。这些脉冲宽度相等,但幅值不等,且脉冲顶部不是水平直线,而是曲线,各脉冲的幅值按正弦规律变化。如果把图 7-1 中的脉冲序列用相同数量且等幅不等宽的矩形脉冲代替,使矩形脉冲的中点和相应正弦部分的中点重合,且使矩形脉冲和相应的正弦波部分面积相等,就可得到图 7-3(b)所示的脉冲序列,即 PWM 波形。

由图 7-3 可知,各脉冲的幅值相等,而宽度是按正弦规律变化的。根据面积等效原理,PWM 波形和正弦半波是等效的。同理,对于正弦波的负半周也可得到 PWM 波形。这种脉冲的宽度按正弦规律变化和正弦波等效的 PWM 波形又称 SPWM(sinusoidal PWM)波形。要改变等效输出的正弦波幅值时,可以同一比例调节图 7-1 中各脉冲宽度来实现。

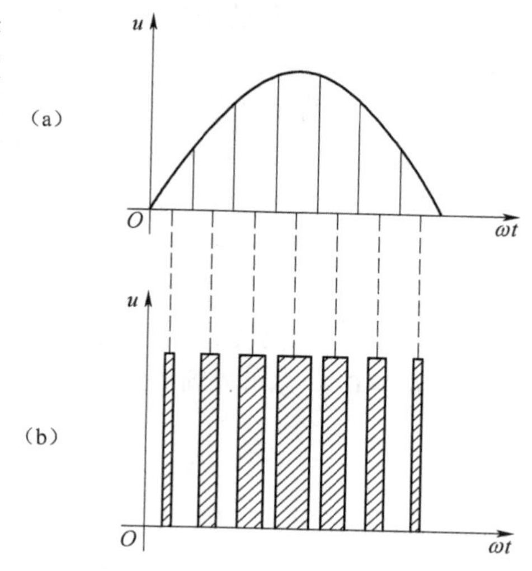

图 7-3　用 PWM 波代替正弦半波

按照 PWM 波形幅度特征的不同,可将其分为等幅 PWM 波和不等幅 PWM 波:由直流电源产生的 PWM 波一般是等幅 PWM 波,如直流斩波电路、PWM 逆变电路、PWM 整流电路;若输入电源为交流,由于电源电压幅值不能恒定,因此得到不等幅 PWM 波。如斩控式交流调压电路、矩阵式变频电路等。无论是等幅 PWM 波还是不等幅 PWM 波,都是基于面积等效原理来实现控制的,其本质是相同的。

以上所述的 PWM 波均为以电压为参考的 PWM 波形,称为 PWM 电压波。此外,也有以电流为参考的 PWM 电流波,如控制电流型逆变电路的直流侧电流源用到的 PWM 波形等。

目前,被广泛使用的 PWM 等效波形有:直流斩波电路得到的 PWM 波等效直流波形,SPWM 波等效正弦波形。本章所述 PWM 控制主要以 SPWM 控制为主。当然,随着控制信号的需要,PWM 波形可等效为各种所需波形,如等效成所需非正弦交流波形等,其基本原理和 SPWM 控制相同,也基于等效面积原理。

7.2 PWM 逆变电路及其控制方法

目前中小功率的逆变电路几乎都采用 PWM 控制技术;逆变电路是 PWM 控制技术最为重要的应用场合。本节内容构成了本章的主体。

PWM 逆变电路也可分为电压型和电流型两种,目前实用的几乎都是电压型。

7.2.1 计算法和调制法

常用的 PWM 波形获取方法主要有计算法和调制法两种。

计算法是指根据逆变电路的正弦波输出频率、幅值和半周期中的脉冲数,计算出 PWM 波形中各脉冲的宽度和间隔。据此控制逆变电路开关器件通断,获取所需 PWM 波形的方法。该方法的计算过程较为烦琐,当输出正弦波的频率、幅值或相位变化时,其结果均会产生变化。

调制法则将希望输出的波形作为调制信号,通过常用的等腰三角波或锯齿波作为载波,调制出期望的 PWM 波形。其中,因为等腰三角波的任一点水平宽度和高度成线性关系且左右对称,使其与任一平缓变化的调制信号波相交过程中,若在交点时刻控制器件通断,即可得宽度正比于信号波幅值的脉冲,符合 PWM 的要求;调制信号波为正弦波时,得到的就是 SPWM 波;调制信号波是非正弦的其他所需波形时,也能得到等效的 PWM 波。

下面结合图 7-4 所示的 IGBT 单相桥式 PWM 逆变电路对调制法的实现步骤进行说明:设负载为阻感负载,工作过程中 V_1 和 V_2、V_3 和 V_4 通断互补。具体控制规律:在 u_o 正半周,V_1 通,V_2 断,V_3 和 V_4 交替通断。负载电流比电压滞后,在电压正半周,电流有一段为正,一段为负,负载电流为正区间,V_1 和 V_4 导通时,$u_o = U_d$;V_4 关断时,负载电流通过 V_1 和 VD_3 续流,$u_o = 0$,负载电流为负区间,i_o 为负,实际上从 VD_1 和 VD_4 流过,仍有 $u_o = U_d$;V_4 断,V_3 通后,i_o 从 V_3 和 VD_1 续流,$u_o = 0$,u_o 总可得到 U_d 和零,两种电平。

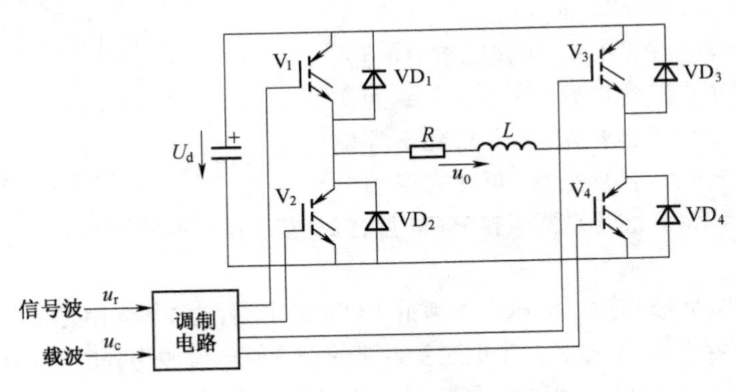

图 7-4 IGBT 单相桥式 PWM 逆变电路

u_o 负半周,让 V_2 保持通,V_1 保持断,V_3 和 V_4 交替通断,u_o 可得 $-U_d$ 和零,两种电平。

(1)单极性 PWM 控制方式(单相桥逆变):在 u_r 和 u_c 的交点时刻控制 IGBT 的通断。u_r 正半周,V_1 保持通,V_2 保持断,当 $u_r > u_c$ 时,使 V_4 通,V_3 断,$u_o = U_d$;当 $u_r < u_c$ 时,使 V_4 断,V_3 通,$u_o = 0$。u_r 负半周,V_1 保持断,V_2 保持通,当 $u_r < u_c$ 时,使 V_3 通,V_4 断,$u_o = -U_d$;当 $u_r > u_c$ 时,使 V_3 断,V_4 通,$u_o = 0$,虚线 u_{of} 表示 u_o 的基波分量,波形如图 7-5 所示。

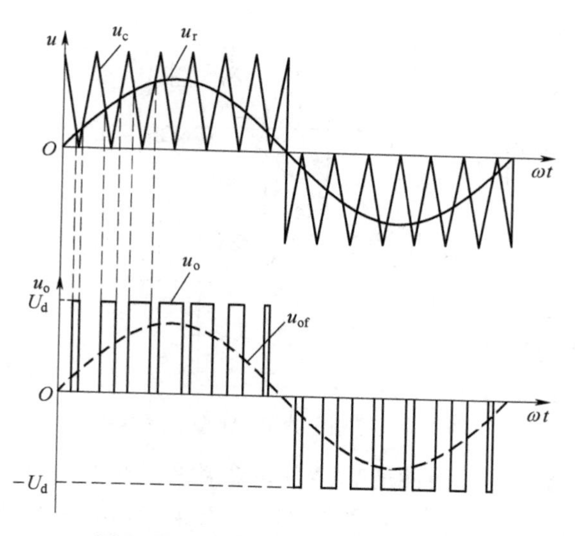

图 7-5　单极性 PWM 控制方式波形

(2)双极性 PWM 控制方式(单相桥逆变):在 u_r 半个周期内,三角波载波有正有负,所得 PWM 波也有正有负。在 u_r 一周期内,输出的 PWM 波只有 $\pm U_d$ 两种电平仍在调制信号 u_r 和载波信号 u_c 的交点控制器件通断。u_r 正负半周,对各开关器件的控制规律相同,当 $u_r > u_c$ 时,给 V_1 和 V_4 导通信号,给 V_2 和 V_3 关断信号,如 $i_o > 0$,V_1 和 V_4 通,$i_o < 0$,VD_1 和 VD_4 通,$u_o = U_d$;当 $u_r < u_c$ 时,给 V_2 和 V_3 导通信号,给 V_1 和 V_4 关断信号,如 $i_o < 0$,V_2 和 V_3 通,$i_o > 0$,VD_2 和 VD_3 通,$u_o = -U_d$。波形如图 7-6 所示。

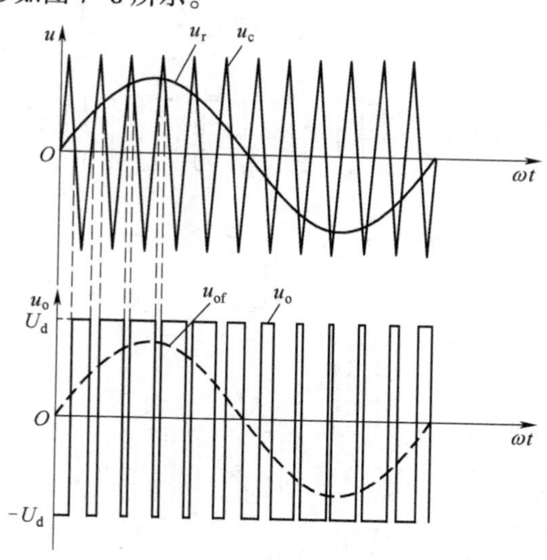

图 7-6　双极性 PWM 控制方式波形

单相桥式电路既可采用单极性调制,也可采用双极性调制。

双极性 PWM 控制方式(三相桥逆变),如图 7-7 所示。

三相 PWM 控制共用 u_c,三相的调制信号 u_{rU}、u_{rV} 和 u_{rW} 依次相差 120°。

U 相的控制规律:当 $u_{rU} > u_c$ 时,给 V_1 导通信号,给 V_4 关断信号,$u_{UN'} = U_d/2$;当 $u_{rU} < u_c$ 时,给 V_4 导通信号,给 V_1 关断信号,$u_{UN'} = -U_d/2$;

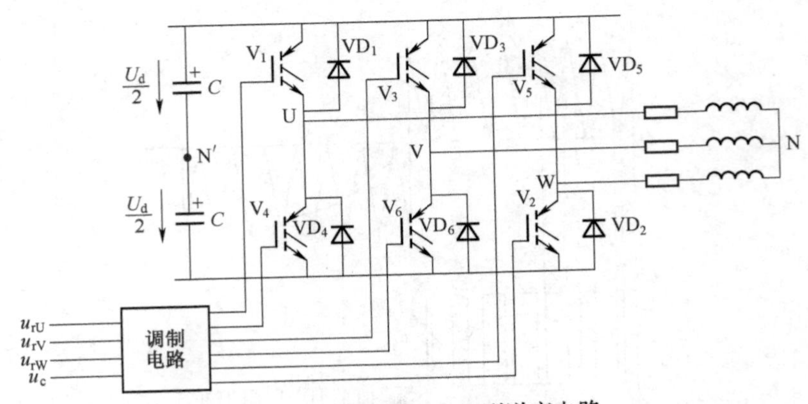

图 7-7　三相桥式 PWM 型逆变电路

当给 $V_1(V_4)$ 加导通信号时，可能是 $V_1(V_4)$ 导通，也可能是 $VD_1(VD_4)$ 导通。u_{UN}、$u_{VN'}$ 和 $u_{WN'}$ 的 PWM 波形只有 $\pm U_d/2$ 两种电平，u_{UV} 波形可由 $u_{UN}-u_{VN'}$ 得出，当 V_1 和 V_6 通时，$u_{UV}=U_d$，当 V_3 和 V_4 通时，$u_{UV}=-U_d$，当 V_1 和 V_3 或 V_4 和 V_6 通时，$u_{UV}=0$，波形如图 7-8 所示。

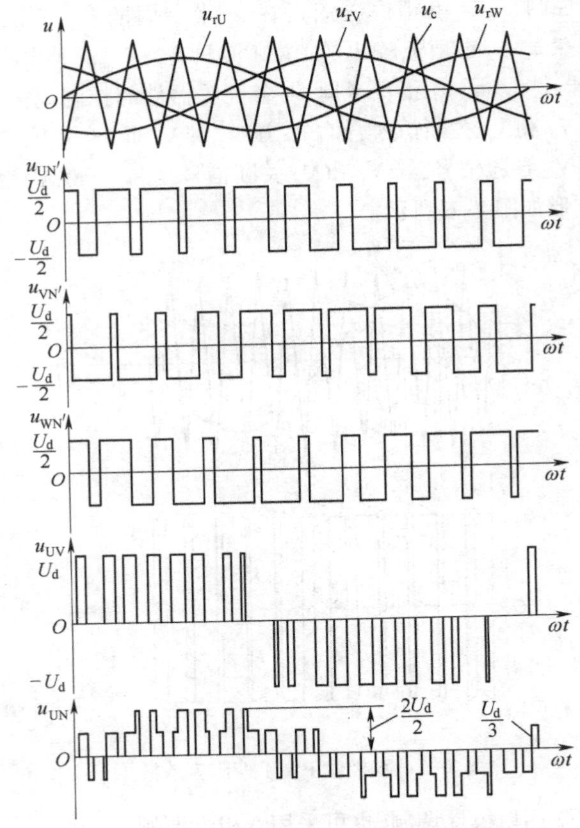

图 7-8　三相桥式 PWM 逆变电路波形

输出线电压 PWM 波由 $\pm U_d$ 和 0，三种电平构成；负载相电压 PWM 波由 $(\pm 2/3)U_d$、$(\pm 1/3)U_d$ 和 0 共五种电平组成。

防直通死区时间：在电压型逆变电路的 PWM 控制中，同一相上、下两桥臂的驱动信号互补，但为防止上、下两桥臂直通造成短路，在上、下两桥臂的通断状态切换时，留一小段时间作为上、下两桥臂都施加关断信号的死区时间。死区时间的长短主要由器件关断时间决定。死区时间会给输出 PWM 波带来影响，使其稍稍偏离正弦波。

特定谐波消去法（selected harmonic elimination PWM，SHEPWM）：该方法是计算法中一种较有代表性的方法，如图 7-9 所示。输出电压的半周期内，器件通、断各三次（不包括 0 和 π 时刻），共六个开关时刻可控。为减少谐波并简化控制，要尽量使波形对称。

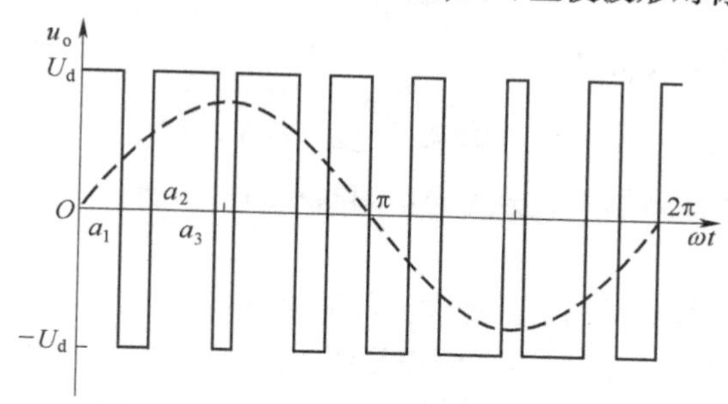

图 7-9　特定谐波消去法的输出 PWM 波形

首先，为消去偶次谐波，使波形正、负两半周期镜对称，即

$$u(\omega t) = -u(\omega t + \pi) \tag{7-1}$$

其次，为消去谐波中的余弦项，使波形在半周期内前后 1/4 周期以 π/2 为轴线对称。

$$u(\omega t) = u(\pi - \omega t) \tag{7-2}$$

1/4 周期对称波形，用傅里叶级数表示为

$$u(\omega t) = \sum_{n=1,3,5,\cdots}^{\infty} a_n \sin n\omega t \tag{7-3}$$

式中，$a_n = \frac{4}{\pi}\int_0^{\frac{\pi}{2}} u(\omega t)\sin n\omega t \mathrm{d}(\omega t)$

图 7-9 中，能独立控制 a_1、a_2 和 a_3 的共三个时刻。该波形的 a_n 为

$$\begin{aligned} a_n = {} & \frac{4}{\pi}\left[\int_0^{a_1} \frac{U_d}{2}\sin n\omega t \mathrm{d}(\omega t) + \int_{a_1}^{a_2}\left(-\frac{U_d}{2}\sin n\omega t\right)\mathrm{d}(\omega t) + \right. \\ & \left. \int_{a_2}^{a_3} \frac{U_d}{2}\sin n\omega t \mathrm{d}(\omega t) + \int_{a_3}^{\frac{\pi}{2}}\left(-\frac{U_d}{2}\sin n\omega t\right)\mathrm{d}(\omega t)\right] = \\ & \frac{2U_d}{n\pi}(1 - 2\cos n\alpha_1 + 2\cos n\alpha_2 - 2\cos n\alpha_3) \end{aligned} \tag{7-4}$$

式中，$n = 1,3,5,\cdots$

确定 a_1 的值，再令两个不同的 $a_n = 0$，就可建立三个方程，求得 a_1、a_2 和 a_3。

消去两种特定频率的谐波：在三相对称电路的线电压中，相电压所含的三次谐波相互抵消，可考虑消去五次和七次谐波，可得如下联立方程：

$$\begin{aligned} a_1 &= \frac{2U_d}{\pi}(1 - 2\cos\alpha_1 + 2\cos\alpha_2 - 2\cos\alpha_3) \\ a_5 &= \frac{2U_d}{5\pi}(1 - 2\cos5\alpha_1 + 2\cos5\alpha_2 - 2\cos5\alpha_3) = 0 \\ a_7 &= \frac{2U_d}{7\pi}(1 - 2\cos7\alpha_1 + 2\cos7\alpha_2 - 2\cos7\alpha_3) = 0 \end{aligned} \tag{7-5}$$

给定 a_1，解方程可得 a_1、a_2 和 a_3。a_1 变，a_2 和 a_3 也相应改变。

一般地，在输出电压半周期内器件通、断各 k 次，考虑 PWM 波 1/4 周期对称，k 个开关时刻可控，除用一个控制基波幅值，可消去 $k-1$ 个频率的特定谐波，k 越大，开关时刻的计算越复杂。

除计算法和调制法外，还有跟踪控制方法，将在 7.3 节中介绍。

7.2.2 异步调制和同步调制

载波比——载波频率 f_c 与调制信号频率 f_r 之比，即 $N=f_c/f_r$。根据载波与信号波是否同步及载波比的变化情况，PWM 调制方式分为异步调制和同步调制。

1. 异步调制

异步调制——载波信号和调制信号不同步的调制方式。

通常保持载波频率 f_c 固定不变，当调制信号频率 f_r 变化时，载波比 N 是变化的。在信号波的半周期内，PWM 波的脉冲个数不固定，相位也不固定，正负半周期的脉冲不对称，半周期内前后 1/4 周期的脉冲也不对称。当调制信号频率 f_r 较低时，载波比 N 较大，一周期内的脉冲数较多，正负半周期脉冲不对称和半周期内前后 1/4 周期脉冲不对称产生的不利影响都较小，PWM 波形接近正弦波。当调制信号频率 f_r 增大时，载波比 N 减小，一周期内的脉冲数减少，PWM 波形不对称的影响就变大。因此，在采用异步调制方式时，希望采用较高的载波频率，以使在调制信号频率较高时仍能保持较大的载波比。

2. 同步调制

同步调制—— N 等于常数，并在变频时使载波和信号波保持同步。

基本同步调制方式，调制信号频率 f_r 变化时 N 不变，调制信号一周期内输出脉冲数固定，脉冲相位也是固定的。在三相 PWM 逆变电路中，共用一个三角波载波，且取载波比 N 为 3 的整数倍，使三相输出波形严格对称。同时，为使一相的 PWM 波正负半周镜对称，N 应取奇数。$N=9$ 时的同步调制三相 PWM 波形，如图 7-10 所示。

当逆变电路输出频率 f_r 很低时，同步调制时的载波频率 f_c 也很低，f_c 过低时由调制带来的谐波不易消除。当负载为电动机时，也会带来较大的转矩脉动和噪声。若逆变电路输出频率 f_r 很高时，同步调制时的载波频率 f_c 会过高，使开关器件难以承受。为了克服上述缺点，可以采用分段同步调制的方法。

3. 分段同步调制

把逆变电路的输出频率 f_r 范围划分成若干个频段，每个频段内保持载波比 N 恒定，不同频段 N 不同。在输出频率 f_r 高的频段采用较低的载波比 N，使载波频率不致过高，限制在功率开关器件允许的范围内；在输出频率 f_r 低的频段采用较高的载波比 N，使载波频率不致过低而对负载产生不利影响。各频段的载波比取 3 的整数倍且为奇数为宜。

图 7-11 所示为分段同步调制方式波形，各频段的载波比标在图中。为防止载波频率 f_c 在切换点附近来回跳动，在各频率切换点采用滞后切换的方法。图中切换点处的实线表示输出频率增高时的切换频率，虚线表示输出频率降低时的切换频率，前者略高于后者而形成滞后切换。在不同的频率段内，载波频率的变化范围基本一致，f_c 变化范围为 1.4~2.0 kHz。

同步调制比异步调制复杂，但用微机控制时容易实现。可在低频输出时采用异步调制方式，高频输出时切换到同步调制方式，这样把两者的优点结合起来，和分段同步方式效果接近。

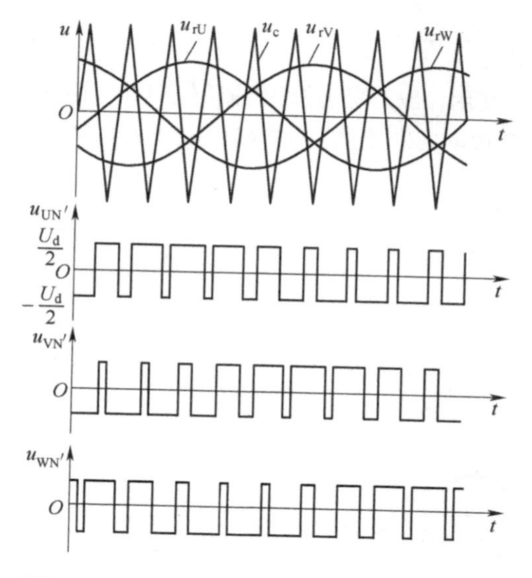

图 7-10　$N=9$ 时的同步调制三相 PWM 波形

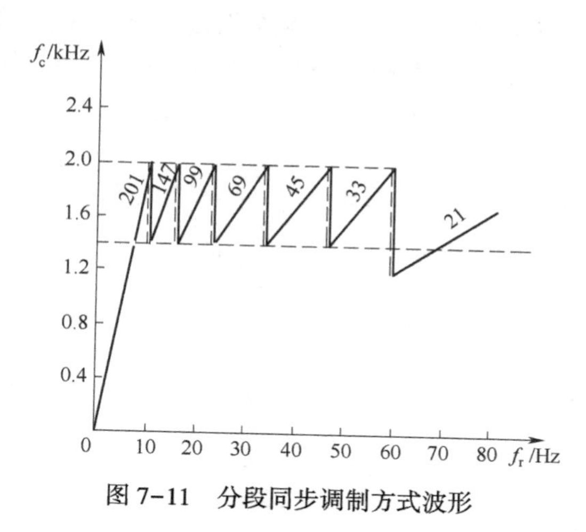

图 7-11　分段同步调制方式波形

按 SPWM 基本原理，自然采样法中要求解复杂的超越方程，难以在实时控制中在线计算，工程应用不多。

规则采样法特点：工程实用方法，效果接近自然采样法，计算量小得多。

规则采样法原理：如图 7-12 所示，三角波两个正峰值之间为一个采样周期 T_c。自然采样法中，每个脉冲中点不和三角波一周期中点（即负峰点）重合。而规则采样法使两者重合，也就使每个脉冲中点为相应三角波中点，计算大为简化。三角波负峰时刻 t_D 对信号波采样得到 D 点，过 D 点作水平线和三角波交于 A、B 点，在 A 点时刻 t_A 和 B 点时刻 t_B 控制器件的通断，脉冲宽度 δ 和用自然采样法得到的脉冲宽度非常接近。

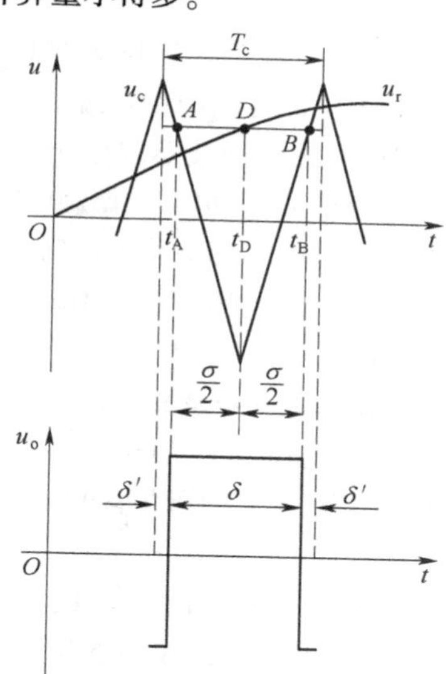

图 7-12　规则采样法

规则采样法计算公式推导：

正弦调制信号波公式中，α 称为调制度，$0 \leqslant \alpha < 1$；ω_r 为信号波角频率。由图 7-12 可得

$$\delta = \frac{T_c}{2}(1 + \alpha\sin\omega_r t_D)$$

$$u_r = \alpha\sin\omega_r t$$

由图 7-12 还可得

$$\frac{1 + \alpha\sin\omega_r t_D}{\delta/2} = \frac{2}{T_c/2}$$

解得

$$\delta = \frac{T_c}{2}(1 + \alpha\sin\omega_r t_D) \tag{7-6}$$

三角波一周期内，脉冲两边间隙宽度 δ' 为

$$\delta' = \frac{1}{2}(T_c - \delta) = \frac{T_c}{4}(1 - \alpha\sin\omega_r t_D) \tag{7-7}$$

三相桥逆变电路的情况：通常三相的三角波载波共用，三相调制波相位依次差120°，同一个三角波周期内三相的脉宽分别为 δ_U、δ_V 和 δ_W，脉冲两边的间隙宽度分别为 δ'_U、δ'_V 和 δ'_W，同一时刻三相正弦调制波电压之和为零，由式(7-6)可得

$$\delta = \frac{T_c}{2}(1 + \alpha\sin\omega_r t_D) \tag{7-8}$$

由式(7-7)可得

$$\delta' = \frac{1}{2}(T_c - \delta) = \frac{T_c}{4}(1 - \alpha\sin\omega_r t_D) \tag{7-9}$$

由式(7-8)可得

$$\delta_U + \delta_V + \delta_W = \frac{3T_c}{2} \tag{7-10}$$

由式(7-9)可得

$$\delta'_U + \delta'_V + \delta'_W = \frac{3T_c}{4} \tag{7-11}$$

利用式(7-10)、式(7-11)可简化三相 SPWM 波的计算。

7.2.3 PWM 逆变电路的谐波分析

使用载波对正弦信号波调制，产生了和载波有关的谐波分量。谐波频率和幅值是衡量 PWM 逆变电路性能的重要指标之一，因此有必要对 PWM 波形进行谐波分析。但这里主要对常用的双极性 SPWM 波形进行分析。

同步调制可看成异步调制的特殊情况，下面只分析异步调制方式。

分析方法：不同信号波周期的 PWM 波不同，无法直接以信号波周期为基准分析。以载波周期为基础，再利用贝塞尔函数推导出 PWM 波的傅里叶级数表达式，分析过程相当复杂，结论却简单而直观。

1. 单相的分析结果

不同调制度 a 时的单相桥式 PWM 逆变电路在双极性调制方式下输出电压的频谱图如图 7-13 所示。其中所包含的谐波角频率为

$$n\omega_c \pm k\omega_r$$

式中，$n = 1,3,5,\cdots$ 时，$k = 0,2,4,\cdots$；$n = 2,4,6,\cdots$ 时，$k = 1,3,5,\cdots$ 。

可以看出，PWM 波中不含低次谐波，只含有角频率为 ω_c 及其附近的谐波，以及 $2\omega_c$、$3\omega_c$ 等及其附近的谐波。在上述谐波中，幅值最高、影响最大的是角频率为 ω_c 的谐波分量。

2. 三相的分析结果

三相桥式 PWM 逆变电路采用共用载波信号时，不同调制度 a 时的三相桥式 PWM 逆变电路输出线电压频谱图如图 7-14 所示。在输出线电压中，所包含的谐波角频率为

$$n\omega_c \pm k\omega_r$$

式中，$n=1,3,5,\cdots$ 时，$k=3(2m-1) \pm 1, m=1,2,\cdots$；$n=2,4,6,\cdots$ 时，$k=\begin{cases}6m+1, m=0,1,\cdots \\ 6m-1, m=1,2,\cdots\end{cases}$

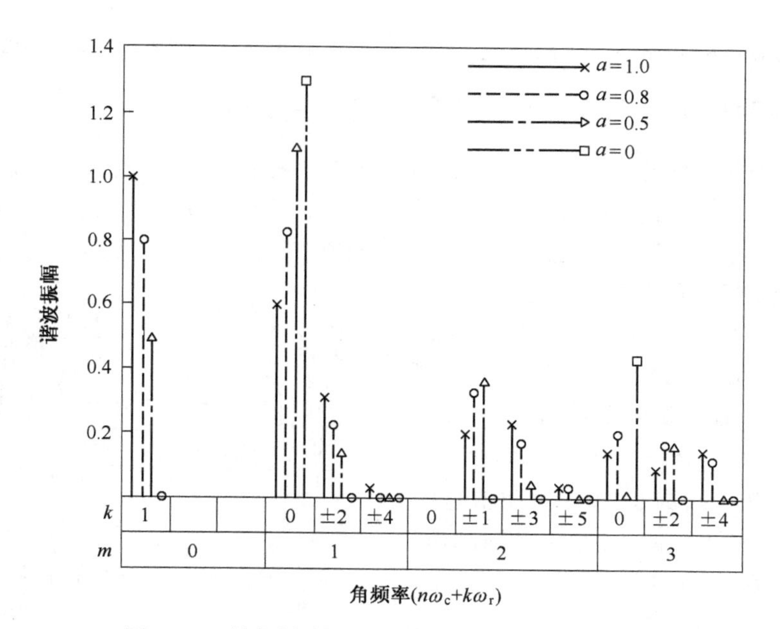

图 7-13　单相桥式 PWM 逆变电路输出电压频谱图

三相与单相比较,共同点是都不含低次谐波,一个较显著的区别是载波角频率 ω_c 整数倍的谐波被消去了,谐波中幅值较高的是 $\omega_c \pm 2\omega_r$ 和 $2\omega_c \pm \omega_r$ 。

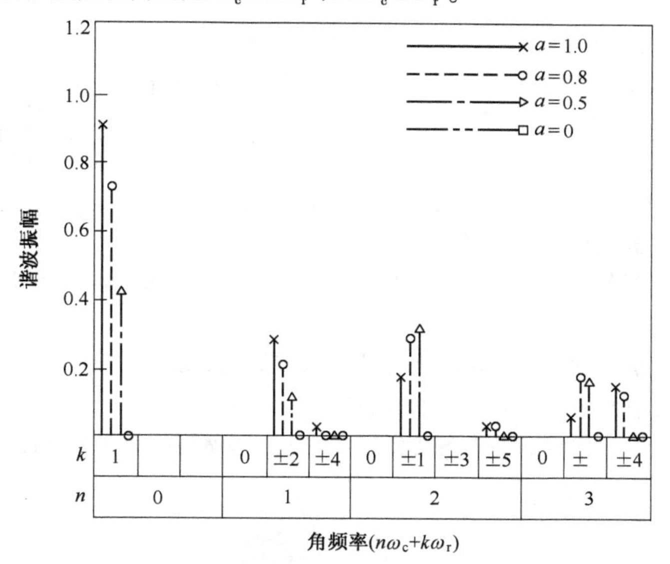

图 7-14　三相桥式 PWM 逆变电路输出线电压频谱图

由以上的分析可以看出,SPWM 波中谐波主要是角频率为 ω_c、$2\omega_c$ 及其附近的谐波。一般 $\omega_c >> \omega_r$,所以 PWM 波形中所含的主要谐波的频率要比基波频率高得多,很容易滤除。载波频率越高,SPWM 波形中谐波频率就越高,所需滤波器的体积就越小。另外,一般的滤波器都有一定的带宽,如按载波频率设计滤波器,载波附近的谐波也可以滤除。当调制信号波不是正弦波时,上述分析也有很大的参考价值。在这种情况下,对生成的 PWM 波形进行谐波分析后,可以发现其谐波由两部分组成:一部分是对信号波其本身进行谐波分析所得的结果,另一部分是由于信号波对载波的调制而产生的谐波。后者的谐波分布情况和 SPWM 波的谐波分析一致。

7.2.4 提高直流电压利用率和减少器件的开关次数

从前面的分析可知，输出波形中所含谐波的多少是衡量 PWM 控制方法优劣的基本标志，但不是唯一标志。提高逆变电路的直流电压利用率、减少器件的开关次数也是很重要的。直流电压利用率——逆变电路输出交流电压基波最大幅值 U_{1m} 和直流电压 U_d 之比。

提高直流电压利用率可提高逆变器的输出能力；减少器件的开关次数可以降低开关损耗。正弦波调制的三相 PWM 逆变电路，调制度 a 为 1 时，输出相电压的基波幅值为 $U_d/2$，输出线电压的基波幅值为 $(\sqrt{3}/2)U_d$，即直流电压利用率仅为 0.866。这个值是比较低的，其原因是正弦调制信号的幅值不能超过三角波幅值，实际电路工作时，考虑到功率器件的开通和关断都需要时间，如不采取其他措施，调制度不可能达到 1。采用这种调制方法实际能得到的直流电压利用率比 0.866 还要低。

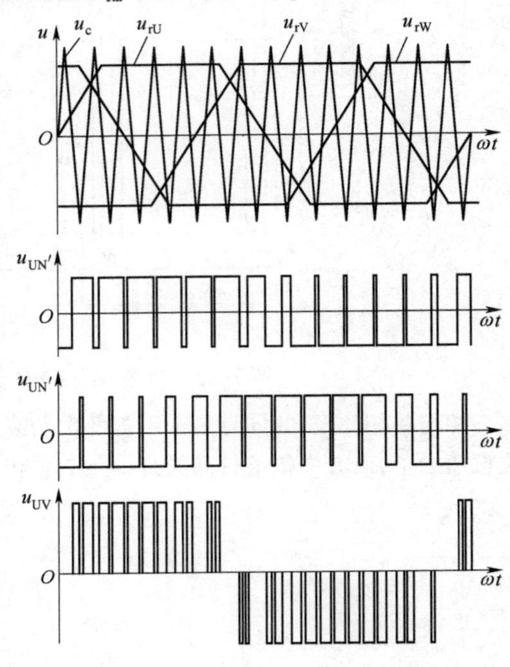

图 7-15 梯形波为调制信号的 PWM 控制波形

1. 梯形波调制方式

采用梯形波作为调制信号，可有效提高直流电压利用率。当梯形波幅值和三角波幅值相等时，梯形波所含的基波分量幅值更大。

梯形波为调制信号的 PWM 控制波形如图 7-15 所示。梯形波的形状用三角化率 $s=U_t/U_{to}$ 描述，U_t 为以横轴为底时梯形波的高，U_{to} 为以横轴为底边把梯形两腰延长后相交所形成的三角形的高。$s=0$ 时，梯形波变为矩形波；$s=1$ 时，梯形波变为三角波。梯形波含低次谐波，PWM 波含同样的低次谐波，低次谐波（不包括由载波引起的谐波）产生的波形畸变率为 δ 。

图 7-16 所示为 δ 和 U_{1m}/U_d 随 s 变化的情况。

图 7-17 所示为 s 变化时的各次谐波分量幅值 U_{nm} 和基波幅值 U_{1m} 之比。

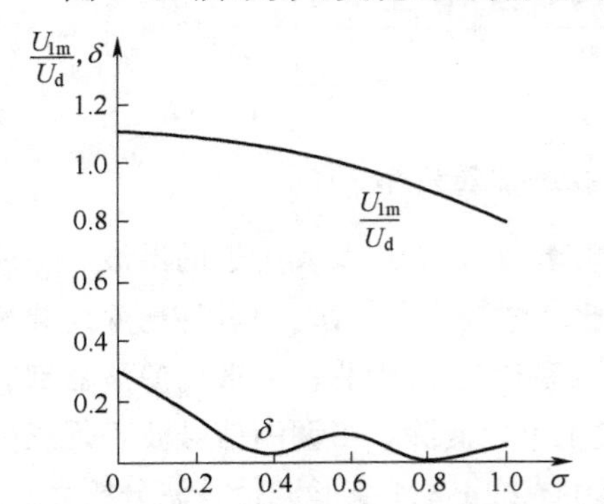

图 7-16 δ 和 U_{1m}/U_d 随 s 变化的情况

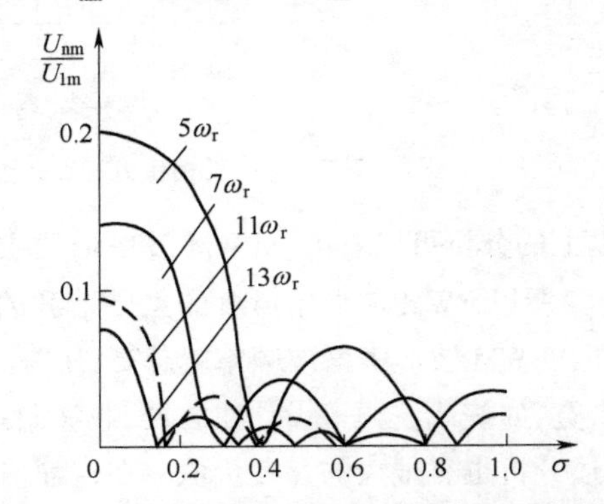

图 7-17 s 变化时的各次谐波分量幅值和基波幅值之比

$s=0.4$ 时，谐波含量也较少，δ 约为 3.6%，直流电压利用率为 1.03，综合效果较好。

梯形波调制的缺点：输出波形中含五次、七次等低次谐波。

实际使用时，可以考虑当输出电压较低时用正弦波作为调制信号，使输出电压不含低次谐波；当正弦波调制不能满足输出电压的要求时，改用梯形波调制，以提高直流电压利用率。

2. 线电压控制方式（叠加三次谐波）

在逆变电路输出的三个线电压中，独立的只有两个。对两个线电压进行控制，适当地利用多余的一个自由度来改善控制性能，就是线电压控制方式。

控制目标：使输出线电压波形中不含低次谐波的同时尽可能提高直流电压利用率，并尽量减少器件的开关次数。

线电压控制方式的直接控制手段仍是对相电压进行控制，但控制目标却是线电压。相对线电压控制方式，控制目标为相电压时称为相电压控制方式。

在相电压调制信号中叠加三次谐波，使之成为鞍形波，则经过 PWM 调制后逆变电路输出的相电压中也含三次谐波，且三相的三次谐波相位相同。合成线电压时，三次谐波相互抵消，线电压为正弦波，如图 7-18 所示。鞍形波的基波分量幅值较大。

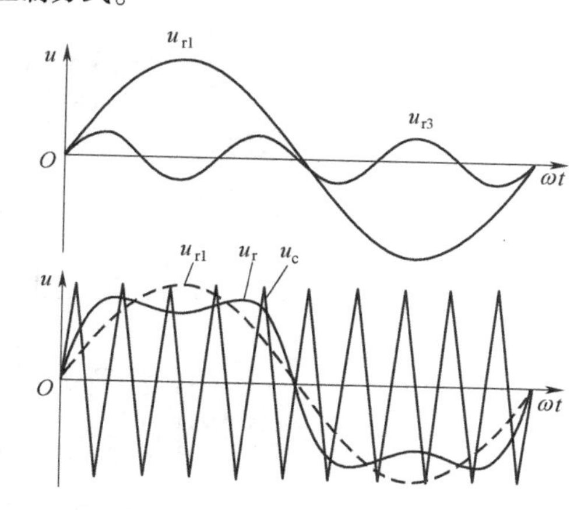

图 7-18　叠加三次谐波的调制信号

3. 线电压控制方式（叠加 3 倍次谐波和直流分量）

除叠加三次谐波外，还可叠加其他 3 倍次谐波的信号，也可叠加直流分量，都不会影响线电压。给正弦信号所叠加的信号 u_p 中，既包含 3 倍次谐波，也包含直流分量，而且 u_p 大小随正弦信号的大小而变化。设三角波载波幅值为 1，三相调制信号的正弦波分别为 u_{rU1}、u_{rV1} 和 u_{rW1}，并令

$$u_p=-\min(u_{rU1},u_{rV1},u_{rW1})-1 \tag{7-12}$$

则三相的调制信号分别为

$$\begin{aligned}u_{rU}&=u_{rU1}+u_p\\u_{rV}&=u_{rV1}+u_p\\u_{rW}&=u_{rW1}+u_p\end{aligned} \tag{7-13}$$

不论 u_{rU1}、u_{rV1} 和 u_{rW1} 幅值的大小，u_{rU}、u_{rV}、u_{rW} 总有 1/3 周期的值和三角波负峰值相等，其值为-1。在这 1/3 周期中，不对调制信号值为-1 的相进行控制，只对其他两相进行控制，因此，这种控制方式又称两相控制方式。从图 7-19 中可以看出，这种控制方式有以下优点：

（1）在信号波的 1/3 周期内器件不工作，可使功率器件的开关损耗减少 1/3。

（2）最大输出线电压基波幅值为 U_d，和相电压控制方式相比，直流电压利用率提高了 15%。

（3）输出线电压不含低次谐波，这是因为相电压中相应于 u_p 的谐波分量相互抵消的缘故。这一性能优于梯形波调制方式。

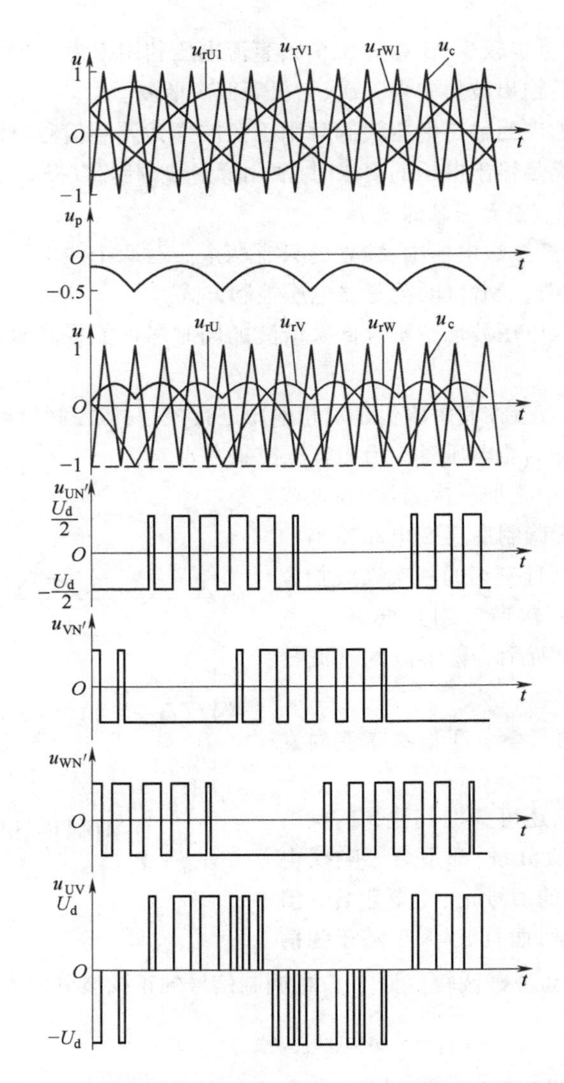

图 7-19　线电压控制方式(叠加 3 倍次谐波和直流分量)

7.2.5　PWM 逆变电路的多重化

和一般逆变电路一样,大容量 PWM 逆变电路也可采用多重化技术。采用 SPWM 技术理论上可以不产生低次谐波,因此,在构成 PWM 多重化逆变电路时,一般不再以减少低次谐波为目的,而是为了提高等效开关频率,减少开关损耗,减少和载波有关的谐波分量。

PWM 逆变电路多重化联结方式有变压器方式和电抗器方式。利用电抗器实现二重 PWM 逆变电路如图 7-20 所示。电路的输出从电抗器中心抽头处引出,图中两个逆变电路单元的载波信号相互错开 180°,所得到的输出电压波形如图 7-21 所示。图中,输出端相对于直流电源中性点 N′ 的电压 $u_{UN'}=(u_{U1N'}+u_{U2N'})/2$,已变为单极性 PWM 波。输出线电压共有 0、$\pm(1/2)U_d$、$\pm U_d$ 五个电平,比非多重化时谐波有所减少。

一般多重化逆变电路中电抗器所加电压频率为输出频率,因而需要的电抗器较大。而在多重 PWM 逆变电路中,电抗器上所加电压的频率为载波频率,比输出频率高得多,因此只要很小的电抗器就可以了。

二重化后，输出电压中所含谐波的角频率仍可表示为 $n\omega_c + k\omega_r$，但其中当 n 为奇数时的谐波已全部被除去，谐波的最低频率在 $2\omega_c$ 附近，相当于电路的等效载波频率提高了一倍。

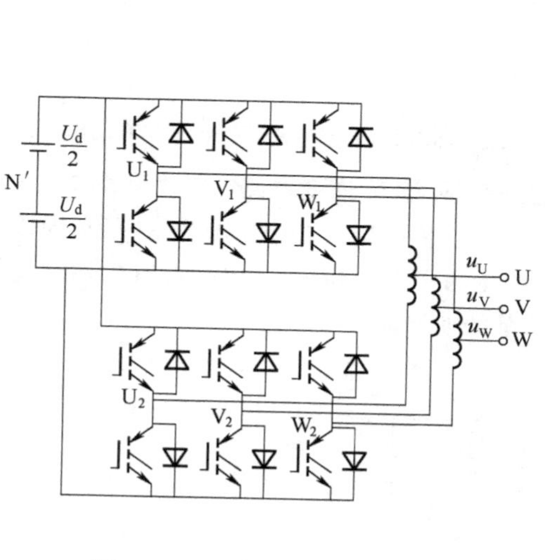

图 7-20　二重 PWM 逆变电路

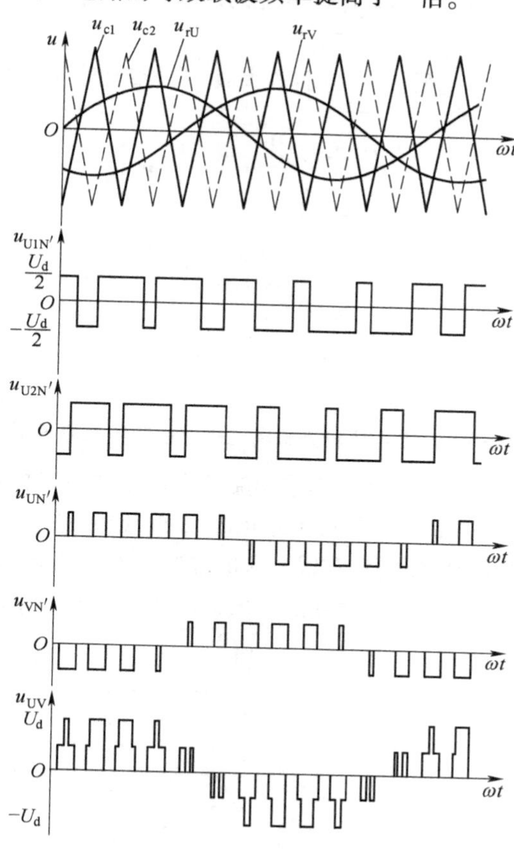

图 7-21　二重 PWM 逆变电路输出电压波形

7.3　PWM 跟踪控制技术

前面介绍了计算法和调制法两种 PWM 波生成的方法，重点讲述的是调制法。下面介绍 PWM 波形生成的第三种方法——跟踪控制方法。

这种方法把希望输出的波形作为指令信号，把实际波形作为反馈信号，通过两者的瞬时值比较来决定逆变电路各器件的通断，使实际的输出跟踪指令信号变化。常用的有滞环比较方式和三角波比较方式。

7.3.1　滞环比较方式

1. 电流跟踪控制

图 7-22 所示为滞环比较方式电流跟踪控制电路原理图。图 7-23 所示为其输出电流波形。如图 7-22 所示，把指令电流 i^* 和实际输出电流 i 的偏差 $i^* - i$ 作为滞环比较器的输入，通过其输出来控制比较器输出控制器件 V_1 和 V_2 的通断。当 V_1（或 VD_1）导通时，i 增大；当 V_2（或 VD_2）导通时，i 减小。通过环宽为 $2DI$ 的滞环比较器的控制，i 就在 $i^* + DI$ 和 $i^* - DI$ 的范围

内，呈锯齿状地跟踪指令电流 i^* 。

滞环环宽对跟踪性能的影响：环宽过宽时，开关频率低，跟踪误差大；环宽过窄时，跟踪误差小，但开关频率过高。

电抗器 L 的作用：L 大时，i 的变化率小，跟踪慢；L 小时，i 的变化率大，开关频率过高。

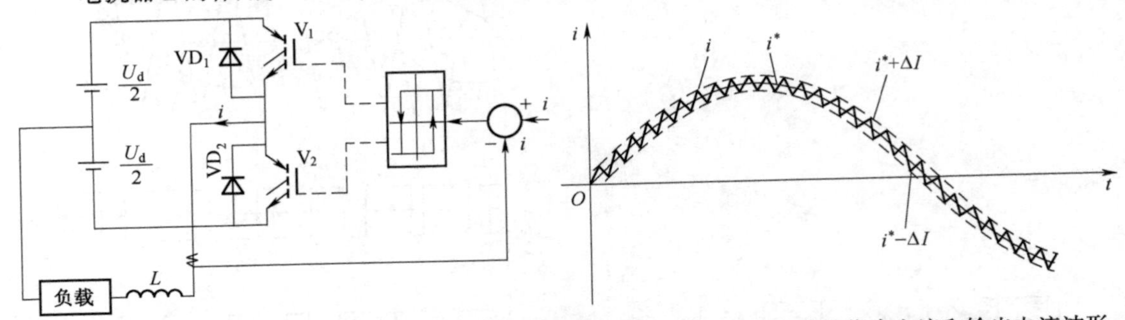

图 7-22　滞环比较方式电流跟踪控制电路原理图　图 7-23　滞环比较方式的指令电流和输出电流波形

图 7-24 所示为采用滞环比较方式的三相电流跟踪型 PWM 逆变电路。它由和图 7-22 相同的三个单相半桥电路组成，三相电流指令信号 i_u^* ，i_v^* ，i_w^* 依次相差 120°。图 7-25 所示为该电路输出的线电压和线电流的波形。可以看出，在线电压的正半周和负半周内，都有极性相反的脉冲输出，这将使输出电压的谐波分量增大，也使负载的谐波损害增加。

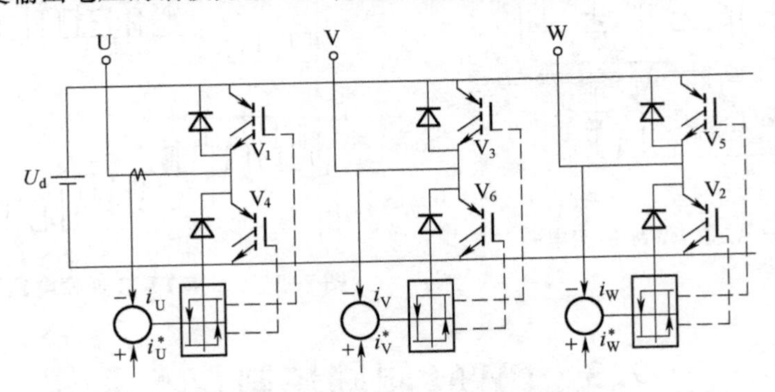

图 7-24　采用滞环比较方式的三相电流跟踪型 PWM 逆变电路

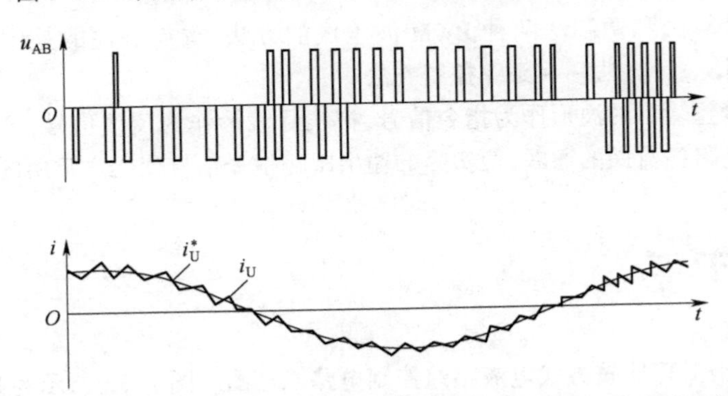

图 7-25　三相电流跟踪型 PWM 逆变电路输出的线电压和线电流的波形

采用滞环比较方式的电流跟踪型 PWM 逆变电路有如下特点：

(1) 硬件电路简单；

(2)实时控制,电流响应快;

(3)不用载波,输出电压波形中不含特定频率的谐波;

(4)和计算法及调制法相比,相同开关频率时输出电流中高次谐波含量多;

(5)闭环控制,是各种跟踪型 PWM 逆变电路的共同特点。

2. 电压跟踪控制

采用滞环比较方式实现电压跟踪控制电路原理图。如图 7-26 所示。把指令电压 u^* 和输出电压 u 进行比较,滤除偏差信号中的谐波,滤波器的输出送入滞环比较器,由比较器输出控制开关通断,从而实现电压跟踪控制。和电流跟踪控制电路相比,只是把指令和反馈从电流变为电压。输出电压 PWM 波形中含大量高次谐波,必须用适当的滤波器滤除。

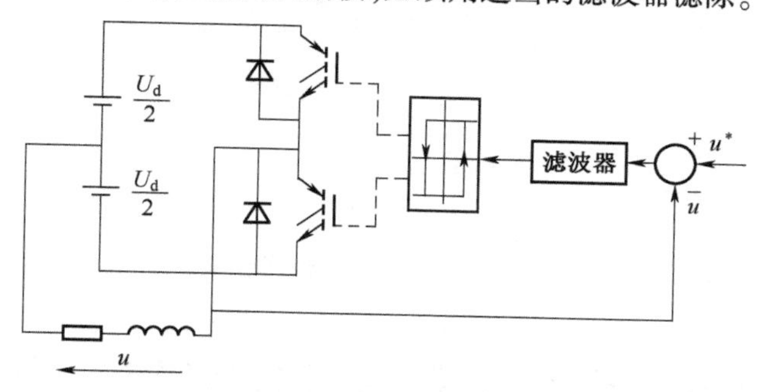

图 7-26 电压跟踪控制电路原理图

$u^*=0$ 时,输出 u 为频率较高的矩形波,相当于一个自励振荡电路。

u^* 为直流信号时,u 产生直流偏移,变为正负脉冲宽度不等,正宽负窄或正窄负宽的矩形波。

u^* 为交流信号时,只要其频率远低于上述自励振荡频率,从 u 中滤除由器件通断产生的高次谐波后,所得的波形就几乎和 u^* 相同,从而实现电压跟踪控制。

7.3.2 三角波比较方式

1. 基本原理

和前面介绍的调制方法不同的是,这里并不是把指令信号和三角波直接进行比较,而是闭环控制。从图 7-27 可以看出,把指令电流 i_U^*、i_V^*、i_W^* 与逆变电路实际输出电流 i_U、i_V、i_W 进行比较,求出偏差电流,通过放大器 A 放大后,再和三角波进行比较,产生 PWM 波形。

放大器 A 通常具有比例积分特性或比例特性,其系数直接影响电流跟踪特性。

2. 特点

开关频率固定,等于载波频率,高频滤波器设计方便;为改善输出电压波形,三角波载波常用三相;和滞环比较控制方式相比,这种控制方式输出电流谐波少。

除滞环比较方式和三角波比较方式外,PWM 跟踪控制还有定时比较方式。这种方式不用滞环比较器,而是设置一个固定的时钟。以固定采样周期对指令信号和被控量采样,按偏差的极性来控制开关器件通断。在时钟信号到来时刻,如 $i<i^*$,令 V_1 通,V_2 断(见图 7-27),使 i 增大;如 $i>i^*$,令 V_1 断,V_2 通,使 i 减小。每个采样时刻的控制作用都使实际电流与指令电流的误差减小。

采用定时比较方式时,器件最高开关频率为时钟频率的 1/2,和滞环比较方式相比,电流误差没有一定的环宽,控制的精度低一些。

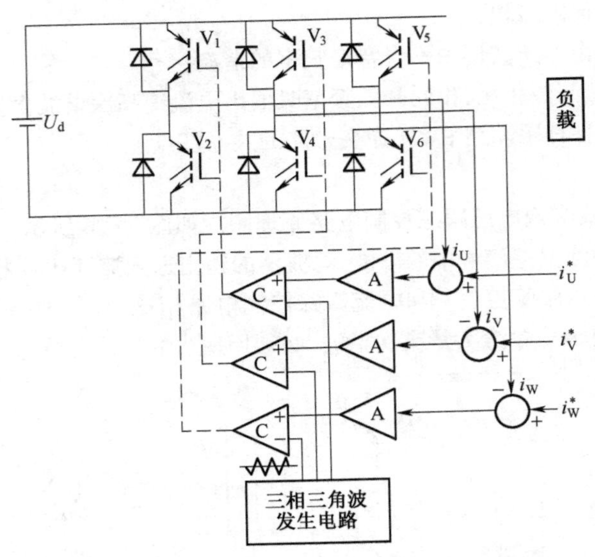

图 7-27　三角波比较方式电流跟踪型逆变电路

7.4　PWM 整流电路及其控制方法

目前在各个领域实际应用的整流电路几乎都是晶闸管相控整流电路或二极管整流电路。晶闸管相控整流电路的输入电流滞后于电压,其滞后角随着触发延迟角的增大而增大,而且输入电流中谐波分量相当大,因此功率因数很低。

二极管整流电路虽位移因数接近 1,但输入电流谐波很大,所以功率因数也很低。把逆变电路中的 SPWM 控制技术用于整流电路,就形成了 PWM 整流电路。通过对 PWM 整流电路的适当控制,可以使其输入电流非常接近正弦波,且和输入电压同相位,功率因数近似为 1。这种整流电路也可以称为高功率因数整流器。

PWM 整流电路按是否具有能量回馈功能可分为无能量回馈功能的 PWM 整流电路(又称 active power factor correction,有源功率因数校正或 APFC)和有能量回馈功能的开关模式 PWM 整流电路。

有能量回馈功能的开关模式 PWM 整流电路和逆变电路一样,也可分为电压型(升压型)和电流型(降压型)两大类。目前研究和应用较多的是电压型 PWM 整流电路,因此这里主要介绍电压型单相和三相 PWM 整流电路的构成及其工作原理。

7.4.1　PWM 整流电路的工作原理

1. 单相 PWM 整流电路

图 7-28(a)、(b)分别为单相半桥和全桥 PWM 整流电路。半桥 PWM 整流电路直流侧电容必须由两个电容串联,其中点和交流电源连接。全桥 PWM 整流电路直流侧电容只要一个就可以了。交流侧电感 L_s 包括外接电抗器的电感和交流电源内部电感,是电路正常工作所必需的,电阻 R_s 包含外接电抗器中的电阻和交流电压内阻。同 SPWM 控制逆变电路输出电压类似,开关管按正弦规律进行脉宽调制,稳态时,PWM 整流电路输出直流电压不变,交流输入端 A、B 之

间产生一个 SPWM 波 u_{AB}，u_{AB} 中除了含有与电源同频率的基波分量以及和三角波载波有关的频率很高的谐波外，不含低次谐波成分。由于电感 L_s 的滤波作用，这些高次谐波电压只会使交流电流 i_s 产生很小的脉动。如果忽略这种脉动，i_s 为频率与电源频率相同的正弦波。单相全桥 PWM 整流电路的等效电路如图 7-29 所示，其中 u_s 为交流电源电压。当 u_s 一定时，i_s 的幅值和相位由 u_{AB} 中基波分量的幅值及其与 u_s 的相位差决定。改变 u_{AB} 中基波分量的幅值和相位，就可以使 i_s 与 u_s 同相或反相，i_s 比 u_s 超前 90°或使 i_s 与 u_s 的相位差为所需要的角度。

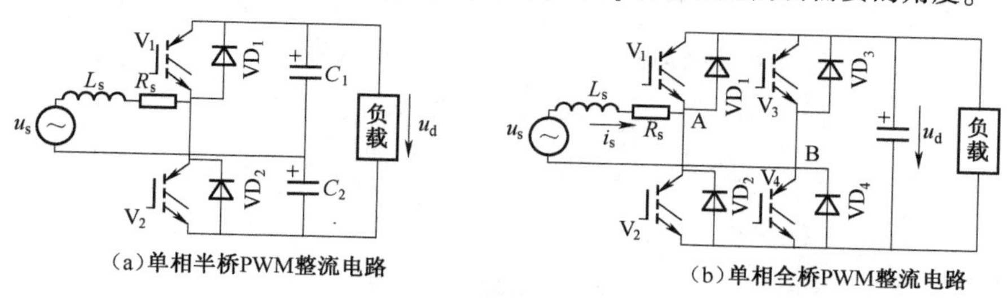

图 7-28 单相 PWM 整流电路

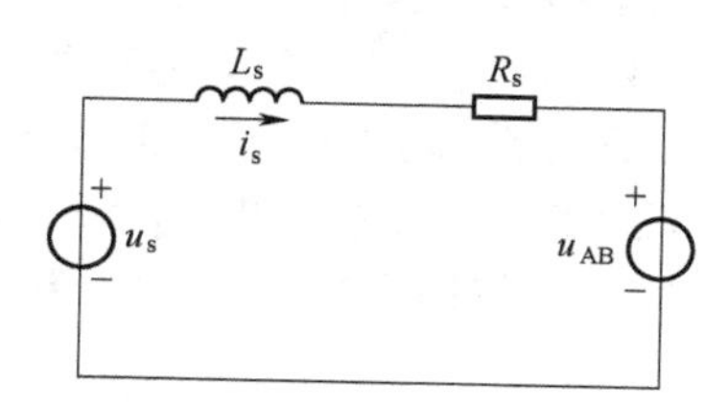

图 7-29 单相全桥 PWM 整流电路的等效电路

单相全桥 PWM 整流电路的工作原理：

正弦信号波和三角波相比较的方法对 $V_1 \sim V_4$ 进行 SPWM 控制，就可在交流输入端 A、B 产生 SPWM 波 u_{AB}。u_{AB} 中含有和信号波同频率且幅值成比例的基波、和载波有关的高频谐波（不含低次谐波）。由于 L_s 的滤波作用，谐波电压只使 i_s 产生很小的脉动。当信号波频率和电源频率相同时，i_s 也为与电源频率相同的正弦波。u_s 一定时，i_s 幅值和相位仅由 u_{AB} 中基波 u_{ABf} 的幅值及其与 u_s 的相位差决定。改变 u_{AB} 的幅值和相位，可使 i_s 和 u_s 同相或反相，i_s 比 u_s 超前 90°或 i_s 与 u_s 相位差为所需要的角度。图 7-30 所示为单相 PWM 整流电路运行方式相量图，其中 $\dot{U}_s$ 表示电网电压，$\dot{U}_{AB}$ 表示 PWM 整流电路输出的交流电压，$\dot{U}_L$ 为连接电抗器 L_s 的电压，$\dot{U}_R$ 为电网内阻 R_s 的电压。在图 7-30(a)中，$\dot{U}_{AB}$ 滞后 $\dot{U}_s$ 的相角为 δ，$\dot{I}_s$ 与 $\dot{U}_s$ 的相位完全相同，电路工作在整流状态从交流侧向直流侧输送能量，且功率因数为 1。在图 7-30 (b)中，$\dot{U}_{AB}$ 超前 $\dot{U}_s$ 的相角为 δ，$\dot{I}_s$ 与 $\dot{U}_s$ 反相，电路工作在逆变状态，从直流侧向交流侧输送能量。在图 7-30(c)中，$\dot{U}_{AB}$ 滞后 $\dot{U}_s$ 的相角为 δ，$\dot{I}_s$ 超前 $\dot{U}_s$ 90°，电路向交流电源输出无功功率，这时的电路称为静止无功功率发生器（SVG）。在图 7-30(d)中，控制 $\dot{U}_{AB}$ 的幅度和相位，可以使 $\dot{I}_s$ 超前或滞后 $\dot{U}_s$ 任意角度 δ。

简要归纳如下：

(1)滞后相角 δ，I_s 和 U_s 同相，整流状态，功率因数为 1，PWM 整流电路最基本的工作状态。

(2)超前相角 δ，I_s 和 U_s 反相，逆变状态，说明 PWM 整流电路可实现能量正、反两个方向流动，这一特点对于需再生制动的交流电动机调速系统很重要。

(3)滞后相角 δ，I_s 超前 U_s 90°，电路向交流电源送出无功功率，这时称为静止无功功率发生器(SVG)。

(4)通过对幅值和相位的控制，可以使 I_s 比 U_s 超前或滞后任意角度 φ。

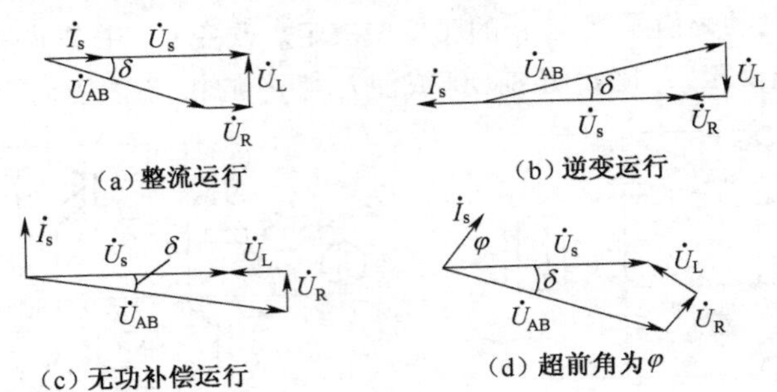

图 7-30　单相全桥 PWM 整流电路运行方式相量图

对单相全桥 PWM 整流电路工作原理的进一步说明：

整流状态下，$u_s > 0$ 时，(V_2、VD_4、VD_1、L_s)和(V_3、VD_1、VD_4、L_s)分别组成两个升压斩波电路，以 V_2、VD_4、VD_1、L_s 为例。V_2 通时，u_s 通过 V_2、VD_4 向 L_s 储能；V_2 断时，L_s 中的储能通过 VD_1、VD_4 向 C 充电。$u_s < 0$ 时，(V_1、VD_3、VD_2、L_s)和(V_4、VD_2、VD_3、L_s)分别组成两个升压斩波电路。由于是按升压斩波电路工作，如控制不当，直流侧电容电压可能比交流电压峰值高出许多倍，对器件形成威胁。

另一方面，如直流侧电压过低，例如低于 u_s 的峰值，则 u_{AB} 中就得不到图 7-30(a)中所需的足够高的基波电压幅值，或 u_{AB} 中含有较大的低次谐波，这样就不能按需要控制 i_s，i_s 波形会畸变。

可见，电压型单相 PWM 整流电路是升压型整流电路，其输出直流电压可从交流电源电压峰值附近向高调节，如要向低调节就会使性能恶化，以致不能工作。

2. 三相 PWM 整流电路

图 7-31 所示为三相桥式 PWM 整流电路，是最基本的 PWM 整流电路之一，其应用也最为广泛。交流侧电感 L_s 包含外接电抗器的电感和交流电源内部电感，是电路正常工作所必需的。电阻 R_s 包含外接电抗器中的电阻和交流电源内阻。对开关管按正弦规律进行脉宽调制，稳态时，PWM 整流电路输出直流电压不变，交流输入端 A、B、C 可得到 SPWM 电压，其中除了含有与电源同频率的基波分量以及与三角波载波有关的频率很高的谐波外，不含低次谐波。其工作原

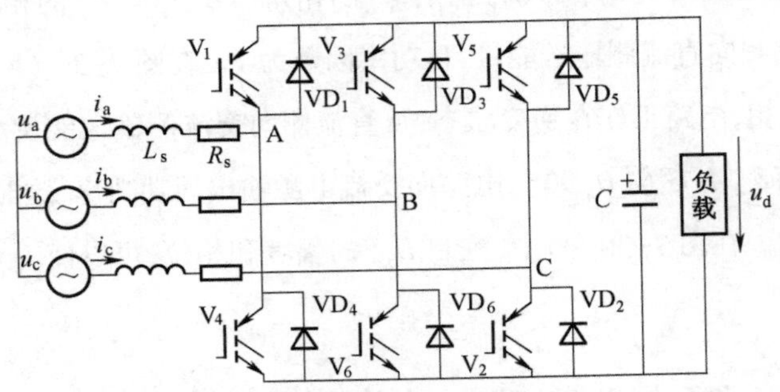

图 7-31　三相桥式 PWM 整流电路

理和前述的单相全桥电路相似，只是从单相扩展到三相。由于电感 L_s 的滤波作用，这些高次谐波电压只会使交流电流 i_a、i_b、i_c 产生很小的脉动。如果忽略这种脉动，i_a、i_b、i_c 为频率与电源频率相同的正弦波，且和电压相位相同，功率因数近似为 1。和单相 PWM 整流电路相同，该电路也可以工作在图 7-30(a)、(b)所示的整流、逆变状态，也可以工作在图 7-30(c)、(d)所示状态。

7.4.2 PWM 整流电路的控制方法

为了使 PWM 整流电路在工作时功率因数近似为 1，即要求输入电流为正弦波且和电压同相位，可以有多种控制方法。根据是否引入电流反馈可以将这些控制方法分为两种，未引入交流电流反馈的——间接电流控制；引入交流电流反馈的——直接电流控制。下面分别介绍这两种控制方法的基本原理。

1. 间接电流控制

间接电流控制又称相位和幅值控制。这种控制方法就是按图 7-30(a)[逆变时为图 7-30(b)]的相量关系来控制整流桥的交流输入端电压，使得输入电流和电压同相位，从而得到功率因数为 1 的控制效果。

图 7-32 为间接电流控制的原理框图，图中的 PWM 整流电路为图 7-31 的三相桥式 PWM 整流电路。控制系统的闭环是整流器直流侧电压控制环。直流电压给定信号 u_d^* 和实际直流电压 u_d 比较后送入 PI 调节器，PI 调节器的输出为一直流电流信号 i_d，i_d 的大小和整流器交流输入电流幅值成正比。稳态时，$u_d = u_d^*$，PI 调节器输入为零，PI 调节器的输出 i_d 和整流器负载电流大小对应，也和整流器交流输入电流幅值对应。负载电流增大时，直流侧电容 C 放电而使 u_d 下降，PI 调节器的输入端出现正偏差，使其输出 i_d 增大，进而使整流器交流输入电流增大，也使直流侧电压 u_d 回升。达到新的稳态时，u_d 和 u_d^* 仍然相等，PI 调节器输入仍恢复到零，而 i_d 则稳定在新的较大的值，与较大的负载电流和较大的交流输入电流对应。负载电流减小时，调节过程和上述过程相反。

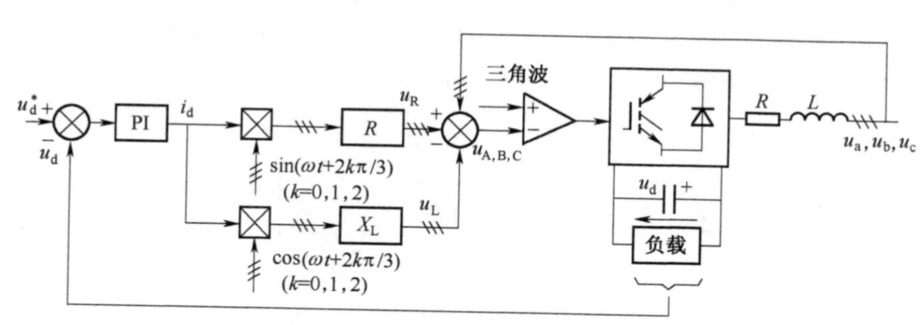

图 7-32 间接电流控制的原理框图

若整流器要从整流运行变为逆变运行时，首先负载电流反向，向直流侧电容 C 充电，使 u_d 升高，PI 调节器出现负偏差，其输出 i_d 减小后变为负值，使交流输入电流相位和电压相位反相，实现逆变运行。达到稳态时，u_d 和 u_d^* 仍然相等，PI 调节器输入恢复到零，i_d 为负值，并与逆变电流的大小对应。

(1)控制系统中其余部分的工作原理：

图 7-32 中上面的乘法器是 i_d 分别乘以和 a、b、c 三相相电压同相位的正弦信号，再乘以电

阻 R，得到各相电流在 R_s 上的压降 u_{R_a}、u_{R_b} 和 u_{R_c}。

图 7-32 中下面的乘法器是 i_d 分别乘以比 a、b、c 三相相电压相位超前 $\pi/2$ 的余弦信号，再乘以电感 L 的感抗，得到各相电流在电感 L_s 上的压降 u_{L_a}、u_{L_b} 和 u_{L_c}。各相电源相电压 u_a、u_b、u_c 分别减去前面求得的输入电流在电阻 R 和电感 L 上的压降，就可得到所需要的交流输入端各相的相电压 u_A、u_B 和 u_C 的信号，用该信号对三角波载波进行调制，得到 PWM 开关信号去控制整流桥，就可以得到需要的控制效果。

(2)存在的问题：在信号运算过程中用到电路参数 L_s 和 R_s，当 L_s 和 R_s 的运算值和实际值有误差时，会影响控制效果；基于系统的静态模型设计，动态特性较差；应用较少。

2. 直接电流控制

通过运算求出交流输入电流相关参数，再引入交流电流反馈，通过对交流电流的直接控制而使其跟踪指令电流值，因此称为直接电流控制。直接电流控制引入交流输入电流反馈实现闭环控制，其电流指令运算电路比不引入交流输入电流反馈的间接电流控制简单，因此获得了广泛的应用。

图 7-33 所示为直接电流控制的原理框图。采用双环控制，其外环为直流电压控制环(外环的结构、工作原理和图 7-32 相同)，内环为交流电流控制环。直流输出电压给定信号 u_d^* 和实际的直流电压 u_d 比较后的误差信号送入 PI 调节器，PI 调节器的输出即为整流电路交流输入电流的幅值 i_d，i_d 分别乘以和 a、b、c 三相相电压同相位的正弦信号，得到三相交流电流的正弦指令信号 i_a^*、i_b^*、i_c^*。而 i_a^*、i_b^* 和 i_c^* 分别和各自的电源电压同相位，其幅值和反映负载电流大小的直流信号 i_d 成正比，这是整流器运行时所需的交流电流指令信号。该指令信号与实际的交流输入电流 i_a、i_b、i_c 进行比较产生电流误差信号，它经比例调节器放大后送入比较器，再与三角载波信号比较形成 PWM 信号。该 PWM 信号经驱动电路后去驱动主电路开关器件，便可使实际的交流输入电流跟踪指令值，同时达到控制直流电压的目的。

PWM 整流电路向电网反送能量时，不仅需要控制流入电网的电流为正弦波，同时还要跟踪电网电压的相位，使流入电网的电流与电压反相。由于电网电压存在不同程度的畸变，不能直接用作 PWM 整流电路的标准正弦信号，需要重新产生与电网电压同频、同相的标准正弦波信号。可以采用锁相环电路产生与电源电压同步的标准正弦波信号。

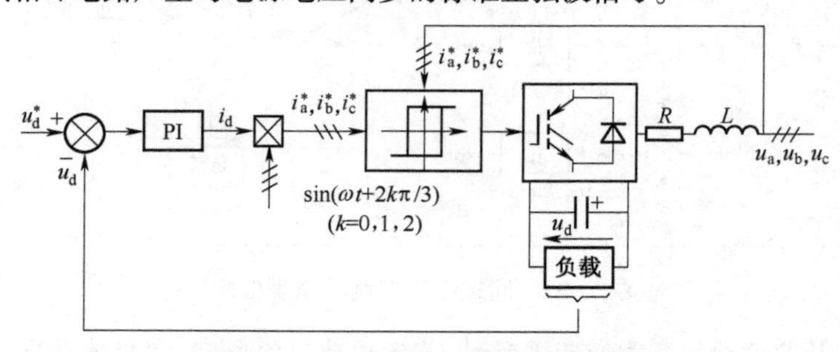

图 7-33 直接电流控制的原理框图

7.4.3 功率开关器件

PWM 整流电路的基础是电力电子器件，其与普通整流电路和相控整流电路的不同之处是其中用到了全控型器件，器件性能的好坏决定了 PWM 整流电路的性能。优质的电力电子器件必须具有如下特点：

(1)能够控制通断,确保在必要时可靠导通或截止。

(2)能够承受一定的电压和电流,阻断状态时能承受一定电压,导通时允许通过一定的电流。

(3)具有较高的开关频率,在开关状态转换时具有足够短的导通时间和关断时间,并能承受高的 di/dt 和 du/dt 。

目前在 PWM 整流电路中得到广泛应用的电力电子器件主要有如下几种:

1. 门极可关断晶闸管(GTO)

GTO 是最早的大功率自关断器件,是目前承受电压最高和流过电流最大的全控型器件。它能由门极控制导通和关断,具有通过电流大、管压降低、导通损耗小、du/dt 耐量高等优点,目前已达 6 kV/6 kA 的应用水平,在大功率的场合应用较多。但是 GTO 的缺点也很明显,驱动电路复杂并且驱动功率大,导致关断时间长,限制了器件的开关频率;关断过程中的集肤效应容易导致局部过热,严重情况下使器件失效;为了限制 du/dt ,需要复杂的缓冲电路,这些都限制了 GTO 在各个领域的应用,现在 GTO 主要应用在中、大功率场合。

2. 电力晶体管 (GTR)

电力晶体管又称巨型晶体管,是一种耐高压、大电流的双极结型晶体管。该器件与 GTO 一样都是电流控制型器件,因而所需驱动功率较大,但其开关频率要高于 GTO,因而自 20 世纪 80 年代以来,主要应用于中、小功率的变频器或 UPS 电源等场合。目前,其地位大多被绝缘栅双极晶体管(IGBT)和电力场效应管(Power MOSFET)所取代。

3. 电力场效应管 (Power MOSFET)

电力场效应管是用栅极电压来控制漏极电流的,属于电压控制型器件,因此它的第一个显著特点是驱动电路简单,需要的驱动功率小。第二个显著特点是开关速度快,工作频率高。另外,Power MOSFET 的热稳定性优于 GTR。但是 Power MOSFET 电流容量小、耐压低,一般只适用于功率不超过 10 kW 的场合。

4. 绝缘栅双极晶体管(IGBT)

绝缘栅双极晶体管集 MOSFET 和 GTR 的优点于一身,既具有 MOSFET 的输入阻抗高、开关速度快的优点,又具有 GTR 耐压高、流过电流大的优点,是目前中等功率电力电子装置中的主流器件。目前的应用水平已经达到 3.3 kV/1.2 kA。栅极为电压驱动,所需驱动功率小,开关损耗小,工作频率高,不需要缓冲电路,适用于较高频率的场合。其主要缺点是高压 IGBT 内阻大,通态压降大,导致导通损耗大;在应用于高(中)压领域时,通常需要多个串联。

5. 集成门极换流晶闸管(IGCT)和对称门极换流晶闸管(SGCT)

IGCT 是在 GTO 的基础上发展起来的新型复合器件,兼有 MOSFET 和 GTO 两者的优点,又克服了两者的不足之处,是一种较为理想的兆瓦级、高(中)压开关器件。与 MOSFET 相比,IGCT 通态压降更小,承受电压更高,通过电流更大;与 GTO 相比,通态压降和开关损耗进一步降低,同时使触发电流和通态时所需的门极电流大大减小,有效地提高了系统的开关速度。IGCT 采用的低电感封装技术使得其在感性负载下的开通特性得到显著改善。与 GTO 相比,IGCT 的体积更小,便于和反向续流二极管集成在一起,这样就大大简化了电压型 PWM 整流电路的结构,提高了装置的可靠性。其改进形式之一称为对称门极换流晶闸管(SGCT),两者的特性相似,不同之处是 SGCT 可双向控制电压,主要应用于电流型 PWM 整流电路中。目前,两者的应用水平已经达到 6 kV/6 kA。

小　结

PWM 控制技术是在电力电子领域有着广泛的应用，并对电力电子技术产生了十分深远影响的一项技术。以 IGBT、电力 MOSFET 等为代表的全控型器件给 PWM 控制技术提供了强大的物质基础。

直流斩波电路实际上就是直流 PWM 电路，是 PWM 控制技术应用较早也成熟较早的一类电路，应用于直流电动机调速系统构成广泛应用的直流脉宽调速系统。斩控式交流调压电路是 PWM 控制技术在这类电路中应用的代表，目前应用还不多。PWM 控制技术在逆变电路中的应用最具代表性。正是由于在逆变电路中广泛而成功的应用，奠定了 PWM 控制技术在电力电子技术中的突出地位。除功率很大的电路外，不用 PWM 控制的逆变电路已十分少见。

PWM 控制技术用于整流电路即构成 PWM 整流电路。可看成逆变电路中的 PWM 技术向整流电路的延伸。PWM 整流电路已获得了一些应用，并有良好的应用前景。PWM 整流电路作为对第 3 章的补充，可使读者对整流电路有更全面的认识。

以第 3 章相控整流电路和第 6 章交流调压电路为代表的相位控制技术至今在电力电子电路中仍占据着重要地位。以 PWM 控制技术为代表的斩波控制技术正在越来越占据着主导地位，分别简称相控和斩控。把两种技术对照学习，相信读者对电力电子电路的控制技术会有更明晰的认识。

习　题

1. PWM 逆变电路常用的控制方法是调制法，可分为哪两种？
2. SPWM 脉宽调制型变频电路的基本原理是什么？
3. 单相桥式 PWM 逆变电路的原理是什么？
4. 若要减小 SPWM 逆变器输出电压基波幅值，可采用的控制方法是什么？
5. 单极性和双极性 PWM 调制有什么区别？